W0256739

Aus dem Programm Informatik

Lehrbücher

System-Programmierung, von J. J. Donovan

Einführung in die Informationstheorie, von E. Henze und H. H. Homuth

Übungsaufgaben zur Informationstheorie, von M. Denis-Papin und G. Cullmann

Einführung in die Codierungstheorie, von E. Henze und H. H. Homuth

Übersetzerbau,
von S. Jähnichen, C. Oeters und B. Willis

Programmiersprachen

Formale Sprachen, von H. Becker und H. Walter

Einführung in ALGOL 60, von H. Feldmann

Einführung in ALGOL 68, von H. Feldmann

Einführung in die Programmiersprache SIMULA, von G. Lamprecht

Einführung in die Programmiersprache PL/1, von H. Kamp und H. Pudlatz

Einführung in die Programmiersprache FORTRAN IV, von G. Lamprecht

Einführung in die Programmiersprache BASIC, von W.-D. Schwill und R. Weibezahn

BASIC in der medizinischen Statistik, von H. Ackermann

PEARL, von W. Werum und H. Windauer

Vieweg

Stefan Jähnichen
Christoph Oeters
Bruce Willis

Übersetzerbau

Skriptum für Informatiker
im Hauptstudium

Springer Fachmedien Wiesbaden GmbH

CIP-Kurztitelaufnahme der Deutschen Bibliothek

Jähnichen, Stefan
Übersetzerbau: Skriptum für Informatiker im Hauptstudium/Stefan Jähnichen; Christoph Oeters; Bruce Willis. – 1 Aufl. – Braunschweig: Vieweg, 1978
ISBN 978-3-528-03331-6

NE: Oeters, Christoph:; Willis, Bruce:

Verlagsredaktion: *Alfred Schubert*

1978

ISBN 978-3-528-03331-6 ISBN 978-3-663-13897-6 (eBook)
DOI 10.1007/978-3-663-13897-6

Vorwort

Dieses Buch entstand aus Skripten, die zur Lehrveranstaltung ÜBERSETZERBAU im Fachbereich Informatik der Technischen Universität Berlin angefertigt wurden. Die Lehrveranstaltung wird seit 1972 durchgeführt und wurde als ein Beitrag zur Neuordnung des Informatik Studiums (NORIS) konzipiert. Sie basiert auf dem im Rahmen dieses Konzeptes entwickelten Grundstudium Informatik und ist für Studenten im Hauptstudium gedacht, die Interesse an Programmiersprachen und ihren Übersetzern haben.

Der Konzeption der Lehrveranstaltung ÜBERSETZERBAU liegt das Ziel zugrunde, die wesentlichen Methoden des Übersetzerbaus projektbezogen zu vermitteln. Deshalb wird der größte Teil der Lehrveranstaltung dazu benutzt, einen Übersetzer für eine kleine Sprache zu implementieren. Auf diese Weise werden nicht nur die Konzepte am wirkungsvollsten vermittelt, sondern die Teilnehmer sammeln auch praktische Erfahrungen an einem größeren Softwareprodukt, die ihnen für die spätere Berufspraxis sehr nützlich sind.

Wir danken allen, die im Rahmen von NORIS am Aufbau des Studienganges Informatik mitgearbeitet haben. Insbesondere danken wir auch denen, die in den vergangenen Jahren aktiv an der Gestaltung der Lehrveranstaltung mitgewirkt haben, aber auch den Studenten, die teilgenommen haben und durch ihre Kritik die Weiterentwicklung der Lehrveranstaltung unterstützt haben.

Vor allem aber möchten wir Frau Gabriele Ambach danken, die das Manuskript sehr sorgfältig angefertigt hat und trotz zahlreicher Änderungen alle Arbeiten mit viel Geduld erledigt hat.

In memorium NORIS

die Autoren, im Januar 1978

INHALTSVERZEICHNIS

Seite

1. Einleitung

1.1. Der Kurs Übersetzerbau

Das vorliegende Skript Übersetzerbau ist die Grundlage für eine 2-semestrige Lehrveranstaltung Übersetzerbau. Ziel dieser Lehrveranstaltung ist die Vermittlung der zur Erstellung von Übersetzern notwendigen Techniken. Die Lehrveranstaltung besteht aus einer Vorlesung mit je zwei Semesterwochenstunden und einem begleitenden Praktikum mit je vier Semesterwochenstunden. Während dieses Praktikums soll von den Studenten selbst ein Übersetzer erstellt werden.

Um dies zu ermöglichen, mußten zwei Sprachen entwickelt werden. Eine davon ist eine Untermenge der anderen. Der Übersetzer für eine Sprache wird vorgegeben und von den Studenten erweitert und umgeschrieben. Daraus resultiert ein Übersetzer für die zweite Sprache. Für diesen praktischen Teil müssen Methoden gewählt werden, die mit verhältnismäßig geringem Aufwand realisiert werden können.

Die Vorlesung und auch das Skript dagegen behandeln allgemeinere Techniken, die eine Basis zur Implementierung vieler Sprachen darstellen, und weiterführende Methoden, deren Anwendung zweckmäßig, aber für ein Praktikum zu aufwendig sind.

Für das Praktikum wurde als Implementierungssprache CDL2 (Compiler Description Language) gewählt, da die Verwendung dieser Sprache es ermöglicht, innerhalb des Praktikums über rein programmiertechnische Fragen hinauszukommen und relevante Techniken des Übersetzerbaus zu behandeln. Die Durchführung des Praktikums ist aber auch mit anderen geeigneten Sprachen denkbar. Die wesentlichen Praktikumsunterlagen befinden sich im Anhang des vorliegenden Buches.

1.2. Allgemeine Terminologie

Ein Übersetzer (Compiler) ist ein Programm, das einen Eingabestrom liest und einen Ausgabestrom erzeugt. Der Eingabestrom besteht aus einem Programm der Quellsprache (source language), der Ausgabestrom aus einem Programm der Zielsprache (target language). Per Definition bleibt die Bedeutung eines Programms auch nach der Übersetzung erhalten.

Ein Compiler ist also ein Programm in einer Sprache M, welches Programme der Sprache S in äquivalente Programme der Sprache T übersetzt.

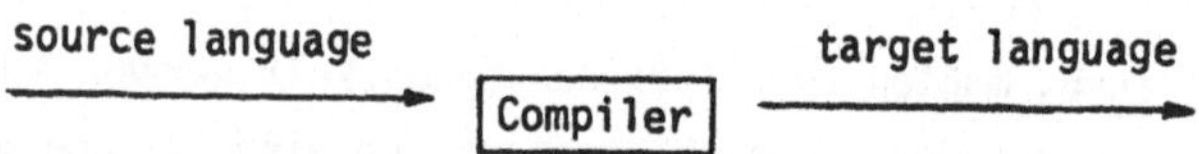

Als Darstellungsform werden sehr häufig T-Diagramme benutzt:

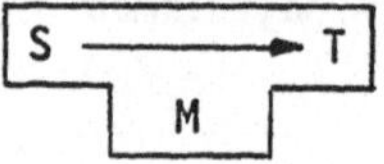

Die Arbeitsweise eines Übersetzers kann mit Hilfe der T-Diagramme leicht verständlich gemacht werden.

Ein Programm in S erzeugt aus einem Satz Eingabedaten (E) einen Satz Ausgabedaten (A) :

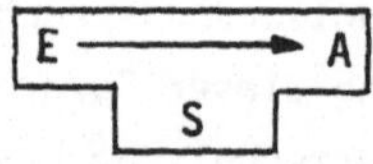

Dieses Programm stellt die Eingabe für unseren Compiler dar, der in M geschrieben ist und ein Programm in S in ein äquivalentes Programm in T übersetzt.

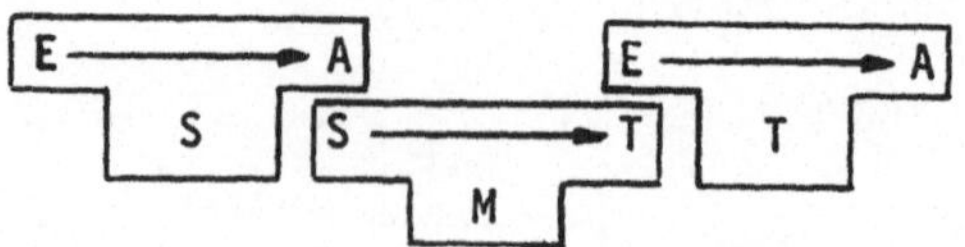

Ein Compiler Compiler ist ein Übersetzer, der ein Programm in S (nämlich einen Compiler in S) in ein äquivalentes Programm einer anderen Sprache (also einen Compiler in T) übersetzt. Beispiel für einen solchen Compiler Compiler ist der CDL2 Compiler.

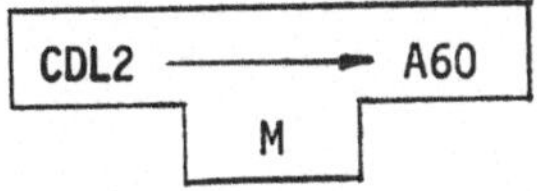

Compiler, die in CDL2 geschrieben werden, können mit Hilfe dieses Compiler Compilers in andere Sprachen und damit auf andere Zielmaschinen übertragen werden.

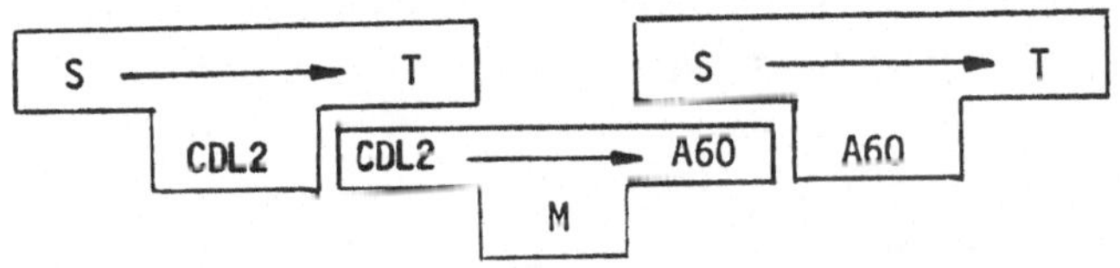

Ergebnis dieses Verfahrens ist z.B. ein Compiler in ALGOL60, der von S nach T übersetzt.

Man unterscheidet verschiedene Kategorien von Programmiersprachen:

- Maschinensprache: numerische Befehle eines Rechners
- Assemblersprache: direkte symbolische Darstellung der Maschinenbefehle
- höhere Programmiersprache: eine dem Benutzer verständlichere Notation, wobei ein Konstrukt mehreren Maschinenbefehlen entsprechen kann

Ein Compiler übersetzt von einer höheren Programmiersprache in eine niedrigere (d.h. maschinennähere) Sprache. Diese kann sein Maschinensprache, Assemblersprache, oder u.U. auch eine andere höhere Programmiersprache, die selbst durch einen Compiler übersetzt werden muß.

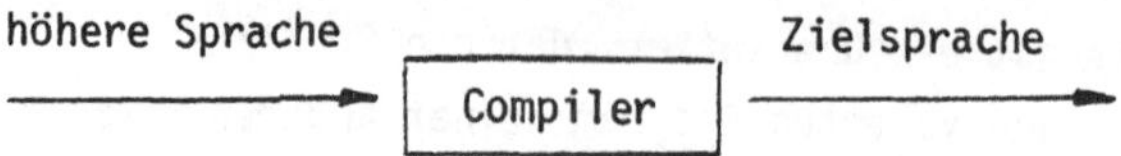

Ein Assembler übersetzt eine Assemblersprache in die direkt ausführbare Maschinensprache

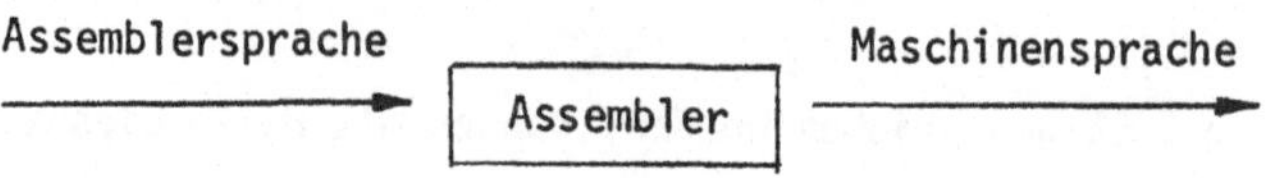

Ein Interpreter liest ein Programm einer Quellsprache und führt es aus, ohne ein Programm in der Zielsprache zu erzeugen.

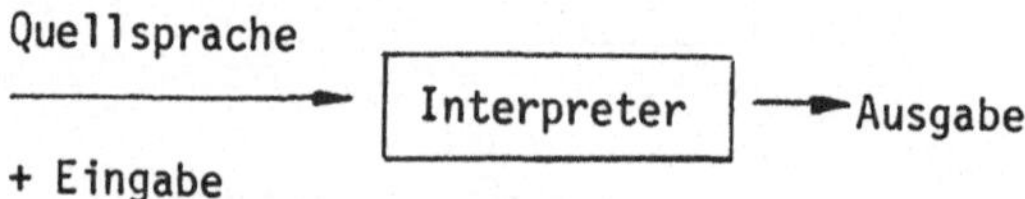

Wir werden uns im Folgenden hauptsächlich mit den Methoden zur Erstellung von Compilern beschäftigen. Die Erstellung von Assemblern ist dabei eine Untermenge.

Interpreter werden nicht diskutiert. Man sollte aber wissen, daß alle Interpreter eine Compilephase besitzen, in der die Quellsprache in eine geeignetere interne Form übersetzt wird. Dieser interne Code steuert die tatsächliche Ausführung.

Die Übersetzung eines Programms besteht aus zwei Teilen:

1. der Analyse
2. der Synthese

Die Analyse stellt die Komponenten des Quelltextes fest, untersucht ihre Beziehung zueinander und überprüft die grammatikalische Korrektheit sowohl der Komponenten als auch der aus ihnen zusammengefügten Konstruktionen. In natürlichen Sprachen würde man die Wörter eines Textes lesen, ihre grammatischen Kategorien bestimmen und den Satzbau auf Korrektheit überprüfen.

Die Synthese ist der Aufbau eines Zieltextes mit der gleichen Bedeutung wie der des Quelltextes. Dabei müssen alle Regeln zur Konstruktion von Programmen der Zielsprache respektiert werden. Üblicherweise sind diese sehr viel einfacher als die Regeln zur Konstruktion von Programmen der Quellsprache.

Man kann die Analyse in zwei Phasen unterteilen:

1. die lexikalische Analyse
2. die syntaktische Analyse

Die lexikalische Analyse ist die Feststellung der Grundelemente des Quelltextes. Die syntaktische Analyse ist die Feststellung der Gruppierungen dieser Elemente zueinander.

Ein Compiler kann aus einem oder mehreren Übersetzern bestehen. Im ersten Fall spricht man von einem Ein-Pass-Compiler (one-pass). Im zweiten Fall muß die Kommunikation zwischen den Übersetzern durch entsprechende Zwischensprachen erfolgen. Man spricht dann von Mehr-Pass-Compilern (multi-pass).

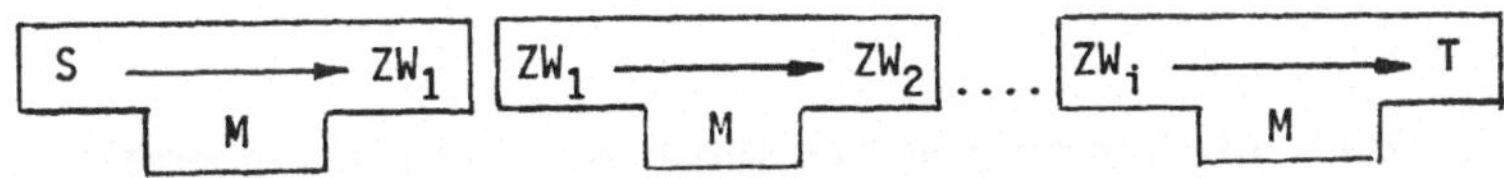

Im Allgemeinen besitzt ein Quellprogramm mehr als ein äquivalentes Zielprogramm. Die Aufgabe des Compilers ist das Erzeugen eines Zielprogramms, mit Laufeigenschaften, die den gestellten Anforderungen genügen.

2. Analyse

2.1. Sprachen und Grammatiken

2.1.1. Einführung und Begriffsbildung

Eine Sprache L wird definiert durch eine Grammatik G. Diese Grammatik legt fest, wie aus den Symbolen der Sprache korrekte Sätze gebildet werden. Die Vorschriften über die Struktur der Sätze einer Sprache nennt man Syntax.

Eine Grammatik wird definiert durch eine Viertupel:

$$G = (V_N, V_T, P, S)$$

Dabei bedeuten:

- V_N das Vokabular der nichtterminalen Symbole
- V_T das Vokabular der terminalen Symbole
- P die Menge der Produktionsregeln
- S das Startsymbol, von dem ausgehend alle Sätze der Sprache hergeleitet werden können ($S \in V_N$)

Das Vokabular V ist die Vereinigung der terminalen und nichtterminalen Symbole ($V = V_T \cup V_N$).

Terminale Symbole sind die Symbole der Sprache, aus denen die Sätze der Sprache bestehen. Nichtterminale Symbole sind Bestandteile der Grammatik, aus denen durch Anwendung der Produktionsregeln aus P Folgen terminaler Symbole abgeleitet werden können.

Eine Sprache L kann folgendermaßen definiert werden:

$$L\ (G) = \{x \mid S \xrightarrow{*} x \text{ und } x \in V_T^*\}$$

Dabei ist V_T^* die Menge aller beliebigen Folgen terminaler Symbole aus V_T einschließlich der leeren Folge. (V_T^+ wäre die gleiche Menge ausschließlich der leeren Folge.)

$S \xrightarrow{*} x$ bedeutet, daß die Folge x direkt oder indirekt aus dem Startsymbol abgeleitet werden kann.

Eine Produktionsregel besteht aus einer linken Seite und einer rechten Seite, die im Folgenden durch einen Doppelpunkt getrennt sind. Die linke Seite enthält ein Element aus V_N, das weiter abgeleitet werden kann. Die rechte Seite enthält die möglichen ableitbaren Symbolfolgen, die natürlich in V^* enthalten sind.

Die Elemente einer Symbolfolge auf der rechten Seite werden durch Komma getrennt, alternative Symbolfolgen durch ein Semikolon. Produktionsregeln werden durch einen Punkt abgeschlossen.

Eine leere Alternative wird durch mindestens ein Leerzeichen gekennzeichnet.

Beispiel:

```
SUMME : SUMME, PLUS SYMBOL, IDENTIFIER;
        IDENTIFIER.
```

Andere gebräuchliche Notationen sind:

```
<SUMME> ::= <SUMME> + <IDENTIFIER> | <IDENTIFIER>
```

oder:

$$\text{SUMME} \rightarrow \text{SUMME, PLUS SYMBOL, IDENTIFIER} \mid \text{IDENTIFIER}$$

Im Folgenden wird meist die erste Notation gewählt werden, wobei festgelegt wird, daß nichtterminale Symbole durch Großschreibung und terminale Symbole durch Kleinschreibung kenntlich gemacht werden.

Beispiel:

SATZ : SUBJEKT, PRÄDIKAT, OBJEKT.

SUBJEKT : SUBSTANTIV.

PRÄDIKAT : VERB.

OBJEKT : SUBSTANTIV.

SUBSTANTIV : hunde;
katzen;
vögel.

VERB : fressen;
jagen.

Diese Grammatik erzeugt unter anderem folgende Sätze

hunde jagen katzen

katzen fressen vögel

vögel fressen hunde

Dies sind laut Grammatik gültige Sätze, d.h. die Form der Sätze ist korrekt. Ob sie sinnvoll sind, darüber sagt die Syntax nichts aus.

'katzen fressen vögel' ist sicherlich sehr oft richtig. Nur wenn die Vögel Geier sind, traut sich keine Katze heran; von Fressen ganz zu schweigen. Es sei denn die Katzen sind Leoparden.

Ähnliches gilt für den Satz 'vögel fressen hunde'. Sicherlich gibt es Ausnahmen (Adler mit Meiers Rehpinscher), aber normalerweise ist der Inhalt des Satzes nicht korrekt.

Die Bedeutung eines Satzes nennt man seine Semantik. Auch die Semantik hat also Einfluß darauf, ob eine Symbolfolge als Satz erlaubt ist. Die Semantik wird häufig verbal festgelegt, obwohl es heute auch Methoden für die Beschreibung von Sprachen gibt, bei denen ein großer Teil der Semantik in die Syntax einbezogen wird.

Für uns genügt vorerst eine verbale Beschreibung, die für die vorliegende Syntax folgendermaßen aussehen könnte:

SUBJEKT ist immer größer als OBJEKT

oder: Anfangsbuchstabe vom SUBJEKT liegt im Alphabet vor dem Anfangsbuchstaben des OBJEKTs.

In jedem Compiler braucht man ein Verfahren, mit dem man erkennen kann, ob ein gegebener Satz zu der zu übersetzenden Sprache gehört oder nicht. Wir beschäftigen uns also nicht damit, Sätze einer Programmiersprache zu erzeugen, sondern wir versuchen, Sätze zu analysieren.

Dazu versuchen wir, für einen gegebenen Satz einen Baum zu konstruieren, dessen Knoten der Syntax der Sprache entsprechen und an dessen Blättern die Symbole des Programms stehen. Daraus ergibt sich als eine wesentliche Anforderung an eine Grammatik, daß sie eindeutig sein muß, d.h. es muß möglich sein, für einen Satz genau einen Syntaxbaum zu erzeugen. Gelingt dies, so gehört der Satz zur Sprache, gelingt es nicht, so gehört der Satz nicht zur Sprache und es wird ggf. ein syntaktischer Fehler diagnostiziert. Ein Programm, welches diese Klassifizierung durchführt, nennt man einen Parser.

Beispiel

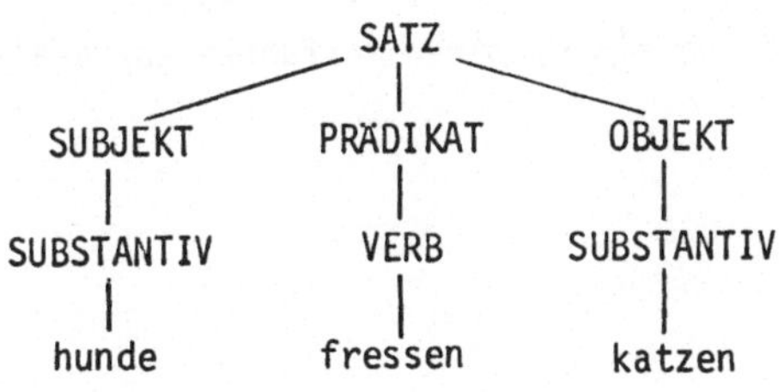

Dieser Satz gehört zu der oben beschriebenen Sprache.

Für den Satz 'fressen vögel hunde' läßt sich kein solcher Baum konstruieren. Der Satz gehört folglich nicht zur Sprache.

Zur Konstruktion von Syntaxbäumen lassen sich zwei Verfahren angeben:

- die Konstruktion des Baumes durch die Anwendung der Produktionsregeln beginnend mit dem Startsymbol der Grammatik (top down)
- die Konstruktion des Baumes durch die Anwendung der Produktionsregeln ausgehend von dem zu analysierenden Satz (bottom up)

2.1.2. Grammatiktypen

Die Analysierbarkeit der von einer Grammatik erzeugten Sprache ist abhängig vom Aufbau ihrer Produktionsregeln. Chomsky unterscheidet nach diesem Aufbau vier Sprachtypen:

Typ 0 - Sprachen:

Die Typ 0 - Sprachen werden durch Grammatiken beschrieben, deren Aufbau keinen Beschränkungen unterliegt.

$\mu : \sigma .$

wobei: $\mu \in (V_N \cup V_T)^+$

$\sigma \in (V_N \cup V_T)^*$

Typ 0 - Sprachen spielen für das Gebiet der Programmiersprachen keine Rolle, da keine praktisch einsetzbaren Verfahren zur Analyse existieren.

Typ 1 - Sprachen:

Typ 1 - Sprachen werden durch kontextsensitive Grammatiken beschrieben, bei denen Ableitungen bzw. Reduktionen nur in einem bestimmten Kontext möglich sind.

$\mu_1 \; A \; \mu_2 : \mu_1 \; \gamma \; \mu_2 \; .$

(A kann γ nur im Kontext $\mu_1 \ldots \mu_2$ produzieren.)

wobei: $\mu_i \; \varepsilon \; (V_N \cup V_T)^*$

$A \; \varepsilon \; V_N$

$\gamma \; \varepsilon \; (V_N \cup V_T)^*$

Auch die kontextsensitiven Grammatiken spielen bei der Beschreibung von Programmiersprachen keine wesentliche Rolle, da es für sie keine einfachen Analysemethoden gibt.

Ein geläufiges Beispiel für eine kontextsensitive Grammatik ist die Beschreibung der Sprache, die aus Sätzen der Form $a^n \; b^n \; c^n$ besteht. Diese Sprache ist nur mit kontextsensitiven Produktionsregeln zu beschreiben, weil die Anzahl der a's, b's oder c's in einem Satz immer gleich sein soll.

Typ 2 - Sprachen:

Typ 2 - Sprachen werden durch kontextfreie Grammatiken beschrieben. Kontextfreie Grammatiken haben für die Beschreibunq und für die Übersetzung von Programmiersprachen große Bedeutung.
Die Produktionsregeln haben die Form:

$A : \mu \; .$

wobei: $A \; \varepsilon \; V_N$

$\mu \; \varepsilon \; (V_N \cup V_T)^*$

Ein Beispiel sind Sätze der Form $a^n b^n$. Die Grammatik enthält folgende Produktionsregel:

S : a, S, b; a, b.

Für die Klasse der kontextfreien Grammatiken ist das Problem der Eindeutigkeit nicht entscheidbar, d.h. es ist kein Algorithmus angebbar, mit dessen Hilfe festgestellt werden kann, ob eine Grammatik eindeutig ist oder nicht.

Typ 3 - Sprachen:

Typ 3 - Sprachen werden als reguläre Sprachen bezeichnet. Sie werden durch Grammatiken beschrieben, in denen die Produktionsregeln nur folgende Form haben dürfen:

S : t.

S : A, t.

wobei: $S \in V_N$

$t \in V_T$

$A \in V_N$

Mit Hilfe dieser Grammatiken können vielfach die Symbole einer Sprache beschrieben werden (lexikalische Analyse).
Für die Analyse regulärer Sprachen benutzt man endliche Automaten.

2.1.3. Analyseverfahren

Eine Sprache heißt linksparsierbar, wenn es möglich ist, mit Hilfe einer linkskanonischen Anordnung der Ableitungen den Satz- oder Programmbaum zu erzeugen. Sie heißt rechtsparsierbar, wenn es möglich ist, diesen Programmbaum mit einer rechtskanonischen Anordnung der Ableitungen zu erzeugen. Die links- und rechtsparsierbaren Sprachen haben eine gemeinsame Teilmenge.

Der Analysevorgang erfolgt aus praktischen Gründen bei allen Programmiersprachen von links nach rechts. Also wird auch der Syntaxbaum von links nach rechts aufgebaut.

Bei absteigendem Analyseverfahren (top down) ergibt sich durch die Auswahl der Ableitungen von links nach rechts eine linkskanonische Anordnung der Ableitungen.

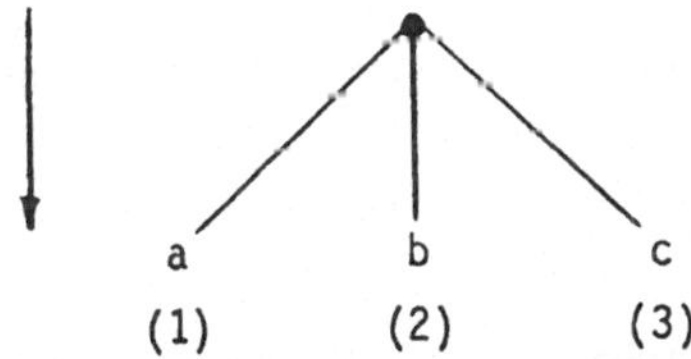

(Zuerst wird a abgeleitet, dann b, dann c.)

Bei aufsteigendem Verfahren (bottom up) wird auch die linkeste Reduktion als erste ausgeführt. Das heißt, auch hier wird versucht, auf die am weitesten links stehende Folge von Symbolen aus V^* eine Produktionsregel anzuwenden. Durchläuft man aber den Baum vom Startsymbol aus, so sieht man, daß das am weitesten rechts stehende nichtterminale Symbol als erstes ersetzt wird. Daraus ergibt sich die rechtskanonische Anordnung der Ableitungen.

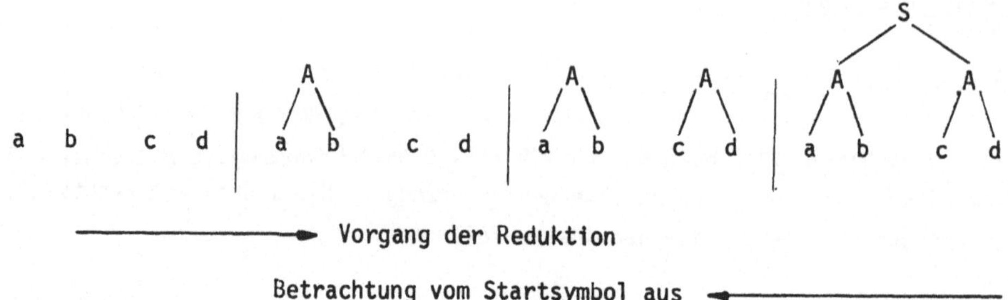

Die Grammatiken werden je nach Art der Analysierbarkeit durch die Buchstaben L und R gekennzeichnet, wozu noch (als 1. Buchstabe) die Angabe der Leserichtung kommt (von links nach rechts -L).

LL heißt:

die Sprache ist linksparsierbar, wobei die Sätze der Sprache von links nach rechts gelesen werden.

LR heißt:

die Sprache ist rechtsparsierbar, wobei die Sätze der Sprache von links nach rechts gelesen werden.

Die Anwendung einer Produktionsregel an der falschen Stelle während des Analysevorgangs führt zu Sackgassen. Sie entstehen, wenn eine Produktionsregel mehrere Alternativen hat, oder verschiedene Regeln gleiche rechte Seiten haben.

Im Fall des Erkennens einer Sackgasse müssen, wenn möglich, die anderen, noch nicht benutzten Ableitungen ausprobiert werden. Dazu ist es notwendig, eventuell eingelesene Zeichen noch einmal zu betrachten (backtrack). Zur Vermeidung dieses Verhaltens versucht man eingeschränktere Grammatiken zu finden, die mit einem festen Vorgriff von k Symbolen erlauben, die richtige Ableitung oder Reduktion auszuwählen und durchzuführen.

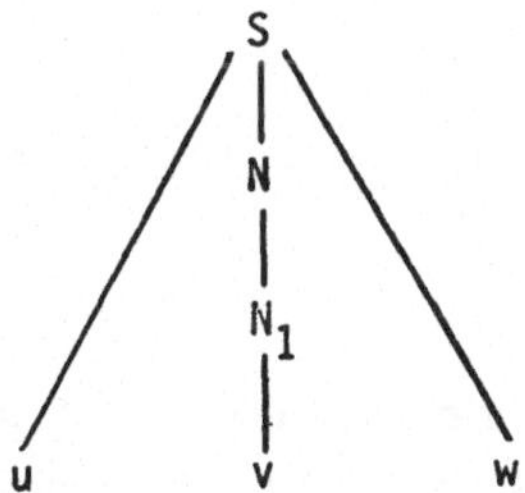

LL (k) heißt:

die Produktionsregel N : N_1. kann als einzig richtige ausgewählt werden, wenn u bekannt ist und die ersten k Symbole von v w.

LR (k) heißt:

die Produktionsregel N : N_1. kann als einzig richtige ausgewählt werden, wenn u v bekannt ist und die ersten k Symbole von w.

Es ergibt sich folgende Einteilung der zuletzt besprochenen Klassen von Sprachen:

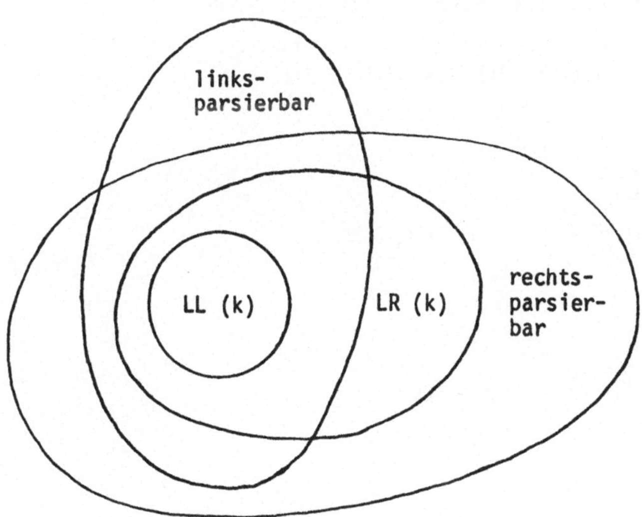

2.2. Lexikalische Analyse

2.2.1. Die Aufgabe

Wenn ein Text gelesen wird, sei es ein Buch oder ein Programm, ist die erste Stufe der Übersetzung die Feststellung der Art und Bedeutung jedes Elementes. Lexikographen und Schreiber von Compilern wissen, daß die gesuchten Elemente nicht die einzelnen Schriftzeichen sind, sondern Wörter oder im Fall einer Programmiersprache die Identifizierer, Konstanten, Operatoren, usw.
Man nennt diese Bausteine eines Programms lexikalische Einheiten oder auch Lexeme.

Den Teil des Compilers, der diese Arbeit macht, nennt man die lexikalische Analyse (lexical analyzer, scanner). Die lexikalische Analyse untersucht die lexikalischen Einheiten und liefert für die weitere Behandlung des Quelltextes den Typ (Identifizierer, Konstante, usw.) der Einheit. Dies ist aber nicht für alle Einheiten ausreichend, da man zum Beispiel bei der Erkennung eines Identifizierers wissen muß, um welchen es sich handelt. Für eine Konstante braucht man ihren numerischen Wert. Diese Auskunft über eine lexikalische Einheit nennt man ihre Repräsentation. Für Fehlermeldungen möchte man wissen, wo die Einheit im Quelltext steht, d.h. in welcher Zeile und eventuell auch Spalte sie sich im Quelltext befindet. Dies wird die Position genannt.

Eine lexikalische Einheit besteht also aus:

- Typ
- Repräsentation
- Position

2.2.2. Erkennung einer lexikalischen Einheit

Man kann den Aufbau eines Identifizierers sehr einfach beschreiben: er ist ein Buchstabe, dem eventuell weitere Buchstaben oder Ziffern folgen.

```
IDENTIFIER:    LETTER, LETGIT.

LETGIT:        LETTER, LETGIT;
               DIGIT, LETGIT; .

LETTER:        letter a symbol; ... ; letter z symbol.

DIGIT:         digit 0 symbol; ... ; digit 9 symbol.
```

Andere lexikalische Einheiten lassen sich ebenso einfach beschreiben. Daher darf man hoffen, daß ihre Erkenner mit wenig Aufwand zu implementieren sind. Ein einfaches Modell dafür bietet der endliche Automat, der zur Beschreibung (fast) immer ausreicht.

Ein endlicher Automat ist definiert durch ein Fünftupel:

$$A = (E, Q, Q_0, Q_f, P)$$

Dabei sind:

- E das Eingabealphabet des Automaten
- Q die Zustände des Automaten
- Q_0 ein ausgezeichneter Anfangszustand ($Q_0 \in Q$)
- Q_f ein Endzustand, der angibt, daß bei Erreichen dieses Zustandes die Eingabe akzeptiert worden ist ($Q_f \in Q$)
- P eine Übergangsfunktion $P : Q \times E \rightarrow Q$

Der Automat liest sequentiell die Eingabe und wechselt auf Grund der Eingabe seine Zustände, bis er den Endzustand erreicht und damit die Eingabe akzeptiert.

Als Darstellungsform für die Automaten wählen wir Zustandsgraphen, wobei jeder Knoten einen Zustand darstellt und die Pfeile zwischen den Knoten die Übergänge in andere Zustände auf Grund eines Eingabezeichens kennzeichnen.

Ein Automat, der eine Zeichenkette aus PL/1 erkennt (die Kette wird durch Hochkommata begrenzt; ein Hochkomma, das zur Kette gehört, wird durch zwei dargestellt), hat demnach folgende Darstellung:

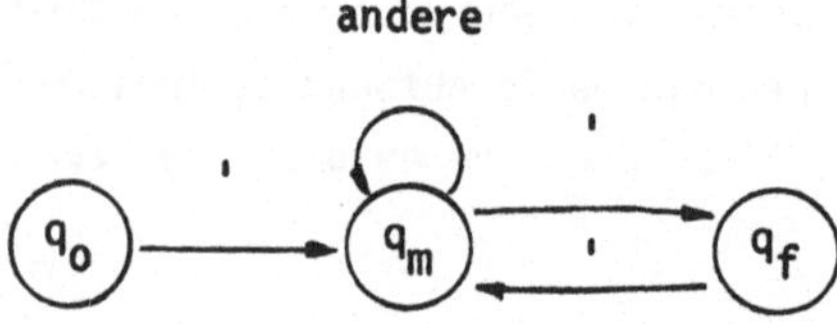

Die Erkennung fängt bei Zustand q_o an. Ein Zeichen wird gelesen; der Pfeil mit diesem Zeichen bestimmt den neuen Zustand. Das nächste Zeichen bestimmt den nächsten Zustand, und so geht es weiter. (Der Pfeil "andere" ersetzt eine ganze Menge von Pfeilen, je einen für jedes Zeichen, außer Hochkomma.)
Eine PL/1-Zeichenkette ist erkannt, wenn der Endzustand gleich q_f ist.

Dieses Modell ist leider zu einfach. Es fehlt:

1. eine Definition des Endes der lexikalischen Einheit und ein Signal, welches den Automaten in die Lage versetzt mit der Analyse anderer Einheiten fortzufahren.

   (für den Beispieltext

   'Q''est-ce que c''est?'

   wird q_f dreimal erreicht)

2. die Ausgabe (Übersetzung) des Automaten und

3. ein Mechanismus zur Fehlermeldung und Wiederaufnahme der lexikalischen Analyse.

2.2.3. Bestimmung der Grenzen lexikalischer Einheiten

Um das Ende einer lexikalischen Einheit zu bestimmen, braucht man Auskunft über alle anderen Einheiten, die der Übersetzer erkennen kann. Man nimmt die Definition jedes lexikalischen Typs der Sprache (ausgedrückt als Automaten) und stellt sie alle zusammen, indem ihre Anfangszustände Anfangszustand des Gesamtautomaten werden.

Beispiel

Eine Sprache besteht nur aus Identifizierern, Zahlen und Zeichenketten. Die einzelnen Erkenner sind:

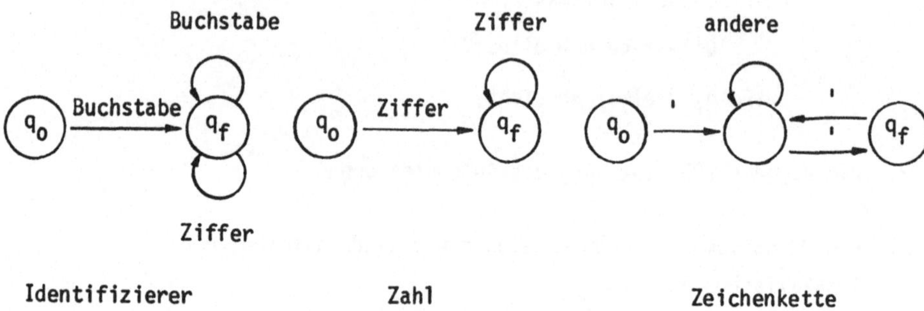

Der zusammengesetzte Automat hat folgendes Aussehen:

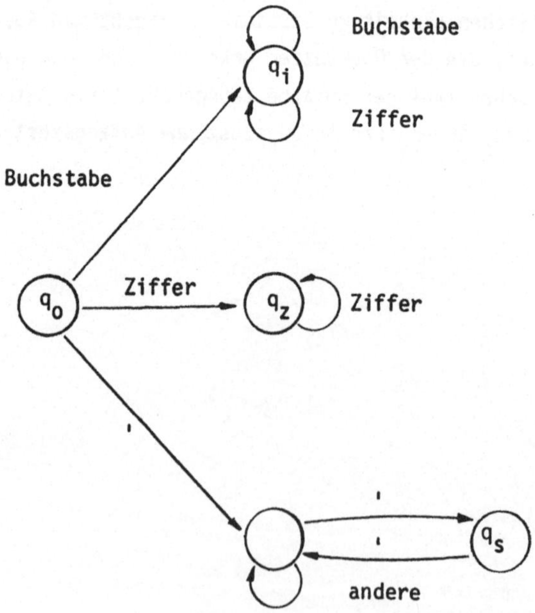

Damit ist aber noch nicht festgestellt, wann eine lexikalische Einheit zu Ende ist. Man könnte meinen, es reiche aus, Übergänge von jedem Endzustand (q_i, q_z, q_s) zum gemeinsamen Anfangszustand q_0 hinzuzufügen, wobei diese Zustandsänderung ohne Einlesen eines neuen Zeichens erfolgt (sogenannte Epsilonübergänge). Dies ist aber nur ausreichend, wenn der Zeitpunkt dieses Übergangs genau bestimmbar ist.

Werden z.B. beim Einlesen des Textes "a b c ..." ein, zwei oder drei Identifizierer erkannt? Die Definition eines Epsilonüberganges bedarf daher einer Erweiterung.

Ein Epsilonübergang wird nur durchgeführt, wenn es in einem Zustand keine andere mögliche Zustandsänderung gibt. Anders ausgedrückt, der Automat erkennt immer die längste mögliche lexikalische Einheit. In dem Beispiel oben wird ein einziger Identifizierer "a b c" erkannt, falls das nächste Zeichen (nach c) weder ein Buchstabe noch eine Ziffer ist.

Obwohl die Wahl der längst möglichen Einheit fast immer die richtige ist, gibt es in einigen Sprachen Ausnahmen. Nehmen wir zum Beispiel FORTRAN IV:

Eine Gleitkommazahl (floating point) kann in FORTRAN durch "4.E3" dargestellt werden. Ihr numerischer Wert ist 4000.

Bedingte Zuweisungen dürfen in FORTRAN boolesche Operatoren enthalten. Ihre Darstellungen sind ein Punkt, gefolgt von zwei Buchstaben, gefolgt von einem zweiten Punkt. Den Operator für Gleichheit schreibt man also ".EQ." .

Bei der Analyse eines FORTRAN IV-Programms wird die Ziffer "4" gelesen. Sie könnte eine Ganzzahl darstellen (fixed point), aber das nächste Zeichen ist ein Punkt. Daher wird das Analyseprogramm nach der Regel der längst möglichen Einheit annehmen, es handle sich um eine Gleitkommazahl. Das nächste Zeichen (ein "E") verstärkt diese Annahme. Aber das nächste Zeichen ist ein "Q"! Dies muß kein Fehler im Quelltext sein, denn folgende Eingabe ist möglich:

```
IF (4.EQ.A) GO TO 333
```

Das Analyseprogramm hätte eine ganzzahlige Konstante erkennen müssen, braucht aber einen Vorgriff (look ahead) von zwei Zeichen für diese Entscheidung.

2.2.4. Fehlererkennung

Epsilonübergänge spielen eine Rolle bei der Fehlererkennung. Ein Epsilonübergang aus einem Zustand, der kein Endzustand ist, muß durch einen Textfehler eingetreten sein. Üblicherweise führt der Epsilonübergang zurück zum Anfangszustand, um die Analyse des noch folgenden Textes zu ermöglichen. Leider ist die Einführung des Epsilonübergangs eine Regel, die nur fast immer gültig ist.

Beispiel

Eine "Binärkette" (bit string) in PL/1 ist definiert durch folgenden Automaten:

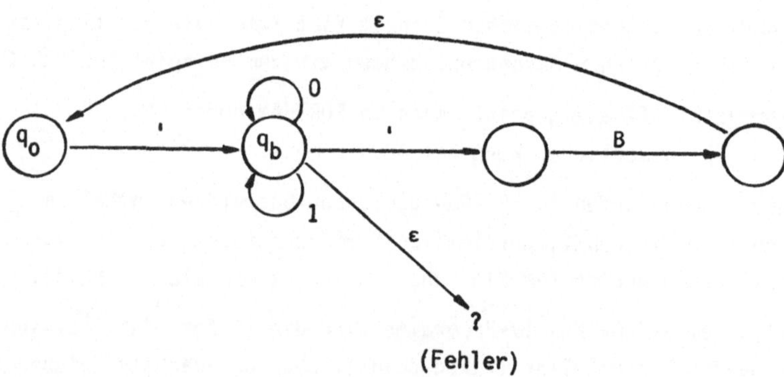

Im Quelltext wurde der Buchstabe "I" an Stelle der Ziffer "1" geschrieben:

... 'OOI'B ...

Dies führt zu einem Fehler im Zustand q_b und somit zu einem Epsilonübergang. Wenn dieser Epsilonübergang zurück zum Anfangszustand q_0 führt, wird die nächste lexikalische Einheit, der Identifizierer "I" erkannt. Dieser folgt eine Zeichenkette (character string), welche mit 'B ... anfängt, wodurch auch der Rest des Programms als Zeichenkette erkannt werden kann. Hier wäre es besser, die falschen Zeichen zu überlesen und im Zustand q_b zu bleiben.

2.2.5. Behandlung gemeinsamer Anfänge

Ein Problem bei einem zusammengesetzten Automaten ist bisher noch nicht behandelt worden: der Anfangszustand kann mehr als einen Übergang für dasselbe Eingabezeichen besitzen. Wir nennen einen solchen Automaten einen nichtdeterministischen Automaten. Es ist dann möglich, einen der Übergänge zu wählen, und wenn der Automat blockiert wird (vielleicht sehr viel später), den Eingabestrom wieder herzustellen und einen neuen Übergang zu versuchen. Diese Methode erfordert einen großen Verwaltungsmechanismus, da die Eingabe intern gespeichert werden muß. Es gibt eine viel elegantere Lösung:

Man ersetzt den nichtdeterministischen Automaten durch einen deterministischen, d.h. durch einen Automaten, in dem jeder Zustand durch den vorhergehenden eindeutig bestimmt ist. Nach der Automatentheorie ist dies immer möglich. Der deterministische Automat läßt sich dann auf sehr viel einfachere Weise implementieren.

Beispiel

Die lexikalische Analyse soll sowohl character strings als auch bit strings aus PL/1 erkennen können. Der zusammengesetzte Automat hat folgendes Aussehen:

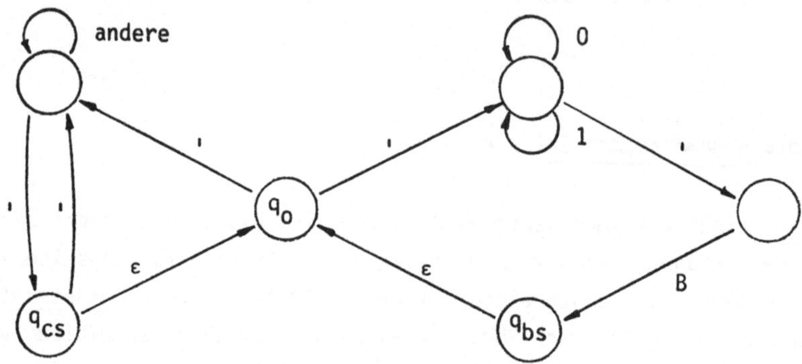

Epsilonübergänge aus q_{bs} und q_{cs} erkennen bit strings bzw. character strings. Der Automat ist nichtdeterministisch wegen der beiden Hochkommaübergänge aus q_o. Man überzeuge sich, daß der folgende deterministische Automat dieselbe lexikalische Analyse darstellt:

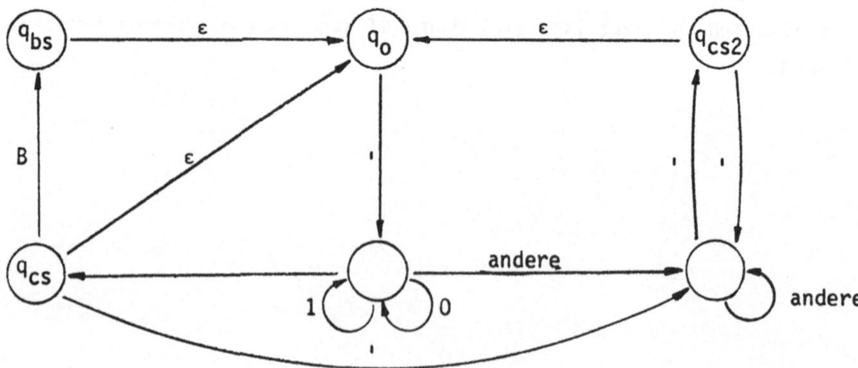

2.2.6. Aufbau lexikalischer Einträge

Jede lexikalische Einheit, die der Automat liefert, besteht aus Typ, Position und Repräsentation. Den Typ bestimmt man durch die Quelle des Epsilonübergangs. Die Position (Zeile und Spalte oder Anweisungsnummer) im Quelltext bezieht sich z.B. auf den Anfang des Symbols. Die Position wird bei Durchgang des Anfangszustands aufbewahrt und dann bei der Rückkehr (z.B. für Fehlermeldungen) verwendet. Die Bestimmung der Repräsentation besteht aus folgenden Aktionen für jeden Zustand:

1. Im Anfangszustand wird eine Zeichenkettenvariable initialisiert (leerer string).
2. Bei jedem weiteren Übergang verkettet man das Eingabezeichen an die Zeichenkettenvariable.
3. Bei der Rückkehr zum Anfangszustand vervollständigt man ggf. die Zeichenkette; sie enthält dann die Repräsentation.

In Sprachen wie FORTRAN und solchen der ALGOL-Familie sollen Leerstellen (und eventuell auch Zeilenwechsel) in bestimmten Kontexten überlesen werden. Das heißt, der Automat muß beim Erkennen eines Zeichens die eventuell folgenden Leerzeichen zwar als Bestandteil der Repräsentation betrachten, sie aber für die Klassifizierung der Einheit außer Acht lassen.

Die folgenden zwei Repräsentationen müssen also dem gleichen Identifizierer zugeordnet werden:

... + Hier ist ein Identifizierer + ...
... +HieristeinIdentifizierer+ ...

Das Leerzeichen ist also kein Trennsymbol. Daraus resultiert, daß in vielen Sprachen Schlüsselworte eine andere Darstellung haben als z.B. Identifizierer (Einschluß in Hochkomma, Großschreibung).

Bei der Verarbeitung von Zeichenketten werden diese in eine Repräsentationstabelle eingetragen und der Zeiger auf diesen Eintrag wird im weiteren als der Repräsentationsanteil der erkannten lexikalischen Einheit verwendet. Bei mehrfachem Auftreten der Zeichenkette wird dann auch nur der entsprechende Zeiger zur Kennung der Zeichenkette benutzt, d.h. bevor man eine Repräsentation einträgt, prüft man, ob sie schon vorhanden ist, und liefert ggf. den Zeiger auf den alten Eintrag. Dieses Verfahren wird nicht nur aus Platzersparnisgründen vorgenommen, sondern auch weil man eine Zentralstelle zur Sammlung der Auskunft über die Repräsentation braucht. Dieses Thema wird eingehender in Kapitel 5 (Identifizierung) beschrieben.

Es gibt einen Sonderfall, der bei der Eintragung von Symbolen behandelt werden kann. In Sprachen wie ALGOLW und FORTRAN gibt es keinen lexikalischen Unterschied zwischen Schlüsselwörtern und normalen Identifizierern (IF, DO, usw.). Eine lexikalische Einheit wird in diesem Fall durch ein Leerzeichen begrenzt. In ALGOL68 kann man nicht zwischen Schlüsselwörtern und Bezeichnern für neue Modes und Operatoren unterscheiden.

Beispiel

mode node = struct (int type, [n] ref node sub)

(Das Symbol mode ist ein Schlüsselwort, das eine Deklaration einleitet; das Symbol node bezeichnet einen neuen Datentyp.)

Üblicherweise wird die Verwendung der Symbole, die dieselbe Repräsentation haben wie irgendein Schlüsselwort, einfach verboten. Daraus resultiert der Ausdruck reservierte Symbole (reserved words).

Man lädt die Repräsentationstabelle bei der Compilerinitialisierung mit allen reservierten Repräsentationen und ihren Typen. Bei der Erkennung jeder lexikalischen Einheit prüft man, ob die gerade eingelesene Repräsentation schon in der Repräsentationstabelle vorhanden ist. In diesem Fall verwendet man den eingetragenen Typ. Sonst trägt man die neue Repräsentation mit dem Typ ein, der ihr entspricht.

Die Methode, mit der man eine Repräsentation in einer Repräsentationstabelle findet, kann einen starken Einfluß auf die Laufeigenschaften des Compilers ausüben, da bei der Erkennung jeder lexikalsichen Einheit geprüft werden muß, ob diese schon in der Tabelle vorhanden ist. Die einfachste Methode ist, eine Liste aller Repräsentationen zu erstellen und diese bei jeder Anwendung linear zu durchsuchen. Bei einer großen Anzahl von verschiedenen Repräsentationen wird dies sehr kostspielig.

Hash-Verfahren

Die populärste Methode zur Verwaltung der Repräsentationstabelle nennt man "Hashing". Sie arbeitet wie folgt:

Man verwendet eine Funktion der Repräsentation (hash function), die eine ganze Zahl ergibt. Diese dient zur Indizierung einer Tabelle (hash table), in die man Zeiger auf die Repräsentationen einträgt bzw. vorfindet. Wenn für eine typische Anzahl von Repräsentationen die Hash-Funktion die Eigenschaft besitzt, daß die Repräsentationen gleichmäßig und ohne Doppelbelegung über die Hash-Tabelle verteilt werden, führt die Hash-Funktion unmittelbar auf den richtigen Repräsentationstabelleneintrag. Die Suchzeit ist damit unabhängig von der Anzahl der Repräsentationen.

Leider kann es vorkommen, daß zwei verschiedene Repräsentationen denselben Hash-Wert liefern (hash clash). Im Falle eines solchen clash verwendet man eine neue Hash-Funktion (rehash), die einen neuen Index liefert. Das Verfahren muß fortgesetzt werden, bis ein noch nicht belegter Platz gefunden wird oder ein Tabellenüberlauf festgestellt wird.

Eine andere Möglichkeit für die Durchführung des rehash ist, den Hash-Tabelleneintrag als den Kopf einer Liste von allen hash-verwandten Repräsentationen zu betrachten.

Eine Hash-Funktion kann sehr einfach sein, zum Beispiel die Summe der internen Werte aller Zeichen in der Kette, oder die Summe der internen Werte des ersten und letzten Zeichens plus der Länge der Zeichenkette. In der Literatur werden zahlreiche andere Funktionen beschrieben.

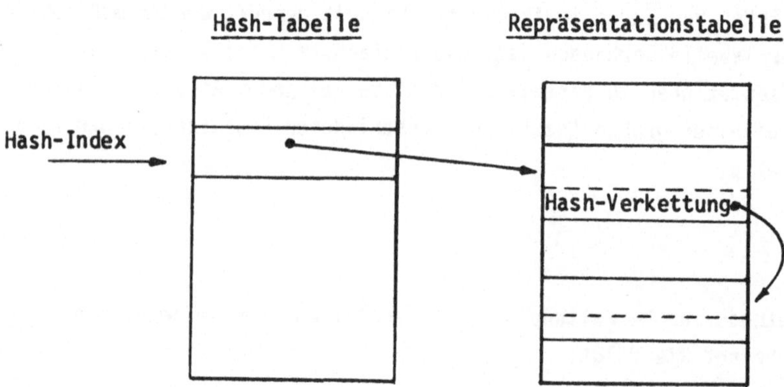

Verkettete Listen

Hash-Funktionen sind nicht die einzige Weise, die Repräsentationstabelle eines Compilers zu verwalten. Eine andere Methode ist das Arbeiten mit verketteten Listen (chained lists). Sie läßt sich am schnellsten durch ein Beispiel erklären.

Beispiel:

Die folgenden Repräsentationen sollen in einem Repräsentationsbaum enthalten sein:

ALEPH	BE
ALIF	BETA
ALPHA	GAMMA

Der Baum hat folgendes Aussehen:

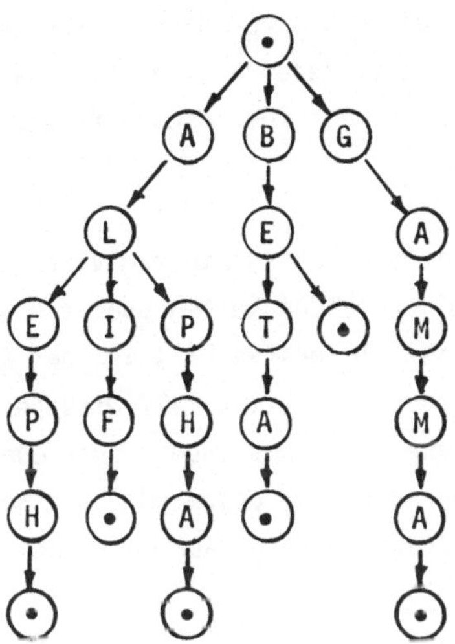

Die Überprüfung, ob eine Repräsentation schon im Baum vorhanden ist, geschieht durch Abstieg im Baum während der Analyse. Beim Erkennen einer neuen Zeichenkette kann diese auf einfache Weise dadurch hinzugefügt werden, daß an dem Knoten, an dem die Repräsentation von den bisher im Baum eingetragenen abweicht, ein neuer Zweig mit dem nicht gefundenen Rest angehängt wird. Die Repräsentation muß bei Erkennung der lexikalischen Einheit nicht mehr gesammelt werden; man kann gleichzeitig im Baum absteigen. Die Endpunkte (Blätter) des Baumes enthalten die lexikalischen Typen und andere Auskünfte. Wie beim hashing hat man Suchzeiten, die fast unabhängig von der Anzahl der Einträge sind. Allerdings ist der Speicherbedarf sehr hoch, da an jeden Knoten viele Unterknoten angefügt werden können.

Binäre Bäume

Eine weitere Methode ist die Verwendung binärer Bäume. Dabei wird jede Zeichenkette durch einen Knoten repräsentiert. Jeder Knoten hat maximal zwei Unterknoten. Die Einträge werden in der Reihenfolge ihres Auftretens nach folgendem Verfahren vorgenommen:

> Die neue Zeichenkette wird mit dem ersten Eintrag verglichen, bis entweder die Übereinstimmung beider Zeichenketten oder ein unterschiedliches Zeichen festgestellt ist. Im ersten Fall ist der Eintrag gefunden und das Verfahren bricht ab. Im zweiten Fall wird je nach der internen Darstellung des gelesenen Zeichens nach rechts oder links im Baum verzweigt und das Verfahren erneut angewandt. Die neue Zeichenkette kann in den Baum eingetragen werden, wenn ein leerer Eintrag im Baum gefunden wird.

Für die Zeichenketten

Januar, Februar, Maerz, April, Mai, Juni

ergibt sich für diese Reihenfolge folgender Baum:

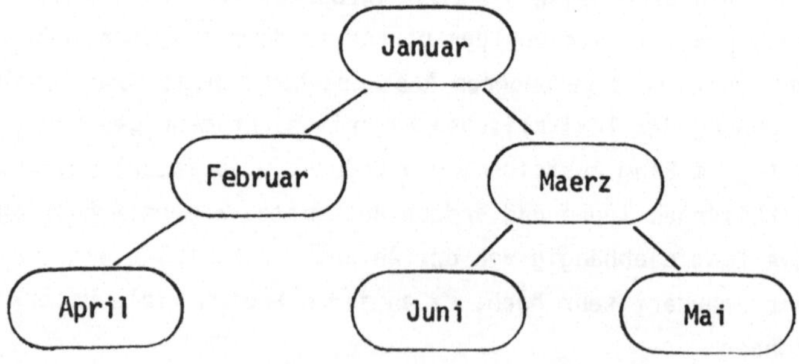

Das Verfahren eignet sich nur, wenn die Zeichenketten in einer nicht alphabetischen Reihenfolge auftreten, da die Suchzeiten stark von der Baumstruktur abhängig sind.

Bei ungeeigneten Baumstrukturen (etwa einer linearen Anordnung der Knoten) kann durch eine Balancierung Abhilfe geschaffen werden. Die ungeeignete Struktur wird dabei in eine geeignetere überführt, d.h. in einen Baum, der nur in der untersten Ebene leere Einträge enthält.

2.2.7. Ausnahmefälle

Obwohl reservierte Repräsentationen die lexikalische Analyse erschweren, wird der Compileraufwand bei Nichtreservierung sehr vergrößert. PL/1 ist ein Beispiel für eine Sprache, in der Identifizierer dieselbe Repräsentation haben dürfen wie ein Schlüsselwort. Die Unterscheidung erfolgt durch den syntaktischen Kontext.

Beispiel:

(PL/1)

```
DECLARE DECLARE FIXED BINARY;
```

Das erste DELCARE ist ein Schlüsselwort, das die Deklaration einleitet und das zweite ist der Name des Identifizierers, der die Attribute FIXED BINARY bekommt. Die Unterscheidung beider kann ohne Betrachtung des Kontextes nicht während der lexikalischen Analyse erfolgen.

FORTRAN und ALGOL68 haben ein ähnliches Problem bei der Unterscheidung von Identifizierern und Formatteilen.

(FORTRAN)

```
      I5 = 9
    9 FORMAT (I5)
```

Das erste I5 ist ein Identifizierer. Das zweite spezifiziert die Ein/Ausgabe einer Ganzzahl in fünf Spalten. (Man betrachte auch die 9.)

Das Beispiel verlangt zur Analyse Kenntnisse über den linken Kontext. Man löst das Problem mit einem besonderen Zustand des lexikalischen Erkenners.

Manchmal benötigt man auch den rechten Kontext:

(PL/1)

```
BEGIN;
BEGIN = 9;
```

Die erste Anweisung steht für den Anfang eines Blocks; die zweite ist eine Zuweisung an eine Variable namens "BEGIN". Die Unterscheidung kann durch den rechten Kontext vorgenommen werden. Ein Semikolon bedeutet Blockanfang, ein Gleichheitszeichen markiert eine Zuweisung.

(PL/1)

```
IF (EXPR) THEN RETURN;
IF (EXPR) = 9;
```

Die erste Anweisung ist ein bedingter Unterprogrammrücksprung; die zweite ist eine Zuweisung an das EXPR-te Element der Reihung IF. Der lexikalische Typ des IF wird durch (eventuell langen) Vorgriff nach dem Zeichen, das der schließenden Klammer folgt, bestimmt.

Ein ähnliches Problem taucht bei folgendem Programmstück auf:

(FORTRAN)

```
DO9I = 1,9
DO9I = 1.9
```

Die erste Anweisung leitet eine Iteration über einen Block ein, der bei Anweisung mit Marke 9 endet. Die zweite ist eine Zuweisung an eine Variable namens "DO9I".

Hier muß entschieden werden, ob "DO9I" eine oder drei lexikalische Einheiten darstellt. Erst das Komma oder der Punkt gewährleisten die richtige Klassifizierung.

Der Schreiber eines Scanners wird diese Beispiele wohl etwas deprimierend finden. Sie beweisen nur, daß Sprachdesigner sich nur wenig um eine vernünftige lexikalische Analyse kümmern. Trotzdem ist das Modell, kontextunabhängig lexikalische Einheiten zu erkennen, ein guter Ausgangspunkt. Mit ausreichend vielen Spezialzuständen und Vorgriffen für die angeführten schwierigen Konstruktionen erhält man schließlich einen brauchbaren Prozessor.

2.2.8. Behandlung lexikalischer Fehler

Bei der Behandlung lexikalischer Einheiten können Fehler auf zwei Weisen auftreten:

1. man trifft auf ein unerwartetes Zeichen,
2. man kann ein Standardsymbol, das in der Repräsentationstabelle voreingetragen sein sollte, nicht identifizieren.

Unerwartete Zeichen findet man häufig in Schlüsselwörtern:

```
'BEGIN
'INTEGER' I;
```

Hier wurde ein Apostroph vergessen, wodurch mitten im Schlüsselwort ein (unerwartetes) Leerzeichen gelesen wird. In diesem Fall ist die beste Fehlerbehandlung, das Symbol (nach einer Fehlermeldung) als abgeschlossen zu betrachten und in einem neutralen Zustand weiterzuarbeiten. Das obige Programmstück kann dann so behandelt werden, daß es für den Syntaxanalysator korrekt erscheint.

In Sprachen wie ALGOL60 sind alle bold symbols (Symbole in Hochkommata) Schlüsselwörter und sollten daher voreingetragen sein. Tritt ein bold symbol auf, das nicht voreingetragen ist, so ist die Ursache dafür vermutlich ein Schreibfehler, der u.U. korrigiert werden kann.

Beispiel:

```
'INTEGR' I;
```

Die weitaus meisten Schreibfehler fallen in folgende Kategorien:

ein Buchstabe ist falsch
ein Buchstabe fehlt
ein Buchstabe ist hinzugefügt
zwei benachbarte Buchstaben sind vertauscht.

Wenn man sich auf diese Fehlerarten beschränkt, hat man eine einfache und ziemlich sichere Korrekturmöglichkeit.

Zur Durchführung der Korrektur wird eine Menge von Symbolen ausgewählt und jedes von ihnen mit dem vorliegenden verglichen. Dabei wird geprüft, ob zwei Symbole durch Änderung, Einfügung oder Löschung eines Buchstabens oder durch Vertauschung zweier Buchstaben aneinander angeglichen werden können.

Man kann das Verfahren auch dazu benutzen, scheinbar nicht deklarierte Namen zu identifizieren.

Deklariert seien:

push, pop, empty, element

Danach ist folgende Anweisung zu analysieren:

element := plop

Da es keine ähnlich lautenden Namen gibt, kann (mit gebührendem Mißtrauen) pop identifiziert und mit dessen semantischen Attributen weitergearbeitet werden.

Die Anwendung des Verfahrens auf Identifizierer erlaubt eine gewisse Vervollständigung der Analyse, insbesondere wenn man "korrigierte" Programme ausführen will. Um die Korrektur möglichst sicher zu machen, sollten die Identifizierer aber eine gewisse Mindestlänge haben.

Für Sprachen, die auch benutzerdefinierte bold symbols zulassen, ist das Verfahren nicht ohne weiteres anzuwenden. Betrachten wir ein Beispiel in ALGOL68:

; 'BIGIN' I := 2 * J;

Es kann, aber es muß sich hier nicht um einen Schreibfehler handeln.

Wenn " 'BIGIN' " als Mode oder Operator deklariert ist, ist das Programmstück lexikalisch und syntaktisch korrekt. Symbole können also erst korrigiert werden, nachdem alle Mode- und Operatordeklarationen verarbeitet worden sind. Das Problem ist, daß die lexikalische Analyse vom syntaktischen Kontext abhängig ist (vgl. auch Abschnitt 2.3.6.).

Problematisch wird die Fehlerbehandlung, wenn der Benutzer Fehler bei Kommentar- oder Stringklammern macht. Besonders gefährlich ist es, wenn öffnende und schließende Klammern gleich sind. Dann kann das Vergessen oder irrtümliche Einfügen eines Symbols den Rest des Programms unbrauchbar machen. Der Compiler kann für solche Fälle dem Benutzer bei der Fehlersuche helfen, indem er am Rande des Listings markiert, ob er sich im Kommentar- oder Stringzustand befindet (vgl. Abschnitt 4.3.).

2.3. Syntaktische Analyse

2.3.1. Das Problem

Im vorherigen Abschnitt wurde das Problem behandelt, einen Text in seine lexikalischen Einheiten zu zerlegen. Das ist aber nur die erste Stufe zur Erkennung des Aufbaus eines Textes. Die wesentlich schwierigere Stufe, die Erkennung des syntaktischen Aufbaus, ist das Thema dieses Abschnitts.

Im Fall einer natürlichen Sprache geschieht diese Erkennung meistens intuitiv. So weiß ein Deutschsprachiger, daß die Kette

"Das ist ein Satz"

zur Menge "Deutsche Sprache" gehört, aber die Kette

"Satz Das ist ein"

nicht dazugehört.

Zur maschinellen Übersetzung eines Textes brauchen wir einen Algorithmus, der überprüft, ob ein Satz zur Sprache gehört und seine Struktur bestimmt. Wir werden uns dabei auf Programmiersprachen beschränken, da natürliche Sprachen in ihrem Aufbau zu schwierig sind. Ein Programm, das die Sprachzugehörigkeit einer Kette entscheidet, nennt man einen syntaktischen Erkenner (Parser). Er basiert auf der für eine Sprache gültigen Grammatik. Die terminalen Symbole dieser Grammatik sind die im vorigen Abschnitt besprochenen lexikalischen Einheiten.

2.3.2. Absteigende und aufsteigende Analyse

Um den Unterschied zwischen aufsteigender und absteigender Analyse darzustellen, werden wir eine sehr einfache Grammatik und einen Beispieltext wählen und auf beide Arten durcharbeiten.

EXPRESSION: IDENTIFIER, open symbol, EXPRESSION, close symbol;
IDENTIFIER, sub symbol, EXPRESSION, bus symbol;
IDENTIFIER.

IDENTIFIER: a symbol; f symbol; z symbol.

Die Grammatik beschreibt geschachtelte Funktionsaufrufe und Feldindizierungen. Ein Beispieltext ist:

f (a [z])

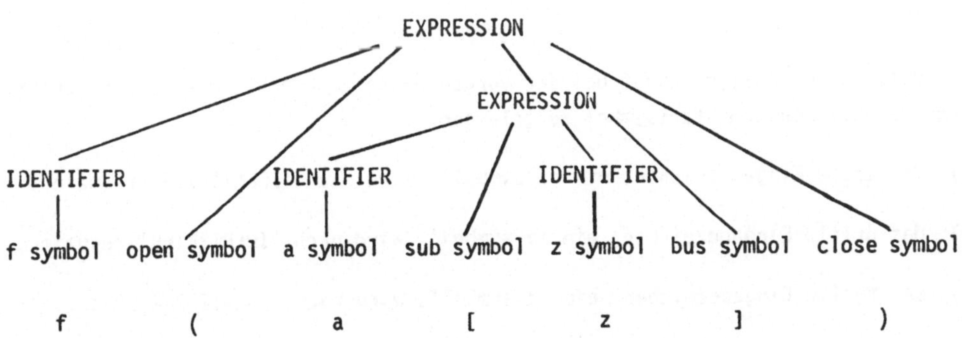

Die absteigende Analyse fängt beim Startsymbol an und versucht, durch eine Folge von Ableitungen zur vorgegebenen Zeichenkette zu gelangen:

(1) irgendeine Alternative von Expression wird vorausgesagt, z.B. 'IDENTIFIER (EXPRESSION)'

(2) man nimmt das erste Element davon (hier IDENTIFIER) und irgendeine seiner Alternativen wird vorausgesagt, z.B. 'f symbol'

(3) man merkt, daß das erste Eingabezeichen diese Voraussage erfüllt

(4) daher ist auch der erste Teil von Voraussage (1) erfüllt

(5) das zweite Eingabezeichen '(' erfüllt den zweiten Teil von (1)

(6) für den dritten Teil von (1) wird jetzt irgendeine Alternative von A vorausgesagt, z.B. 'IDENTIFIER [EXPRESSION]'

(7) jetzt wird irgendeine Alternative von IDENTIFIER vorausgesagt, z.B. 'a symbol'

... usw.

Die Analyse ist fertig, wenn die Voraussage für das Startsymbol erfüllt ist und der Eingabestrom beendet ist.

Die <u>aufsteigende</u> Analyse fängt bei der vorgegebenen Zeichenkette an und versucht, durch Reduktionen zum Startsymbol zu gelangen:

(1) das erste Eingabezeichen, ein 'f symbol', wird nach 'IDENTIFIER' reduziert

(2) das dritte Eingabezeichen, ein 'a symbol', wird nach 'IDENTIFIER' reduziert

(3) das fünfte Eingabezeichen, ein 'z symbol', wird nach 'IDENTIFIER' reduziert

(4) das letzte 'IDENTIFIER' wird nach 'EXPRESSION' reduziert. Der Text lautet jetzt: 'IDENTIFIER (IDENTIFIER [EXPRESSION])'

(5) der Abschnitt 'IDENTIFIER [EXPRESSION]' wird nach 'EXPRESSION' reduziert

(6) der daraus entstehende Abschnitt 'IDENTIFIER (EXPRESSION)' wird nach 'EXPRESSION' reduziert

Die Analyse ist fertig, wenn nach allen Reduzierungen nur das Startsymbol übrigbleibt.

Trotz ihres verschiedenen Aufbaus haben die beiden Methoden ähnliche Schwierigkeiten. In beiden Fällen kann "backtrack" (Rückwärtsverfolgung) nötig werden. Bei absteigender Analyse passiert das, wenn verschiedene Alternativen vorausgesagt werden können und die falsche gewählt wurde. Diese führt in eine Sackgasse, die geleistete Arbeit muß verworfen werden und eine neue Alternative probiert werden.

Bei aufsteigender Analyse passiert ähnliches, wenn man die falsche Reduzierung gemacht hat. Entscheidet man z.B. nach Schritt 2, 'IDENTIFIER' nach 'EXPRESSION' zu reduzieren, so ergäbe sich:

EXPRESSION (a symbol [z symbol])

was nie zu einem erfolgreichen Abschluß führen kann.

Um diese Probleme zu vermeiden, verwendet man zur aufsteigenden Analyse Grammatiken, die folgende zwei Beschränkungen respektieren:

(a) es gibt keine zwei rechten Seiten, die gleich sind, und
(b) es gibt keine leere rechte Seite.

Zum Beispiel wäre die folgende Grammatik verboten:

```
CALL:         FUNCTION, open symbol, ARGUMENT, close symbol.

FUNCTION:     IDENTIFIER.

ARGUMENT:     IDENTIFIER.

IDENTIFIER:   a symbol; f symbol; z symbol.
```

Die Einhaltung der angegebenen Beschränkungen kann meist durch eine Umformung der Grammatik erreicht werden. In unserem Fall genügt folgende Umformung:

```
CALL:         IDENTIFIER, open symbol, IDENTIFIER, close symbol.
```

2.3.3. Absteigende Analyse (top-down)

2.3.3.1. Rekursiver Abstieg

Zur Realisierung eines Verfahrens zur absteigenden Analyse betrachten wir eine Sprache, deren Sätze nach folgenden Regeln aufgebaut sind (man beachte die schwerfällige verbale Formulierung):

a) Alle Sätze beginnen entweder mit einer öffnenden Klammer "(" oder mit dem begin-Symbol.

b) Jedes folgende Zeichen, bis auf das letzte, darf irgendeines der zum Alphabet gehörenden Terminalsymbole sein (außer schließender Klammer und "end").

c) Wenn das erste Zeichen eine öffnende Klammer war, dann muß das letzte Zeichen eine schließende Klammer sein. Sonst muß es das "end-Symbol" sein.

Beispieltexte:

(a + b)

begin blah end

((((()

Ein ALGOL68 Programm, das Sätze dieser Sprache erkennt, kann folgendermaßen formuliert werden:

```
begin
     proc satz erkannt = bool:
          if klammer auf erkannt
          then if mitte erkannt
               then klammer zu erkannt
               else false
               fi
          elif begin symbol erkannt
          then if mitte erkannt
               then end symbol erkannt
               else false
               fi
          else false
          fi;
     if satz erkannt
     then kette gehört zur sprache
     else kette gehört nicht zur sprache
     fi
end
```

Alle Prozeduren mit dem Namen "... erkannt" sind boolsche Prozeduren. Sie ergeben den Wert "true" genau dann, wenn das oder die zu lesenden **Symbole** im Eingabestrom enthalten sind, die der Erkenner erwartet. Als wichtiger Seiteneffekt bei "true" wird der Eingabezeiger zur nächsten syntaktischen Einheit vorgeschoben. Bei "false" wird er nicht angetastet.

Als weiteres Beispiel nehmen wir an, daß die Mitte der Kette weiter eingeschränkt werden soll durch folgende zusätzliche Regeln:

a) die Mitte darf entweder "Form 1" oder "Form 2" haben.

b) die Mitte hat "Form 1", wenn

b_1) der Anfang eine Form hat, die durch die Prozedur "deklaration erkannt" definiert ist,

b_2) das nächste Zeichen ein Strichpunkt ist, und

b_3) der letzte Teil denselben Beschränkungen gehorcht wie Mitte.

c) die Mitte hat "Form 2", wenn sie eine Form hat, die durch die Prozedur "anweisungsfolge erkannt" definiert ist.

Die Mitte besteht also aus einer Reihe von Deklarationen, denen Anweisungen folgen.

```
MITTE:    DEKLARATION, semicolon symbol, MITTE;
          ANWEISUNGSFOLGE.
```

Der Parser für Mitte läßt sich wieder leicht formulieren:

```
proc mitte erkannt = bool:
     if deklaration erkannt              # Form 1 #
     then if semicolon erkannt
          then mitte erkannt
          else false
          fi
     else anweisungsfolge erkannt        # Form 2 #
     fi
```

Wir sind im Begriff, einen Parser für eine Untersprache von ALGOL68 zu entwerfen. Es dürfte klar sein, wie man weiter vorgehen muß. Die hier angedeutete Methode, vielleicht die einfachste und übersichtlichste, die es gibt, nennt man rekursiven Abstieg (recursive descent). Ihr Vorteil ist, daß man unter bestimmten Bedingungen aus der Grammatik einer Sprache, die durch kontextfreie Regeln beschrieben ist, unmittelbar einen Parser entwickeln kann, indem man die Regeln als Modelle für rekursive Prozeduren benutzt.

Die Verwendung von CDL2 ermöglicht es, die Methode des rekursiven Abstiegs einfach zu formulieren, da die CDL2-Notation der grammatikalischen Beschreibung ähnlich ist.

Als Beispiel betrachten wir einen in CDL2 formulierten Parser für die Erkennung der von uns definierten Mitte:

```
'predicate' mitte:
     declaration,
          (semicolon symbol,
               (mitte;
                error);
          error);
     anweisungsfolge.
```

Diese CDL2-Regel versucht eine Mitte zu erkennen, indem eine Reihe von Deklarationen gefolgt von der Anweisungsfolge erkannt werden. Gelingt dies, so liefert die Regel 'true', andernfalls liefert sie 'false'. Wird eine Deklaration erkannt, so muß ein Semikolon und eine neue Mitte folgen. Trifft dies nicht zu, so wird eine Fehlerroutine 'error' aufgerufen.

2.3.3.2. Typische Probleme

a) Linksrekursivität

Die folgende Grammatik beschreibt den Aufbau von Ausdrücken der Art (a - b - c):

```
EXPRESSION:     EXPRESSION, minus symbol, IDENTIFIER;
                IDENTIFIER.

IDENTIFIER:     a; b; c.
```

Die Ausdrücke sollen mit Rücksicht auf die übliche Operatorhierarchie analysiert werden, was zu folgendem Syntaxbaum führt:

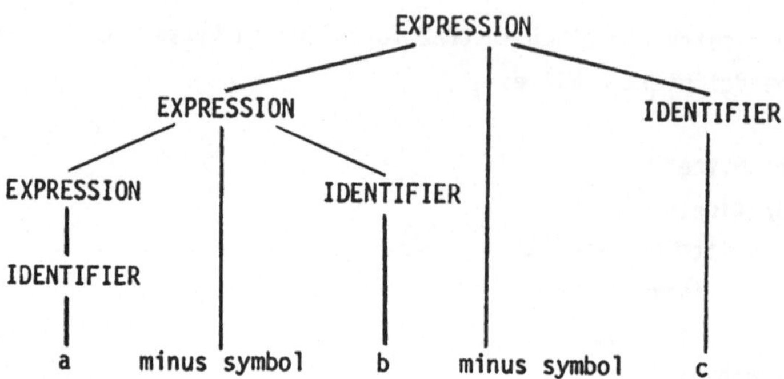

Schwierigkeiten tauchen auf, wenn wir die syntaktischen Regeln in Prozeduren übersetzen. Man entdeckt, daß die Prozedur für EXPRESSION sich selbst im ersten Schritt aufruft. Hieraus entsteht eine unendliche Rekursion, die garantiert, daß nichts analysiert wird!

Natürlich kann man die Regel einfach umdrehen:

```
EXPRESSION:    IDENTIFIER, minus symbol, EXPRESSION;
               IDENTIFIER.
```

Die Grammatik ist jetzt rechtsrekursiv. Sie analysiert dieselbe Untermenge von Terminalketten wie die linksrekursive, allerdings mit einem anderen Verlauf und unter Umständen mit einer anderen Bedeutung:

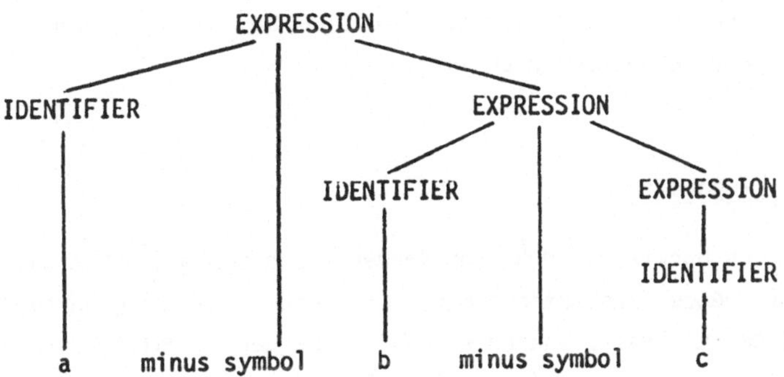

Der rekursive Aufruf ist zwar immer noch da, aber jetzt ist er harmlos. Vor jedem rekursiven Aufruf muß ein Stück Text analysiert werden und auf diese Weise kann man nur so viele Aufrufe von der Prozedur zur Analyse von 'EXPRESSION' machen wie es Identifizierer in der Eingabe gibt.

Die rechtsrekursive Lösung macht dann Probleme, wenn der veränderte Verlauf der Analyse zu einer falschen oder erschwerten Übersetzung führt. Dieses Problem wird im Kapitel über Synthese weiter untersucht.

Eine weitere Lösung stellt die iterative Formulierung dar:

```
EXPRESSION:    IDENTIFIER,
               (rest: minus symbol, IDENTIFIER, * rest;).
```

'rest' ist hierbei die Markierung eines Grammatikteils (oder CDL2-Programmteils), der durch die Wiederholungsanweisung'* rest'mehrmals angewendet werden kann.

Ein Ausdruck besteht also aus einem Identifizierer, dem eine Gruppe folgt, die durch die Marke 'rest' gekennzeichnet ist. Diese Gruppe kann sein

- leer oder
- ein minus symbol, gefolgt von einem Identifizierer, gefolgt von einer Wiederholung der Gruppe.

Die iterative Lösung erzeugt weniger Störungen bei der Synthese. Dieser Punkt wird später eingehender erklärt.

b) Rückkehr im Eingabestrom

Das Problem des backtrack, d.h. des Verwerfens einer möglichen aber nicht zum Erfolg führenden Produktionsregel wurde schon bei der grundsätzlichen Betrachtung der Analyseverfahren erwähnt. Eine der wesentlichsten Aktionen bei der Erkennung eines terminalen Symbols ist das Fortschalten des Eingabezeigers. Dieser Zeiger muß im Falle eines backtrack zurückgesetzt werden, was, für jeden einsichtig, keine primitive Operation darstellt.

Ein Beispiel ergibt sich aus folgender Grammatik:

```
SERIES:        begin symbol, EXPRESSION, end symbol.

EXPRESSION:    IDENTIFIER, minus symbol, EXPRESSION;
               IDENTIFIER.

IDENTIFIER:    a symbol; ...
```

Bei der Analyse des Satzes

<u>begin</u> a <u>end</u>

wird innerhalb der ersten Alternative der Regel 'EXPRESSION' ein Identifizierer erkannt. Dabei wird als Nebeneffekt der Eingabezeiger auf das nächste Symbol '<u>end</u>' gesetzt. Die erste Alternative der Regel 'EXPRESSION' erwartet als folgendes Zeichen ein'minus symbol'. Dieses wird nicht erkannt, also wird zur nächsten Alternative verzweigt. Diese Alternative soll einen Identifier erkennen, was aber nicht mehr möglich ist, da der Eingabezeiger weitergesetzt worden jst und jetzt auf '<u>end</u>'zeigt.

Eine naheliegende Lösung ist, den Zeiger bei jeder Alternative einzukellern und den alten Zustand wieder herzustellen, wenn die Alternative 'false' liefert. Die Verwaltung des Zeigers ist aber ziemlich teuer und löst nicht andere mögliche Seiteneffekte (z.B. falsche Übersetzungen).

Aus diesem Grund wird angestrebt, die Grammatiken so einzuschränken, daß es möglich ist, mit einem festen Vorgriff von k Zeichen eindeutig festzustellen, welche Alternative einer Regel zum Erfolg führt, d.h. die Analyse vollziehen wird, ohne in eine Sackgasse zu geraten. Die gebräuchlichsten Grammatiken arbeiten mit einem Vorgriff von einem Zeichen. Sie sind vom Typ LL(1).

Die LL(1)-Bedingung kann folgendermaßen formuliert werden:

> Treten in einer Regel einer Grammatik alternative Produktionen auf der rechten Seite dieser Regel auf, so müssen die terminalen Anfangssymbole, die direkt oder indirekt erzeugt werden, disjunkt sein.

Diese Bedingung ist notwendig:
Treten als Anfangssymbole gleiche Symbole auf, so kann der Erkenner ohne zusätzliche Informationen keine Entscheidung über die zu verfolgende Alternative treffen.

Diese Bedingung ist hinreichend:
Der Erkenner kann unter dieser Voraussetzung immer eine Alternative (und zwar die richtige) auswählen. Ist das erkannte Symbol in keiner Regel enthalten, so ist die untersuchte Eingabe nicht in der Sprache enthalten.

Die zum Vergleich auf- und absteigender Analyse gewählte Grammatik zur Beschreibung von Funktionsaufrufen und Feldindizierungen erfüllt die LL(1)-Bedingung nicht, da in der Regel für 'EXPRESSION' auf Grund des Eingabesymbols nicht zwischen den drei möglichen Alternativen entschieden werden kann.

2.3.4. Aufsteigende Analyse (bottom-up)

In diesem Kapitel werden verschiedene Verfahren der bottom-up-Analyse beschrieben. Wir beginnen mit der sogenannten Vorranganalyse, die den Vorteil hat, leicht erklärbar und ziemlich typisch zu sein.

2.3.4.1. Vorranganalyse (simple precedence)

Zunächst brauchen wir einige Definitionen. Wir haben:

a) eine Eingabe, das gegenwärtige Zeichen des Eingabestroms und

b) einen Keller, der zu Anfang leer ist, zwischendurch die zum Teil reduzierten Sprachelemente (Abschnitte) und am Ende nur das Startsymbol enthält.

Der Algorithmus liest Zeichen der Eingabe und schreibt diese auf den Keller, bis ein reduzierbarer Abschnitt (ein Ansatz) im Keller steht, d.h. der obere Teil des Kellers gleich der rechten Seite einer Regel der Grammatik ist. Der Ansatz wird vom Keller entfernt und durch die linke Seite der Regel ersetzt.

Das Problem ist, auf einfache Weise festzustellen, wann ein Ansatz im Keller vorhanden ist. Um dies zu erklären, betrachten wir wieder die Grammatik zur Beschreibung der geschachtelten Funktionsaufrufe und Feldindizierungen:

```
EXPRESSION:    IDENTIFIER, open symbol, EXPRESSION, close symbol;
               IDENTIFIER, sub symbol, EXPRESSION, bus symbol;
               IDENTIFIER.

IDENTIFIER:    a symbol; f symbol; z symbol.
```

Die Situation sei wie folgt (I = IDENTIFIER, E = EXPRESSION):

(s1) | I (I [E] | |) |

Keller Eingabe

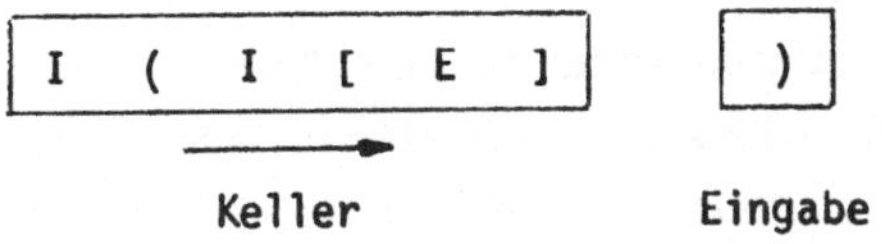

Der zu reduzierende Ansatz ist "I[E]" und nach diesem Schritt soll folgender Zustand erreicht werden:

(s2) | I (E | |) |

Keller Eingabe

Offensichtlich brauchen wir ein Kriterium zur Bestimmung der Grenzen eines Ansatzes. Dies besteht in der Definition von Relationen zwischen allen möglichen Paaren von terminalen und nichtterminalen Symbolen, die entweder 'linke Grenze', 'rechte Grenze' oder 'gleicher Abschnitt' bedeuten.

Betrachten wir zuerst die öffnende Klammer '(' und den folgenden schon reduzierten Identifier im Zustand (s1). Der ersten Alternative der Regel für die Konstruktion einer 'EXPRESSION' entnehmen wir:

EXPRESSION: IDENTIFIER, open symbol, EXPRESSION, close symbol;

Nach der öffnenden Klammer wird eine 'EXPRESSION' erwartet. Wir haben aber einen 'IDENTIFIER' (I) auf dem Keller. Da wir durch die Grammatik wissen, daß ein 'IDENTIFIER' ein erlaubter Anfang von einem Abschnitt ist, der nach 'EXPRESSION' (E) reduziert werden kann, wird dieser 'IDENTIFIER' als das linke Ende eines Ansatzes bestimmt. Man muß also den mit 'IDENTIFIER' beginnenden Abschnitt vor der öffnenden Klammer reduzieren, die die linke Grenze bestimmt.

Diese Relation nennen wir kleiner (<) und sagen, daß die öffnende Klammer einen kleineren Rang (precedence) hat als 'IDENTIFIER'.

Immer noch mit Bezug auf (s1) betrachten wir das Paar 'IDENTIFIER' (I) und öffnende eckige Klammer ([). Diese stehen hintereinander in einer Alternative der Regel für 'EXPRESSION' und müssen daher zum selben Ansatz gehören. Wir nennen diese Relation gleich (=) und sagen, daß 'IDENTIFIER' und ein 'sub symbol' den gleichen Rang haben. Dieselbe Relation gilt für die Paare ('sub symbol', 'EXPRESSION') und ('EXPRESSION', 'bus symbol').

Schließlich betrachten wir die Relation zwischen dem obersten Kellerelement, 'bus symbol' und der Eingabe, 'close symbol'. Aus der Alternative

EXPRESSION: IDENTIFIER, open symbol, EXPRESSION, close symbol;

entnehmen wir, daß vor der schließenden Klammer eine 'EXPRESSION' erwartet wird. Wir haben aber eine schließende eckige Klammer. Diese stellt einen erlaubten Schluß für eine 'EXPRESSION' dar, die daher zuerst reduziert werden muß. Die Relation zwischen den beiden Klammern nennen wir größer (>).

Betrachten wir jetzt (s1) mit den eingeschriebenen Vorrangrelationen:

(s1) [I = (< I = [= E =]] > [ )]

Die Regel zur Durchführung einer Reduzierung kann jetzt sehr einfach beschrieben werden:

> Hat das oberste Kellerelement einen höheren Rang als das Eingabesymbol, so besteht der zu reduzierende Ansatz aus den letzten Symbolen der Eingabe, die durch den gleichen Rang charakterisiert sind.

In unserem Fall ist dies die Folge

IDENTIFIER sub symbol EXPRESSION bus symbol,

die zu einer 'EXPRESSION' reduziert wird.

Randbedingung ist natürlich, daß es nur eine mögliche Reduzierung gibt. Kann keine Reduzierung durchgeführt werden, so ist die Aktion sehr einfach:

> Hat das oberste Kellerelement keinen höheren Rang als das Eingabesymbol, so wird das Eingabesymbol mit der entsprechenden Relation eingekellert.

Man kann die Vorrangrelationen genauer definieren:

(a) $R < S$ dann und nur dann, wenn es eine Regel $U \rightarrow \ldots RV \ldots$ gibt und $V \xrightarrow{+} S \ldots$

(b) $R = S$ dann und nur dann, wenn es eine Regel $U \rightarrow \ldots RS \ldots$ gibt

(c) $R > S$ dann und nur dann, wenn es eine Regel $U \rightarrow \ldots VW \ldots$ gibt und $V \xrightarrow{+} \ldots R$ und $W \xrightarrow{*} S \ldots$

Man bemerke, daß die Relation ">" leicht erweitert ist, um den Fall abzudecken, in dem R das Ende eines zu reduzierenden Abschnitts und S der Anfang eines anderen ist. In unserer Beispiel-Grammatik kommt nur der Fall $W = S$ vor.

Die Nützlichkeit der Vorrangrelationen liegt darin, daß sie sich durch einfache Überprüfung der Grammatik feststellen lassen. Ihre Bestimmung erfolgt nicht bei der Durchführung der Analyse.

Man kann eine Tabelle (Vorrang-Matrix) erstellen, welche die Rangfolge zwischen jedem möglichen Elementepaar enthält. Für das vorige Beispiel ergibt sich:

	E	I	a	f	z	(	)	[	]
E							=		=
I						=	>	=	>
a						>	>	>	>
f						>	>	>	>
z						>	>	>	>
(	=	<	<	<	<				
)							>		>
[	=	<	<	<	<				
]							>		>

Die Ausarbeitung des Beispieltextes unter Verwendung der Vorrang-Matrix sieht wie folgt aus:

Keller	Relation	Eingabesymbol
	<	a
< a	>	(
< I	=	(
< I = (	<	f
< I = (< f	>	[
< I = (< I	=	[
< I = (< I = [	<	z
< I = (< I = [< z	>	]
< I = (< I = [< I	>	]
< I = (< I = [< E	=	]
< I = (< I = [= E =]	>	)
< I = (= E	=	)
< I = (= E =)	>	Ende
E		

Das Beispiel zeigt den Zustand des Kellers mit allen Relationen. Die mittlere Spalte zeigt die Relation zwischen dem obersten Kellerelement und dem Eingabezeichen. Von ihr hängt die nächste Aktion ab. Bei einer Reduktion wird der Ansatz durch die entsprechende linke Seite ersetzt und die Relationen zu den Nachbarsymbolen neu festgestellt.

Es fällt auf, daß in der Vorrang-Matrix sehr viele Einträge leer sind. Diese stellen Fehlerfälle dar, d.h. sie kennzeichnen Eingabefolgen, die nicht zur Sprache gehören. Diese Möglichkeit der Fehlererkennung ist sehr günstig, da durch den Keller und die Eingabe der lokale Fehlerkontext zur Verfügung steht und dem Benutzer mitgeteilt werden kann. Bei absteigender Analyse steht bei impliziter Kellerführung nur die Eingabe zur Verfügung.

Eine Beschränkung bei der Verwendung von Vorrang-Matrizen liegt darin, daß für jedes Symbolpaar nur eine Relation gelten darf. Diese Bedingung schließt leider fast alle üblichen Grammatiken aus, die ein Sprachdesigner gern schreiben würde. Die Beseitigung von doppelten Relationen durch Umwandlung der Grammatik führt zu starken Verzerrungen, die die Grammatik teilweise unverständlich machen. Dies wiederum hat Konsequenzen beim Aufbau und der Wartung von Compilern.

Als Beispiel betrachten wir einfache Linksrekursivität:

```
CLAUSE:        begin symbol, EXPR, end symbol.

EXPR:          EXPR, plus symbol, TERM;
               TERM.
```

Wenn wir die Vorrangrelationen betrachten, entdecken wir leicht, daß

begin symbol = EXPR und

begin symbol $<$ EXPR

gilt.

Dies resultiert daraus, daß 'EXPR' sowohl zu einer Produktion von 'CLAUSE' als auch zu einer Produktion von 'EXPR' gehören kann.

Die Lösung für dieses Problem ist nicht die Umwandlung der Linksrekursion in Rechtsrekursion:

```
CLAUSE:      begin symbol, EXPR, end symbol.

EXPR:        TERM, plus symbol, EXPR;
             TERM.
```

Damit ist zwar der Konflikt für das Paar (begin symbol / EXPR) gelöst, aber ein neuer für das Paar (EXPR / end symbol) erzeugt.

Die Lösung des Problems besteht in der Erweiterung der Grammatik durch eine neue Ebene:

```
CLAUSE:      begin symbol, EXPR 2, end symbol.

EXPR 2:      EXPR.

EXPR:        EXPR, plus symbol, TERM;
             TERM.
```

Man nennt diese Korrektur <u>stratification</u>. Leider gibt es Fälle, die nicht so einfach durchschaubar sind. Als Beispiel betrachten wir folgende Grammatik:

```
CLAUSE:      begin symbol, DPART, SLIST, end symbol.

DPART:       DLIST, semicolon symbol


DLIST:       DLIST, semicolon symbol, DECLARATION;
             DECLARATION.

SLIST:       SLIST, semicolon symbol, STATEMENT;
             STATEMENT.
```

Diese Grammatik enthält eine leere rechte Seite, ist also sicher nicht durch ein simple precedence - Verfahren parsierbar. Der Leser wird eingeladen, eine geeignete Umformung zu finden. Es gibt mindestens eine!

Wenn diese gefunden ist, sollte weiterhin versucht werden diese Grammatik jemandem zu erklären, der nichts von simple precedence weiß.

2.3.4.2. LR(k)-Analyse

Bei der LR(k)-Analyse werden die Sätze der Sprache von links nach rechts gelesen und der Syntaxbaum wird durch eine Reihe von Reduktionen aufgebaut. Zur Vermeidung eines backtrack wird angegeben, mit wieviel Symbolen (k) Vorgriff eine eindeutige Entscheidung über die zur Reduktion verwendete Regel getroffen werden kann. Dieser Vorgriff ist natürlich vom Aufbau der Grammatik der Sprache abhängig.

Das Verfahren soll an Hand eines Beispiels und somit sehr pragmatisch erklärt werden.

Der Parser liest den Satz der Sprache von links nach rechts und führt dabei die möglichen Reduktionen durch. Die Folge der terminalen und nicht-terminalen Symbole, die bereits gelesen bzw. reduziert wurden, bestimmen den Zustand des Parsers.

Für jeden Zustand existiert eine Obergangsfunktion, durch die festgelegt ist, welcher Zustand als nächster erreicht werden und welche Reduktion durchgeführt werden kann. Diese Funktion ist abhängig vom Zustand des Parsers und von den k Zeichen Vorgriff. Sie wird dem Parser in Form von Tabellen zur Verfügung gestellt.

Benötigt werden zwei Tabellen. Eine sogenannte Aktionstabelle, die Aussagen darüber macht, wie beim Einlesen des nächsten Symbols zu verfahren ist: Obergang in einen neuen Zustand oder Durchführung einer Reduktion.

Die zweite Tabelle ist die sogenannte Sprung-Tabelle. Sie gibt an, in welchem Zustand nach einer Reduktion mit der Analyse fortgefahren werden soll.

Die Beispielgrammatik

Zur besseren Darstellung wählen wir für dieses Kapitel eine andere Schreiweise für die Regeln der Grammatik. Das Produktionssymbol ist der Pfeil, Alternativen werden durch einen Strich ("|") getrennt. Da die Elemente einer Alternative nur jeweils durch ein Zeichen gekennzeichnet werden, wird auf das Komma als Trennsymbol und auf die Hochkomma zur Kennzeichnung terminaler Zeichen verzichtet. Der Punkt als Endmarkierung einer Regel entfällt. (I = IDENTIFIER, E = EXPRESSION).

$$E \rightarrow I (E) \mid I [E] \mid I$$
$$I \rightarrow a \mid f \mid z$$

Die Grammatik beschreibt die Syntax von Elementzugriff (slice) und Aufruf (call).

Zusätzlich wird eine Regel eingeführt, die die Beendigung des Algorithmus ermöglicht:

$$T \rightarrow E \dashv$$

"$\dashv$" stellt dabei das Ende-Symbol dar.

Zur eindeutigen Unterscheidung der Alternativen "I (E)", "I [E]" und "I" wird ein Vorgriff von einem Zeichen benötigt (k = 1).

Konstruktion der Tabellen

Es wird eine neue Liste von Regeln erstellt, bei denen die rechte Seite eine Markierung der Analyseposition enthält. Wir werden diese im folgenden durch einen Punkt darstellen und als Analysezeiger bezeichnen. Bei der Erstellung der Liste beginnen wir mit den Regeln für das Startsymbol der Grammatik.

$$T \rightarrow \bullet E \dashv$$

Diese Regel wird erweitert um die Produktionsregeln für alle nicht-terminalen Symbole auf der rechten Seite der Analyseposition, d.h. für alle noch möglichen Reduktionen mit dieser Analyseposition. Also ergibt sich:

Q_0

$T \rightarrow \bullet E \dashv$
$E \rightarrow \bullet I (E)$
$E \rightarrow \bullet I [E]$
$E \rightarrow \bullet I$
$I \rightarrow \bullet a$
$I \rightarrow \bullet f$
$I \rightarrow \bullet z$

Wir nennen diesen Regelsatz den Zustand Q_0. In diesem Zustand soll eine 'EXPRESSION' (E) erkannt werden.

Kann der Analysezeiger in der ersten Regel um 1 Stelle nach rechts geschoben werden (ist also E erkannt worden), so gelangen wir in den Zustand Q_1, der bedeutet, daß die Eingabe korrekt war und eine Reduktion nach T möglich ist, wenn das Endezeichen folgt.

Q_1

$T \rightarrow E \bullet \dashv$

Bei den nächsten 3 Regeln in Q_0 ist das nächste zu erkennende Symbol das nichtterminale Symbol I. Das Weitersetzen des Analysezeigers in diesen drei Regeln führt zum Zustand Q_2:

Q_2

$E \rightarrow I \bullet (E)$
$E \rightarrow I \bullet [E]$
$E \rightarrow I \bullet$

Da ein terminales Symbol als nächstes erkannt werden muß, gehören zum Zustand Q_2 nur diese drei Regeln. Eine davon muß zum Erfolg führen.

Die 5., 6. und 7. Regel in Q_0 führen zu den Zuständen Q_3, Q_4, Q_5, in denen der Analysezeiger anzeigt, daß terminale Symbole erkannt wurden und eine Reduktion vorgenommen werden kann. Die Fortsetzung dieses Verfahrens führt zu dem Zustandsbild in der Abbildung auf Seite 60.

Aus diesem Zustandsbild können wir uns jetzt die beiden benötigten Tabellen erstellen. Sehen wir uns den Zustand Q_0 genauer an. Aus der ersten Regel können wir entnehmen, daß ein Übergang von $Q_0 \rightarrow Q_1$ erfolgen muß, wenn ein E erkannt worden ist. Dies ergibt einen Eintrag in der Sprung-Tabelle, denn E muß aus einer Reduktion entstanden sein, weil E kein terminales Symbol ist. Die nächsten drei Regeln erkennen das nichtterminale Symbol I, das auch aus einer Reduktion entstanden sein muß. Es ist also in die Sprung-Tabelle einzutragen, daß nach einer Reduktion von I (d.h. wenn I oberstes Kellerelement ist) vom Zustand Q_0 in den Zustand Q_1 überzugehen hat. Die nächsten drei Regeln erkennen die terminalen Symbole a, f und z. Das Erkennen dieser Symbole führt zu den Zuständen Q_3, Q_4 und Q_5. Diese Zustandsänderung wird in die Aktionstabelle aufgenommen. Die Zustände Q_3, Q_4, Q_5 sind Zustände, in denen das entsprechende terminale Symbol eingelesen worden ist und eine Reduktion vorgenommen werden muß. Auch diese Aktion wird in die Aktionstabelle aufgenommen.

<u>Zustandsbild</u>

Q_0: $T \rightarrow \bullet E \dashv$
- - - - -
$E \rightarrow \bullet I (E)$
$E \rightarrow \bullet I [E]$
$E \rightarrow \bullet I$
$I \rightarrow \bullet a$
$I \rightarrow \bullet f$
$I \rightarrow \bullet z$

$\longrightarrow Q_1$: $T \rightarrow E \bullet \dashv$

$\longrightarrow Q_2$: $E \rightarrow I \bullet (E)$, $E \rightarrow I \bullet [E]$, $E \rightarrow I \bullet$

$\longrightarrow Q_3$: $I \rightarrow a \bullet$

$\longrightarrow Q_4$: $I \rightarrow f \bullet$

$\longrightarrow Q_5$: $I \rightarrow z \bullet$

$Q_2 \longrightarrow Q_6$: $E \rightarrow I (\bullet E)$
- - - - -
$E \rightarrow \bullet I (E)$
$E \rightarrow \bullet I [E]$ $\longrightarrow Q_2$
$E \rightarrow \bullet I$
$I \rightarrow \bullet a$ $\longrightarrow Q_3$
$I \rightarrow \bullet f$ $\longrightarrow Q_4$
$I \rightarrow \bullet z$ $\longrightarrow Q_5$

$Q_6 \longrightarrow Q_8$: $E \rightarrow I (E \bullet)$ $\longrightarrow Q_{10}$: $E \rightarrow I (E) \bullet$

Q_7: $E \rightarrow I [\bullet E]$
- - - - -
$E \rightarrow \bullet I (E)$
$E \rightarrow \bullet I [E]$ $\longrightarrow Q_2$
$E \rightarrow \bullet I$
$I \rightarrow \bullet a$ $\longrightarrow Q_3$
$I \rightarrow \bullet f$ $\longrightarrow Q_4$
$I \rightarrow \bullet z$ $\longrightarrow Q_5$

$Q_7 \longrightarrow Q_9$: $E \rightarrow I [E \bullet]$ $\longrightarrow Q_{11}$: $E \rightarrow I [E] \bullet$

A k t i o n s t a b e l l e

	(	[	a	f	z	]	)	$\dashv$
Q_0	-	-	Q_3	Q_4	Q_5	-	-	-
Q_1	-	-	-	-	-	-	-	$T \rightarrow E \dashv$
Q_2	Q_6	Q_7	-	-	-	$E \rightarrow I$	$E \rightarrow I$	$E \rightarrow I$
Q_3	$I \rightarrow a$	$I \rightarrow a$	$I \rightarrow a$	$I \rightarrow a$	$I \rightarrow a$	$I \rightarrow a$	$I \rightarrow a$	$I \rightarrow a$
Q_4	$I \rightarrow f$	$I \rightarrow f$	$I \rightarrow f$	$I \rightarrow f$	$I \rightarrow f$	$I \rightarrow f$	$I \rightarrow f$	$I \rightarrow f$
Q_5	$I \rightarrow z$	$I \rightarrow z$	$I \rightarrow z$	$I \rightarrow z$	$I \rightarrow z$	$I \rightarrow z$	$I \rightarrow z$	$I \rightarrow z$
Q_6	-	-	Q_3	Q_4	Q_5	-	-	-
Q_7	-	-	Q_3	Q_4	Q_5	-	-	-
Q_8	-	-	-	-	-	-	Q_{10}	-
Q_9	-	-	-	-	-	Q_{11}	-	-
Q_{10}	$E \rightarrow I$ (E)	$E \rightarrow I$ (E)	$E \rightarrow I$ (E)	$E \rightarrow I$ (E)	$E \rightarrow I$ (E)	$E \rightarrow I$ (E)	$E \rightarrow I$ (E)	$E \rightarrow I$ (E)
Q_{11}	$E \rightarrow I$ [E]	$E \rightarrow I$ [E]	$E \rightarrow I$ [E]	$E \rightarrow I$ [E]	$E \rightarrow I$ [E]	$E \rightarrow I$ [E]	$E \rightarrow I$ [E]	$E \rightarrow I$ [E]

Sprungtabelle

	E	I
Q_0	Q_1	Q_2
Q_1	-	-
Q_2	-	-
Q_3	-	-
Q_4	-	-
Q_5	-	-
Q_6	Q_8	Q_2
Q_7	Q_9	Q_2
Q_8	-	-
Q_9	-	-
Q_{10}	-	-
Q_{11}	-	-

Das Verfahren

Der Verlauf der LR(k)-Analyse wird durch die Aktionstabelle gesteuert. Die Zustände, in denen sich der Erkenner befindet, werden in einem Keller aufbewahrt. Der Fortgang der Analyse bestimmt sich aus dem Zustand, der als oberster im Zustandskeller steht und dem nächsten Symbol der Eingabe. Der Fortgang kann aus folgenden Aktionen bestehen:

1) einem Übergang in einen neuen Zustand und dem Einkellern des Eingabesymbols in den Symbolkeller, oder

2) einer Reduktion von Symbolen des Symbolkellers und der Ersetzung der oberen Zustände des Zustandskellers durch einen neuen Zustand, der dann aus der Sprung-Tabelle bestimmt wird.

Als Beispiel soll der Satz

"f (a [z]) ⊣"

erkannt werden.

Wir beginnen im Zustand Q_0 und lesen das erste Symbol. In der Aktionstabelle führt uns dieses "f" in den Zustand Q_4 und das "f" wird gekellert. Im Zustandskeller stehen Q_0 und Q_4. Zustand Q_4 und das nächste Eingabesymbol "(" ergeben eine Reduktion $I \rightarrow f$, d.h. "f" wird im Keller durch das Nonterminal "I" ersetzt und der zugehörige Zustand Q_4 ausgekellert. Danach steht im Zustandskeller wieder Q_0 und das oberste Element im Symbolkeller ist "I". Das führt mit Hilfe der Sprung-Tabelle zum Zustand Q_2. Aus dem Zustand Q_2 gelangen wir dann in den Zustand Q_6 und lesen dabei "(" in unseren Symbolkeller ein. Das Verfahren wird wie aus der folgenden Tabelle ersichtlich fortgesetzt und terminiert bei der Erkennung des Nonterminals "E" gefolgt vom Ende-Symbol "⊣" im Zustand Q_1.

Die leeren Einträge in unseren Tabellen kennzeichnen Fehlerfälle. Sie sind besser zu diagnostizieren als z.B. bei rekursiven Abstieg, da der Kontext im Quelltext und der Verlauf der bisherigen Analyse ohne weiteres zur Verfügung stehen.

Aktion	Zustandskeller	Symbolkeller	Eingabe
-	Q_0		f
gehe nach Q_4	$Q_0\ Q_4$	f	(
reduziere I ⇐ f	Q_0	I	(
	$Q_0\ Q_2$	I	(
gehe nach Q_6	$Q_0\ Q_2\ Q_6$	I (	a
gehe nach Q_3	$Q_0\ Q_2\ Q_6\ Q_3$	I (a	[
reduziere I ⇐ a	$Q_0\ Q_2\ Q_6$	I (I	[
	$Q_0\ Q_2\ Q_6\ Q_2$	I (I	[
gehe nach Q_7	$Q_0\ Q_2\ Q_6\ Q_2\ Q_7$	I (I [	z
gehe nach Q_5	$Q_0\ Q_2\ Q_6\ Q_2\ Q_7\ Q_5$	I (I [z	]
reduziere I ⇐ z	$Q_0\ Q_2\ Q_6\ Q_2\ Q_7$	I (I [I	]
	$Q_0\ Q_2\ Q_6\ Q_2\ Q_7\ Q_2$	I (I [I	]
reduziere E ⇐ I	$Q_0\ Q_2\ Q_6\ Q_2\ Q_7$	I (I [E	]
	$Q_0\ Q_2\ Q_6\ Q_2\ Q_7\ Q_9$	I (I [E	]
gehe nach Q_{11}	$Q_0\ Q_2\ Q_6\ Q_2\ Q_7\ Q_9\ Q_{11}$	I (I [E]	)
reduziere E ⇐ I [E]	$Q_0\ Q_2\ Q_6$	I (E	)
	$Q_0\ Q_2\ Q_6\ Q_8$	I (E	)
gehe nach Q_{10}	$Q_0\ Q_2\ Q_6\ Q_8\ Q_{10}$	I (E)	⊣
reduziere E ⇐ I (E)	Q_0	E	⊣
	$Q_0\ Q_1$	E	⊣
akzeptiere			

Übersetzung durch ALGOL68 Routinen

Die Zustandsübergänge und Reduktionen der Aktions- und Sprungtabelle können leicht mit ALGOL68 Routinen formuliert werden:

1. Aktionstabelle

```
Q0  :  if a then lies und gehe nach (Q3)
       elif f then lies und gehe nach (Q4)
       elif z then lies und gehe nach (Q5)
            else error fi
```

Q_1 : if end symbol then eingabe korrekt
else error fi

Q_2 : if open symbol then lies und gehe nach (Q_6)
elif sub symbol then lies und gehe nach (Q_7)
else reduziere (regel 3) fi

2. Sprungtabelle

E : if Q_0 then gehe nach (Q_1)
elif Q_6 then gehe nach (Q_8)
elif Q_7 then gehe nach (Q_9) fi

I : if Q_0 then gehe nach (Q_2)
elif Q_6 then gehe nach (Q_2)
elif Q_7 then gehe nach (Q_2) fi

2.3.5. Vergleich der Analyseverfahren

Die Durchführung der Analyse mit dem simple precedence Verfahren führte zu starken Verzerrungen der ursprünglichen Grammatik. Dies ist ein direktes Resultat der sehr einfachen Methode nach der die Reduzierungen gewählt werden.

Die LR(k)-Analyse stellt demgegenüber eine Verbesserung dar, da sie mehr Auskunft über den Kontext in Betracht zieht. Dies führt leider zu sehr großen Tabellen, die wegen des großen Speicherbedarfs und der u.U. langen Zugriffszeiten ein schlechtes Analyseverhalten bewirken.

Eine Verbesserung dieses Verfahrens ist durch die Verwendung komprimierter Tabellen möglich. Dabei macht man sich zunutze, daß der Vorgriff von k Zeichen nicht für alle Zustandsänderungen und Reduktionen benötigt wird (meist sogar nur für ganz wenige).

Damit ist es möglich, für bestimmte Zustände eine Reduktion oder eine Zustandsänderung ohne Betrachtung der nächsten k Eingabesymbole durchzuführen, wodurch eine Zeile unserer Aktionstabelle durch die alleinige Angabe der Reduktion oder des Folgezustandes ersetzt wird.

Praktisch heißt das, daß bei Erreichen dieses Zustandes immer nur eine Zustandsänderung möglich ist (Annahme: k = 1). Dabei muß allerdings darauf geachtet werden, daß Fehlerfälle ausreichend behandelt werden.

Es gibt eine Reihe von brauchbaren Methoden neben den hier angeführten. Sie unterscheiden sich hauptsächlich dadurch, daß verschieden viel Kontext einbezogen wird. Hier wird nur eine Liste der populärsten Methoden angegeben:

bounded context	(Paul, Floyd)
mixed strategy precedence	(McKeeman)
SLR(k)	(DeRemer)
LALR(k)	(DeRemer, LaLonde)

Sehr typisch ist folgendes: Je weniger beschränkt die Grammatiken sind, desto schwieriger wird es zu bestimmen, ob für eine Grammatik die restlichen Beschränkungen beachtet werden. Ohne sehr viel Übung kann man kaum durch "Besichtigung" entscheiden, ob eine Grammatik brauchbar ist. Deshalb überprüfen die komplizierteren Systeme die Grammatik und stellen dem Erkenner die benötigten Tabellen zur Verfügung. Leider brauchen solche Systeme eine ziemlich komplizierte Vorbereitungsstufe, woraus sich wieder ergibt, daß man das Einsatzgebiet des Compilers kennen sollte, bevor man sich für eine Methode entscheidet.

Wenn der Compiler wenig benutzt werden wird oder nur irgendeine Theorie beweisen soll, ist es vernünftig, eine möglichst einfache und klare Methode zu verwenden. Das bedeutet normalerweise das Schreiben von Prozeduren für rekursiven Abstieg in einer bequemen, mächtigen und zuverlässigen Programmiersprache. Wo vorhanden, kann man die Arbeit durch CDL2 erleichtern.

Die große Auswahl von Analysemethoden hypnotisieren häufig den Übersetzerbauer und lassen ihn vergessen, daß seine wichtigste Sorge nicht die ist, möglichst klug zu sein, sondern ein brauchbares System zu liefern. In vielen Fällen fällt man die Entscheidung für ein bestimmtes Verfahren schon deshalb, weil genau für dieses Verfahren ein Compiler-Compiler zur Verfügung steht. Werden jedoch mehrere oder kein Verfahren unterstützt, so kann die Wahl schwerfallen.

Weiterhin sollte man sich nicht übermäßig beeindrucken lassen von dramatischen Beschleunigungen der Analyse-Methoden. Horning hat einmal bemerkt, daß bei einem bestimmten Compiler, der einen SLR(0)-Analysator einschließt, die Analyse-Zeit nur 10% der gesamten Übersetzungszeit beträgt. Dies bedeutet, daß bei Verwendung einer Analyse-Methode, die zweimal so schnell läuft, der Unterschied im gesamten Compiler kaum bemerkbar ist.

2.3.6. Behandlung von syntaktischen Fehlern

Bisher wurde bei der Betrachtung von Analyseverfahren immer davon ausgegangen, daß die zu analysierenden Programme syntaktisch korrekt seien. Bei der Erkennung eines Fehlers konnte der Compiler nur melden, daß das Programm falsch war. Dem Benutzer müssen aber genaue Informationen über Art und Position des Fehlers im Programmtext gegeben werden (vgl. Abschnitt 4.3.). Außerdem soll nicht nur einer, sondern möglichst alle Fehler gemeldet werden, damit das Programm nicht mehrfach übersetzt werden muß.

Nach Erkennung eines Fehlers soll der Compiler die Analyse fortsetzen. Die Aktionen, die die Wiederaufnahme der Analyse ermöglichen, bezeichnet man als _error recovery_. Bei der Recovery wird im allgemeinen ein Stück Programmtext ignoriert.

Unter _error correction_ versteht man die Durchführung von Modifikationen, die ein syntaktisch korrektes Programm ergeben. Der Begriff ist jedoch etwas irreführend, weil die Korrekturen nicht unbedingt zu dem Programm führen, das der Benutzer eigentlich schreiben wollte.

Bei der Recovery von syntaktischen Fehlern werden Symbole überlesen oder eingefügt, bis ein Zustand erreicht ist, in dem die Analyse fortgesetzt werden kann. Dabei sollen möglichst wenig Änderungen vorgenommen werden. Insbesondere soll Strukturinformation (z.B. begin-end-Schachtelung) erhalten bleiben.

Es ist vorteilhaft, bei der Recovery Kontextinformationen zu benutzen. Damit ist es leichter, festzustellen, mit welchen Modifikationen ein fehlerhafter Text repariert werden kann. In dieser Beziehung sind die aufsteigenden Analyse-Verfahren den absteigenden überlegen. Da bei ihnen der Analysekeller explizit geführt wird, kann der Compiler leichter feststellen, welche Symbole zuletzt gelesen wurden, und Modifikationen am bereits gelesenen Text durchführen.

Die Möglichkeit, auf den Kontext zuzugreifen, ist besonders dann nützlich, wenn der eigentliche Fehler im linken Kontext steckt. Wenn der Compiler z.B. ein unerwartetes "then" findet, ist der Fehler möglicherweise ein vergessenes "if". Bei aufsteigenden Verfahren ist es einfach, das fehlende Symbol einzufügen; bei absteigenden Verfahren muß die bestehende Prozeduraufruffolge geändert werden, was sehr schwierig ist.

Bei der Fortsetzung der Analyse können durch Überlesen von Text oder durch falsche Annahmen leicht Folgefehler entstehen. Das Überlesen einer Deklaration z.B. kann dazu führen, daß später der definierte Name als nicht deklariert beanstandet wird. Ein anderer Folgefehler ist das Fehlen von Klammern, die vorher überlesen wurden. Ein allgemeines Rezept zur Vermeidung von Folgefehlern gibt es nicht. Man sollte überlegen, was nach der Recovery als gesichert betrachtet werden kann und was nicht.

Folgefehler bei der Weiterbehandlung des Programms in höheren Ebenen oder späteren Pässen können durch Markierung des fehlerhaften Textes vermieden werden. Einem nicht deklarierten Namen kann z.B. der Typ "fehlerhaft" zugeordnet werden, damit bei der Typenprüfung kein weiterer Fehler gemeldet wird.

Nach diesen allgemeinen Überlegungen wollen wir einige Möglichkeiten der Fehlerbehandlung näher betrachten.

Eine einfache Reaktion auf einen Fehler ist es, Symbole zu überlesen bis zu einem Punkt, wo man die Analyse wiederaufnehmen kann. Man definiert dazu eine Menge von Symbolen, die alle eine Ebene der Analyse charakterisieren. Wenn man beim Oberlesen ein solches Symbol gefunden hat, steigt man bis zu dieser Ebene auf und setzt die Analyse fort. Als Eintrittspunkte eignen sich die Anweisungsenden, wie in FORTRAN das Zeilenende, in PL/1 das Semikolon oder in ALGOL60 auch das "end".

Beispiel:

```
; x := a [2 * (c + d] + 4 * b;
                     ↑        ↑
                  Fehler   Wiedereintritt
```

Nach Erkennung des Fehlers überliest der Compiler den Text bis zum Semikolon, steigt bis zur Ebene der Analyse eines Statements auf und setzt dort die Analyse fort. Während des Aufstiegs muß er sich merken, daß eine Recovery durchgeführt wird, damit keine Fehler wegen fehlender Symbole gemeldet werden.

Beispiel: (ALGOL60)

```
; if x = 0 then k = n else begin ... end end
                ↑        \_________________/  ↑
             Fehler      Zwischenanalyse  Wiedereintritt
```

Wird während des Oberlesens ein Block angetroffen, so muß dieser auch bei der Durchführung einer Recovery analysiert werden (Zwischenanalyse), damit die begin-end-Schachtelung nicht zerstört wird. Nach der Zwischenanalyse wird das Oberlesen fortgesetzt. Möglicherweise muß während der Zwischenanalyse erneut eine Recovery durchgeführt werden. Das stört aber nicht, da sie spätestens am Ende des Blocks endet.

Bei ausdrucksorientierten Sprachen wie ALGOL68 ist diese Methode nur bedingt zu empfehlen. In ALGOL68 gibt es keine Unterscheidung zwischen Ausdrucksklammern ("(" und ")") und Anweisungsklammern ("begin" und "end"). Wenn man nicht sicher ist, daß die Klammerstruktur in Ordnung ist, ist es ziemlich gefährlich, auf diese Weise Recovery zu versuchen, da dadurch leicht Folgefehler entstehen.

Durch dieses recht einfache Verfahren werden leider auch nicht alle Fehler gefunden. Definiert man z.B. die Anweisungsenden als Eintrittspunkte, so wird pro Anweisung höchstens ein Fehler gefunden.

Ein recht wirkungsvolles, sprachunabhängiges Recoveryverfahren existiert für Simple-precedence-Grammatiken. Die Präzedenzrelationen erlauben, ein Konstrukt von seinem Kontext abzugrenzen und lokalen Korrekturbetrachtungen zu unterziehen.

Das Verfahren (nach [2k]) besteht aus zwei Schritten: Zunächst wird in der Kondensierungsphase die unmittelbare Umgebung des Fehlers möglichst weitgehend analysiert und gekellert. In der Korrekturphase wird versucht, aus den obersten Symbolen des Kellers mit möglichst geringen Änderungen einen reduzierbaren Ansatz zu machen. Wenn das gelungen ist, wird die Analyse normal fortgesetzt.

In der Kondensierungsphase wird zunächst versucht, in einem Rückwärtslauf weitere Reduktionen auf dem Stack vorzunehmen (Analyse des linken Kontextes). Dabei wird das oberste Kellersymbol als Ende des Ansatzes betrachtet. Sodann wird in einem Vorlauf der rechte Kontext des Fehlers analysiert. Dieser Vorlauf endet entweder, wenn ein neuer (evtl. nur scheinbarer) Fehler auftritt, oder, indem das Ende eines Ansatzes erreicht wird (erkennbar an der Relation >).
Das Verfahren geht davon aus, daß dieser Ansatz den Fehler enthält.

Beispiel:

x := (a +) * c

Bei Erkennung des Fehlers hat der Keller den Inhalt:

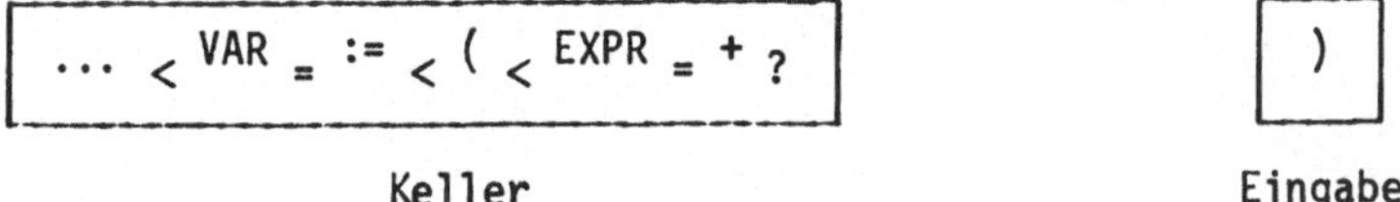

Der Fehler wird daran erkannt, daß zwischen "+" und ")" keine Präzedenzrelation definiert ist. Bei der Analyse des linken Kontextes passiert nichts. Bei der Analyse des rechten Kontextes wird die schließende Klammer gelesen. Der Keller hat nun den Inhalt:

```
... < VAR = := < ( < EXPR = + ? ) >        *
              Keller                     Eingabe
```

In der Korrekturphase wird versucht, mit minimalen Änderungen einen reduzierbaren Ansatz herzustellen. Dazu wird für die rechte Seite jeder Grammatikregel untersucht, mit welchen Änderungen (Einfügen oder Löschen eines Symbols) der Kellerinhalt an die Regel angepaßt werden kann.

In unserem Beispiel bieten sich zwei Reparaturmöglichkeiten an: Einfügen von "TERM" hinter "+", oder Löschen von "+". Beide hinterlassen einen korrekten Keller:

```
... < VAR = := < ( < EXPR = + = TERM > ) >        *
                  Keller                        Eingabe
```

oder:

```
... < VAR = := < ( < EXPR > ) >        *
           Keller                    Eingabe
```

Mithilfe einer Kostenfunktion, die für das Einfügen bzw. das Löschen jedes Symbols einen Fehlerwert angibt, kann von allen Änderungen die billigste ausgewählt werden. Nach der Durchführung dieser Änderung wird der Ansatz reduziert und die Analyse fortgesetzt.

In die Kostenfunktion können Erfahrungswerte eingehen: z.B. daß Klammern leicht vergessen werden, Schlüsselwörter aber selten ohne Grund geschrieben werden. Während das Verfahren generell sprachunabhängig ist, besteht hier die Möglichkeit, diese Entscheidungen sprachabhängig zu beeinflussen.

Betrachten wir noch ein anderes Beispiel (in ALGOL60):

... ; i < j + 1 then x := y else y := x;

Bei Entdeckung des Fehlers (ein fehlendes "if") hat der Keller folgenden Inhalt:

BLOCKBODY < VAR >		<
Keller		Eingabe

Der Fehler wird durch die Feststellung bemerkt, daß nach der Reduktion "VAR → FACTOR" keine Präzedenzrelation zwischen "BLOCKBODY" und "FACTOR" definiert wäre.

Bei der Analyse des linken Kontextes passiert nichts. Bei der Analyse des rechten Kontextes wird "i < j + 1" zu "EXPRESSION" reduziert und "then" gelesen. Hier endet der Vorlauf, weil ein Ansatzende erreicht ist und keine Reduktion vorgenommen werden kann. Der Keller hat nun folgenden Inhalt:

BLOCKBODY ? EXPRESSION = then >		x
Keller		Eingabe

Die Untersuchung der Grammatikregeln ergibt, daß die billigste Änderung das Einfügen von "if" vor "EXPRESSION" ist.

BLOCKBODY < <u>if</u> = EXPRESSION = <u>then</u> >		x
Keller		Eingabe

An diesem Beispiel zeigt sich der Vorteil des Verfahrens. Beim Auftreten eines Fehlers kann man zur Reparatur den rechten Kontext inspizieren, ist aber trotzdem frei, Modifikationen am linken Kontext vorzunehmen. Das Verfahren hat lokal sehr gute Korrekturergebnisse, es ist allerdings nicht sehr kompetent in der Reparatur von Klammerstrukturfehlern. Seine Sprachunabhängigkeit macht es geeignet zur Verwendung in übersetzererzeugenden Systemen.

Leider ist das gerade vorgestellte Verfahren nicht ohne weiteres auf LR-Analyse zu übertragen. Da die Zustände des Parsers auch Kontextinformationen enthalten, ist es nicht ohne weiteres möglich, Teilstrings unabhängig von ihrem Kontext zu analysieren und so die Umgebung eines Fehlers aufzubauen.

Es gibt Sprachen, die für bestimmte Fehlersorten besonders empfindlich sind. Dazu gehört ALGOL68 mit seiner Klammerstruktur. Wenn die Klammerstruktur in einem ALGOL68-Programm nicht in Ordnung ist, ist es sehr schwierig, eine vernünftige, d.h. folgefehlerfreie, weitere Analyse durchzuführen. Hier ist es angebracht, sprachspezifische (ad-hoc-) Methoden zu verwenden.

Die Analyse ist bei fehlerhafter Klammerstruktur deshalb schwierig, weil innerhalb verschiedener Klammerpaare verschiedene Sprachkonstrukte erlaubt sind. So ist z.B. die Sprache innerhalb von Formattexten ganz anders als außerhalb. Man weiß daher beim Auftreten eines Fehlers nicht, ob eine öffnende Klammer vergessen wurde, oder ob der vorliegende Text falsch ist.

<u>Beispiel</u>: (ALGOL68)

```
                  "$" vergessen
                  ↓
putf (output, ( 2 l "Preis:" 3q4zd.2dq"DM" $, preis))
                    ↑
                  Fehler ?
```

In dem Beispiel wurde die öffnende Formatklammer vergessen. Recovery mithilfe des linken Kontextes wäre aussichtslos.

Man untersucht deshalb zuerst die Klammern und dann den Rest des Programms.

Bei der Analyse werden öffnende Klammern gekellert; bei einer schließenden Klammer wird ihr Gegenstück, sofern es paßt, vom Keller entfernt. Wenn eine schliessende Klammer nicht zur obersten Klammer paßt, liegt ein Fehler vor.

Beispiel:

Kellerinhalt:	laufendes Symbol:	mögliche Fortsetzungen:
begin ([	)	end
		]) end

Es bieten sich zwei Reaktionen an: entweder man ignoriert die schließende Klammer, oder man löscht eine oder mehrere Klammern auf dem Keller, bis man eine passende öffnende gefunden hat. Lokal kann man nicht entscheiden, welche Alternative besser ist; die beiden möglichen Fortsetzungen des Beispiels zeigen, daß jede der beiden Reaktionen richtig sein kann. Man untersucht deshalb beide und wählt am Schluß die bessere.

Zur Durchführung des Verfahrens merkt man sich an jeder Stelle, an der eine Klammer nicht paßt, welche Reaktionen möglich sind, und welche Kellerinhalte daraus resultieren. Man erhält dann einen Baum von Reaktionen und einen Baum von Kellerzuständen. Beide Bäume wachsen zum Ende des Textes hin.

Betrachten wir ein Beispiel:

begin	(	[	)	]	)	end
1	2	3	4	5	6	7

Bei der schließenden Klammer (4) wird ein Knoten im Reaktionsbaum angelegt (die angegebenen Symbole werden gelöscht):

Reaktionen:	resultierende Keller:
• ⟨ [(3)	begin
) (4)	begin ([

Beim Weiterlesen passen im oberen Ast auch die Klammern (5) und (6) nicht. Da sie im Keller überhaupt kein Gegenstück haben, wird nur ihr Löschen als Reaktion vermerkt. Danach ergibt sich folgender Zustand:

Reaktionen:	resultierende Keller:
• ⟨ [(3) –] (5) –) (6)	begin
) (4)	begin

An dieser Stelle sind gleiche Kellerinhalte erreicht, und man kann die beste Alternative auswählen, in unserem Beispiel: die Klammer (4) zu löschen.

Wenn man, statt zu löschen, Klammern einfügen will, ergibt sich am Schluß der Analyse das Problem, wo (genau) die Klammern einzufügen sind.

Wegen der vielen Möglichkeiten, die man verfolgen muß, ist das Verfahren sehr aufwendig. Man kann zur Platzersparnis die gemeinsamen Teile der Keller zusammenfassen, sodaß aus dem Kellerbaum ein sich verzweigender Keller wird. Der Aufwand bleibt trotzdem hoch. Dafür hat man allerdings nicht nur lokale, sondern auch globale Reparaturmöglichkeiten.

3. Zwischensprachen

Jeder Obersetzer hat die Aufgabe, aus einer Eingabe eine äquivalente, meist maschinennähere, Ausgabe zu erzeugen. Besteht ein Obersetzer aus mehreren Pässen, die ihrerseits auch wieder Obersetzer darstellen, so wird jeder dieser Pässe eine eigene - seiner Problemstellung angemessene - Ausgabe erzeugen. Diese Ausgaben sind interne Repräsentationen des Benutzerprogramms und stellen Zwischenstufen bei der Erzeugung von ausführbarem Code dar. Man nennt diese Zwischenstufen auch Zwischensprachen (intermediate code).

Es gibt verschiedene Gründe für die Benutzung von Mehrpasscompilern. Die Gründe entstammen zum einen aus der Quellsprache, die unter Umständen die Obersetzung in einem Durchlauf nicht erlaubt, zum anderen auch aus Randbedingungen, wie z.B. der Größe des zur Verfügung stehenden Speicherplatzes. Wesentlich kann auch sein, daß der Compiler durch eine Untergliederung in mehrere Pässe einen einfacheren und übersichtlicheren Aufbau erhält. Die letzte Oberlegung gilt natürlich für jedes komplizierte Programm.

Die Forderung nach Portabilität ist schwerer zu erfüllen, wenn ein Compiler direkt Maschinencode erzeugt. Soll der Compiler also portabel sein, so muß man bei der Ausgabe darauf achten, daß zunächst ein Code erzeugt wird, der leicht auch auf anderen Maschinen implementiert werden kann. Meist ist diese Ausgabe ein Satz von maschinenunabhängigen Befehlen, die eine abstrakte Maschine realisieren. Die Codeerzeugung für eine konkrete Maschine erfolgt dann durch Expansion der Befehle der abstrakten Maschine.

Gegen die Verwendung von Zwischensprachen spricht, daß die Benutzung einer Zwischensprache zusätzlichen Aufwand erfordert. Der Compilerschreiber muß die Zwischensprache entwerfen und ihre Erzeugung und Erkennung programmieren. Bei jeder Compilation wird mit der Erzeugung und der Erkennung der Zwischensprache Zeit verbraucht.

Wir müssen also zur Entscheidung über Mehrpasscompilation und damit über die Notwendigkeit der Verwendung von Zwischensprachen folgende Punkte in Betracht ziehen:

- die Eigenschaften der Quellsprache
- die Anforderungen der Maschine, auf der der Compiler laufen soll
- die Forderung nach modularer Programmerstellung
- die Forderung nach Portabilität
- den Aufwand für die Benutzung von Zwischensprachen

Bei einem Mehrpasscompiler sieht jeder Pass aus wie ein eigener Übersetzer. Er besteht aus analytischen und synthetischen Teilen. Ein Vorteil für den Compilerschreiber liegt darin, daß er seine Zwischensprachen selbst definieren kann. Diese können sehr problemnah aufgebaut werden und Rücksicht auf die weitere Verarbeitung nehmen, was z.B. dazu führen kann, daß die Analyse einer Zwischensprache trivial wird.

Es wäre langweilig, alle möglichen Zwischensprachen aufzulisten und zu beschreiben. Wir werden daher nur ein paar gut bekannte Formen erklären.

3.1. Baumsprache

Eine Baumsprache besteht aus einem einzigen Sprachelement: dem Knoten. Ein Knoten besteht aus einem Namen und einer bestimmten Anzahl von Einträgen. Die Einträge sind die zum Knoten gehörigen Informationen, darunter auch Zeiger zu anderen Knoten. Ein Programm besteht aus einem Knoten, Wurzel genannt, der Zeiger zu anderen Knoten enthält, sogenannten Unterbäumen, die ihrerseits auch wieder Zeiger auf Knoten enthalten. Bei der Analyse steigt man ab, bis man auf Knoten trifft, die keine weiteren Zeiger enthalten, sogenannte Blätter.

Wenn jeder Knoten nur durch einen Zeiger erreichbar ist, so nennt man das ganze einen Baum. Bäume nutzen das Zeigerkonzept nur schwach aus. Häufig verkettet man in einem Baum Knoten eines bestimmten Typs noch einmal extra, sodaß mehrere Zeiger auf einen Knoten zeigen. Diese Datenstruktur ist ein Graph, man bezeichnet ihn allerdings manchmal trotzdem als Baum.

Nehmen wir als Beispiel den Ausdruck

$$(a + b) * c$$

Der daraus konstruierte Baum kann folgendes Aussehen haben:

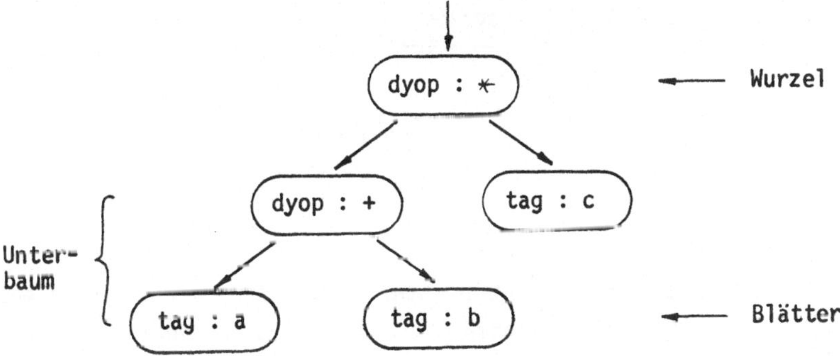

Man sollte diesen Baum eigentlich einen australischen Baum nennen, weil man ihn immer mit der Wurzel oben und den Blättern unten darstellt. Namen stehen links vom Doppelpunkt (:) und Dateneinträge rechts. Unterbaumzeiger sind durch Pfeile dargestellt.

Die einzelnen Programmstücke werden durch Knoten für Steuerkonstrukte verbunden, etwa

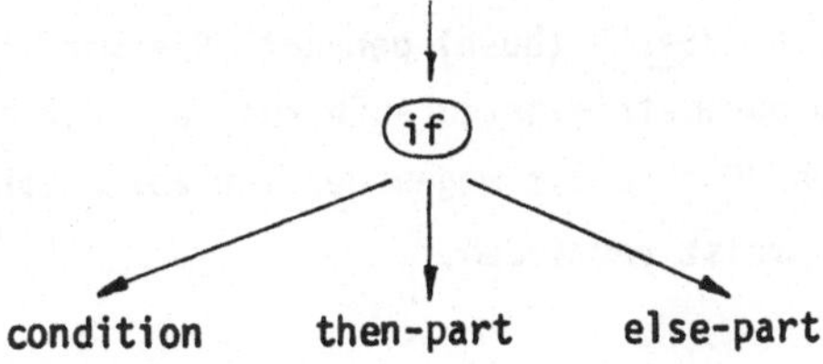

oder

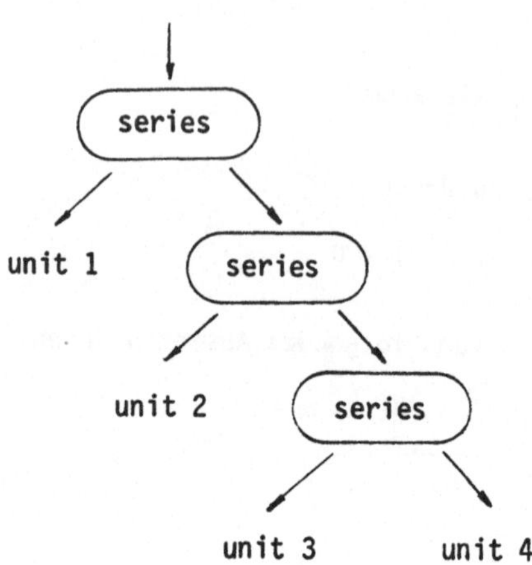

Der letzte Knoten mit dem Namen series dient zum Aneinanderbinden der verschiedenen Anweisungen. Man hätte genausogut einen Knoten mit einer variablen Anzahl von Unterbäumen verwenden können.

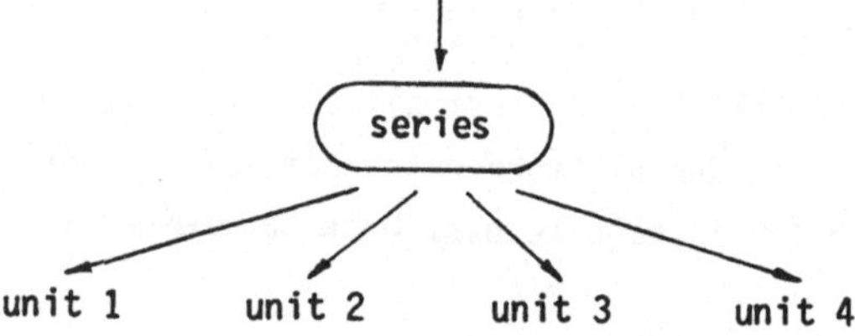

Eine solche Konstruktion wird ein "Busch" (bush) genannt. Sie wird bei Indizierungen mehrdimensionaler Reihungen und parametrisierten Aufrufen von Prozeduren verwendet. Die Erzeugung und Behandlung von Büschen ist wegen der variablen Zahl von Unterbäumen schwierig und wird daher meist vermieden.

Knoten mit einer festen Anzahl von Einträgen sind leicht herzustellen. Während der Analyse werden die lexikalischen Einheiten erkannt und ihre entsprechenden Blätter erzeugt (z.B. Identifizierer, Konstanten). Jede Erkennungsroutine führt einen zusätzlichen Parameter mit sich, der am Ende auf die Wurzel seines Unterbaumes zeigt. Ein Erkenner mit einem einzigen syntaktischen Bestandteil gibt meistens den Baumzeiger weiter. Andere Erkenner müssen einen neuen Knoten aus den verschiedenen Unterbaumzeigern zusammenbinden und dann diesen neuen Knotenzeiger weiterreichen.

Eine Erzeugung eines Blattes (in CDL2) wäre:

```
primary + treepointer > - repr:
     identifier + repr,
     tie 1 + treepointer + tag node + repr.
```

"identifier" erkennt einen Identifizierer, dessen Name in "repr" enthalten ist. "tie 1" erzeugt ein Blatt namens "tag" mit einem Eintrag, der Repräsentation. "treepointer" zeigt nach dem Blatt und wird als Resultat des "primary" geliefert.

Die Erzeugung eines Knotens aus Unterbäumen könnte folgendermaßen geschehen:

```
formula + treepointer > - treepointer 2 - repr:
     primary + treepointer, operator + repr,
     primary + treepointer 2,
     tie 3 + treepointer + formula node + repr + treepointer
                                              + treepointer 2.
```

Die zwei Aufrufe von "primary" liefern Unterbäume in "treepointer" bzw. "treepointer 2". "operator" erkennt einen Operator und liefert seine Repräsentation.

Die drei Teile werden durch die Routine "tie 3" verbunden, die den neuen Baumzeiger als ersten Parameter liefert.
Die Eingabe

alpha + beta

erzeugt den Baum

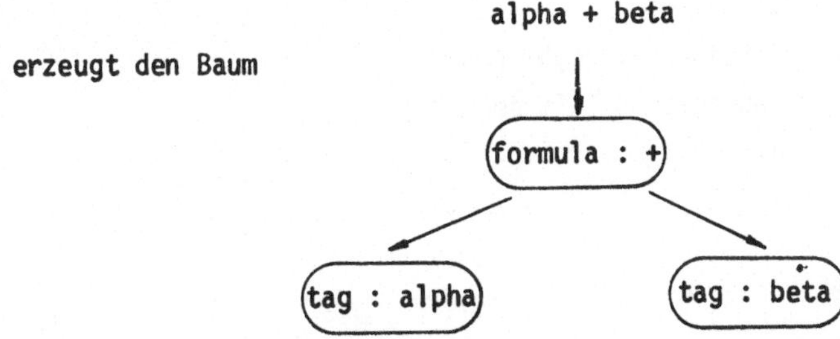

Eine einfache Durchreichung eines Baumzeigers geschieht durch:

```
primary + treepointer > :
    open symbol,
    primary + treepointer,
    close symbol.
```

Die Erkennung des Klammerpaares fügt nichts zum Baum hinzu.
Die Eingabe

((alpha + beta))

liefert denselben Baum wie oben.

Die Bemerkungen bisher beziehen sich auf die Baumsprache als Zielsprache. Sie ist die Schnittstelle zum nächsten Pass und daher auch Quellsprache für diesen. Die neue Analyse stützt sich auf hauptsächlich einen Erkenner: eine Routine, die den gegenwärtigen Baumzeiger einkellert, einen bestimmten Unterbaum findet, eine dem Knotennamen entsprechende Routine aufruft und dann den Baumzeiger wiederherstellt. Mit dieser Routine, nennen wir sie "descend", fängt man bei der Wurzel des Baumes an und darf dann irgendwohin und in irgendeiner Reihenfolge absteigen. Man ist nicht an eine strikte links-nach-rechts Analyse gebunden.

Die Übersetzung jedes Knotens besteht aus zwei Teilen:

a) der Übersetzung, die direkt zum Knoten gehört und
b) der Übersetzungen seiner Unterbäume.

Zum Beispiel zieht man es oft vor, die rechte Seite vor der linken Seite einer Zuweisung zu übersetzen. Die Erkennungsroutine hat dann den Aufbau:

```
assignation + treepointer:
    descend + treepointer + right node,
    descend + treepointer + left node,
    create assign.
```

3.2. Quadrupelsprache

Eine Baumsprache ist nicht die einzige mögliche Zwischensprache. Stellen wir uns wieder eine Sprache vor, die aus einem einzigen Bauelement besteht: dieses besteht aus einem Namen und drei Identifizierern (zwei Operanden und einem Resultat). Diese Befehle, genannt Vierergruppen (quadruples), werden von links nach rechts geschrieben und gelesen. Die Identifizierer werden auch als token bezeichnet, weil sie üblicherweise als Zeiger realisiert werden.

Nehmen wir das alte Beispiel

(a + b) * c

Die Übersetzung ist jetzt

```
add, a, b, t1
mul, t1, c, t2
```

die folgenderweise zu verstehen ist:

```
t1 := a + b
t2 := t1 * c
```

Wie vorher sind die Quadrupelnamen nicht auf arithmetische Operatoren beschränkt, sondern sie schließen Steuerkonstrukte und andere Operationen ein. Ihre Synthese sieht der der Baumsprache sehr ähnlich. Mit einer Ausnahme: der Verwendung von benannten Zwischenvariablen (t1 und t2 oben). In der Baumsprache waren sie nicht nötig. Ihre Funktion war implizit durch die Baumzeiger erfüllt.

Die vom Compiler erzeugten Variablen haben andere Eigenschaften als die normal deklarierten Variablen. Sie haben als Zwischenvariablen keine explizite Speicherplatzbelegung und sie verschwinden sobald sie als Operanden verwendet wurden. Daher muß in der weiteren Übersetzung der Quadrupelsprache nicht nur ihr Name, sondern auch ihr Speicherplatz (sogenannter "working stack", siehe Kapitel 6) extra behandelt werden.

Im Grunde genommen ersetzen die Zwischenvariablen die Baumzeiger, was man an dieser neuen Fassung des Ausdruck-Erkenners sehen kann:

```
formula + result > - name - first operand - second operand:
     primary + first operand,
     operand + name,
     primary + second operand,
     create temporary + result,
     create quadrupel + name + first operand + second operand + result.
```

"create temporary" erfindet einen neuen Identifizierer für das Resultat. "create quadrupel" erzeugt ein Quadrupel mit dem angegebenen Namen und den drei Identifizierern.

Die Analyse der Quadrupelsprache ist noch einfacher als die der Baumsprache. Man liest nur von links nach rechts. Ein Programm, das in der Quadrupelsprache geschrieben ist, hat auch einen baumähnlichen Aufbau, wenn man sich die Zwischenvariablen als Baumzeiger vorstellt.

Für Kleinrechner hat eine Quadrupelsprache den entscheidenden Vorteil, daß das ganze Programm nicht auf einmal im Speicher sein muß, sondern nur das gerade gelesene Quadrupel. Außerdem wird durch die fehlende Verzeigerung viel Speicherplatz gespart. Der Nachteil von Quadrupelsprachen ist darin zu sehen, daß die Sprache eine lineare Befehlsfolge darstellt.

3.3. Postfixsprache

Es fehlt bisher die bekannteste der Zwischensprachen: Lukasiewicz Notation, auch "reverse Polish" oder "postfix" genannt.
Der Ausdruck

(a + b) * c

wird

a b + c *

Die Operandenreihenfolge bleibt also erhalten, aber die Operatoren werden nach ihren Operanden geschrieben und nicht dazwischen wie sonst üblich. Die Sprache wird auch als klammerfrei bezeichnet, weil man zeigen kann, daß bei dieser Zwischensprache keine Klammern gebraucht werden.

Postfix wird als letzte Zwischensprache beschrieben, weil sie ganz selten explizit als Zwischensprache auftritt. Man bemerke, daß die Reihenfolge eines Postfixausdrucks fast immer genau dieselbe Reihenfolge ist, in dem auch der Maschinencode erscheinen muß.
Das Beispiel

a b + c *

wird weiter übersetzt als

```
load a
load b
add
load c
mult
```

Also kann man statt Postfix zu erzeugen, gleich die Routinen zur Erzeugung des Maschinencodes aufrufen.

Explizite Postfixausdrücke werden in Übersetzern für Kleinrechner benutzt, bei denen wegen der Speicherbeschränkungen die Aufteilung des Compilers in Pässe wichtig ist. Ein Problem der Reihenfolge taucht auf, wenn irgendwo etwas unbedingt in Prefix erscheinen muß. Ein Beispiel ist die Übersetzung einer bedingten Anweisung:

Der Ausdruck

$\underline{if}$ Bedingung $\underline{then}$ $Ausdruck_t$ $\underline{else}$ $Ausdruck_e$ $\underline{fi}$

darf nicht als

Bedingung $Ausdruck_t$ $Ausdruck_e$ $\underline{if}$

übersetzt werden, es sei denn, daß man zur Laufzeit beide Ausdrücke ausführen will, bevor die Bedingung geprüft wird!

Solche Probleme lassen sich umgehen. Im obigen Beispiel hätten wir "Postfix-Sprünge" einführen können:

```
            Bedingung else-Marke springe-wenn-falsch
            Ausdruck_t
            fi-Marke springe
else-Marke: Ausdruck_e
fi-Marke:   ...
```

Der Postfixoperator "springe-wenn-falsch" hat zwei Operanden: die Bedingung und eine vom Compiler erzeugte Marke. "springe" dagegen ist ein monadischer Operator, der einen unbedingten Sprung erzeugt. Der Übersetzer muß neue Identifizierer (Marken) schaffen, ein Problem, das wir schon bei der Quadrupelsprache gesehen haben.

Obwohl es in dieser kurzen Behandlung bestimmt nicht ganz offensichtlich geworden ist: die Behandlung aller Zwischensprachen ist ungefähr gleich. Die größte Schwierigkeit ist, zu verstehen, daß, obwohl die Einführung einer Zwischensprache Arbeit macht, diese Arbeit durch die Vereinfachung der einzelnen Läufe mehr als ausgeglichen wird.

4. Synthese

Bisher sind die Erkennungsroutinen (recognizer), die eine bestimmte Eingabesprache analysieren, und die möglichen Formen einer Zwischensprache zur Informationsübergabe zwischen Compilerpässen betrachtet worden. Jetzt werden wir die Erzeugungsroutinen (generator) betrachten, die die Übersetzung in eine Ausgabesprache durchführen sollen. Dieses Kapitel wird sich auf die allgemeinen Probleme der Verbindung zwischen Analyse und Synthese beschränken. Auf die besonderen Anforderungen bestimmter Zielsprachen an den Erzeugungsmechanismus wird in Kapitel 3 (Zwischensprachen) und 6 (Speicherverwaltung) eingegangen.

Der Ablauf der Analyse steuert die Erzeugung. Um die Auswirkungen der verschiedenen Verfahren zu untersuchen, werden wir ein einfaches Beispiel mit zwei verschiedenen Analysemethoden untersuchen: dem rekursiven Abstieg und der simple precedence Analyse.

Die Eingabesprache ist die Zuweisung von Summen:

```
i := i1
i := i1 + i2
i := i1 + i2 + i3
...
```

Die Ausgabesprache ist eine Art Assemblersprache für eine sehr einfache Maschine. Jede Zuweisung soll in ihr Äquivalent übersetzt werden:

```
load i1      load i1      load i1      ...
store i      add i2       add i2
             store i      add i3
                          store i
```

Im folgenden Abschnitt werden zwei Übersetzer für diese Beispielsprache verglichen.

4.1. Obersetzung bei rekursivem Abstieg

Zunächst schreiben wir die Grammatik der Eingabesprache in CDL2, um die Analyse durchführen zu können:

```
assignation:
     identifier, becomes symbol, identifier,
        (sum: plus symbol, identifier, * sum;
        ).
```

Die Iteration in der Gruppe "sum" wird verwendet, um die sonst auftretende Linksrekursion zu vermeiden. Man bemerke, daß nach dem Strichpunkt die leeren Alternative steht, die das Ende der Iteration bewirkt.

Die Erzeugerprimitiven werden die Befehle der Ausgabesprache erstellen. Wir brauchen drei:

```
generate load
generate store
generate add
```

Man merkt sofort, daß diese Routinen alle einen Parameter brauchen: die symbolische Adresse des Operanden. Es ergibt sich also folgende CDL2-Routine:

```
generate load +> address: ...
```

Die symbolische Adresse bestimmt man durch einen Aufruf des Erkenners für einen Identifizierer:

```
identifier + address
```

Dafür muß man eine lokale Variable namens "address" innerhalb der Prozedur "assignation" definieren. Man schreibt den Kopf der Prozedur:

```
assignation - address: ...
```

Jetzt können wir den gesamten Übersetzer in CDL2 beschreiben:

```
assignation - dest address - source address:
    identifier + dest address,
      becomes symbol,
        identifier + source address,        generate load + source address,
          (sum: plus symbol,
            identifier + source address,    generate add + source address,
              * sum;
                                            generate store + dest address
        ).
\_____________________________________/     \_____________________________/
              Analyse                                 Synthese
```

Die Erzeugeraufrufe lassen sich leicht in das Gerüst der Erkennerprozeduren einfügen. Man nennt die Erzeugerroutinen auch <u>semantische Aktionen</u>, die zu bestimmten Zeitpunkten während der Analyse stattfinden sollen.

Man sollte aus dem obigen Beispiel nicht schließen, daß die Erzeuger immer so leicht einzupassen sind. Man könnte die Eingabesprache ebensogut (sogar ein bißchen kürzer) mit folgender Syntax beschreiben:

```
assignation:
    identifier, becomes symbol,
      (source: identifier,
        (plus symbol, * source;
        )
      ).
```

Versucht man jetzt die Erzeuger hinzuzufügen, so entdeckt man, daß es nicht mehr ohne weiteres möglich ist. In Kapitel 2 haben wir gesehen, wie die syntaktische Beschreibung der analytischen Methode angepaßt werden muß; hier ist ein Beispiel wie die Anforderungen der Erzeuger eine Änderung bedingen können.

Obwohl aus Gründen der Laufeigenschaften und Übersichtlichkeit die Iteration der Rekursion oft vorzuziehen ist, ist es manchmal für die gewünschte Übersetzung sinnvoll, mit Rekursion zu arbeiten. Dies gilt besonders bei Rechts-Assoziativität.

Als Beispiel nehmen wir einen monadischen Ausdruck

<u>o1</u> <u>o2</u> ... <u>on</u> i

dessen Übersetzung

<u>load</u> i; <u>do</u> <u>on</u>; ... <u>do</u> <u>o2</u>; <u>do</u> <u>o1</u>

sein soll. Eine iterative Grammatik wäre

```
expression:
     (more: monadic operator, * more;
            identifier).
```

wobei die Erzeuger nicht ohne Hilfe eines Kellers einzufügen sind, wenn die Operatoren nicht in verkehrter Reihenfolge übersetzt werden sollen. In rekursiver Form verfügt man aber implizit über einen Keller:

```
expression - operator - address:
     monadic operator + operator, expression,   generate do + operator;
     identifier + address,                      generate load + address.
```

Die Schwierigkeiten syntaktischer Rückkehr (backtrack) wurden in Kapitel 2 erklärt. Wenn man die Synthese betrachtet, stellt man ähnliche Probleme fest. In den Erkennern muß der Eingabezeiger aufbewahrt werden, falls eine Rückkehr nötig wird. Wenn man die Übersetzung schon erzeugt hat, muß auch diese Ausgabe wieder zurückgenommen werden (!). Man nehme als Beispiel die folgende Syntax:

```
expression:
     identifier, plus symbol, identifier;
     identifier, select symbol, identifier.
```

Folgende Übersetzungen sind beabsichtigt:

```
a + b → load a
        add b

f of s → load s
         select f
```

Fügt man blindlings die Erzeuger hinzu, so erhält man:

```
expression - i1 - i2:
    identifier + i1,            generate load + i1,
      add symbol,
        identifier + i2,        generate add + i2;

    identifier + i1,
      select symbol,
        identifier + i2,        generate load + i2,
                                generate select + i1.
```

Ist der Eingabestrom "f of s", dann liefert das Prädikat "add symbol" der ersten Alternative "falsch". An diesem Punkt muß man nicht nur den Eingabezeiger zurücksetzen, sondern auch die Erzeugung "load i1" rückgängig machen, was unter Umständen schwierig sein kann (man hat es z.B. schon ausgegeben). Normalerweise zieht man es vor, semantische Rückkehr zu vermeiden statt zu reparieren. Man könnte die Syntax so umwandeln:

```
expression - i1 - i2:
    identifier + i1,
      (add symbol, identifier + i2,        generate load + i1,
                                           generate add + i2;
       select symbol, identifier + i2,     generate load + i2,
                                           generate select + i1
      ).
```

Wir haben hiermit ein weiteres Beispiel, in dem die Semantik einen starken Einfluß auf die syntaktischen Erkenner ausübt.

4.2. Übersetzung mit einfachem Vorrang

Am Anfang des Kapitels wurde versprochen, an Hand des Beispiels der Zuweisung, zwei verschiedene Analyseverfahren zu beschreiben. Verwenden wir jetzt das Verfahren des einfachen Vorrangs (simple precedence). Zunächst braucht man eine Grammatik ohne Marken:

assignation: identifier, becomes symbol, sum.
sum: sum, plus symbol, identifier.
sum: identifier.

Leider entdecken wir bei Herstellung der Vorrang-Matrix, daß ein Konflikt für das Paar becomes symbol und sum besteht (becomes symbol hat gleichzeitig gleichen und geringeren Rang als sum). "Stratification" (siehe 2.3.4.) löst dieses Problem:

assignation: identifier, becomes symbol, sum 2.	(a)
sum 2: sum.	(b)
sum : sum, plus symbol, identifier.	(c)
sum : identifier.	(d)

Auch hier will man Erzeugerroutinen aufrufen, die die gewünschte Übersetzung liefern. Wir können die Aufrufe nur bei Reduzierung eines Ansatzes durchführen, also nicht wie bei rekursivem Abstieg, wo die Aufrufe irgendwo im rechten Regelteil erscheinen dürfen. In diesem Fall stört das nicht. Definieren wir folgende Erzeuger für die Aufrufstellen (a) bis (d) in obiger Syntax:

(a) generate load
(b) no action
(c) generate add
(d) generate load

Nehmen wir als Eingabebeispiel

i := i1 + i2 + i3

In derselben Schreibweise wie in 2.3.4. erhalten wir folgende Reduzierungen:

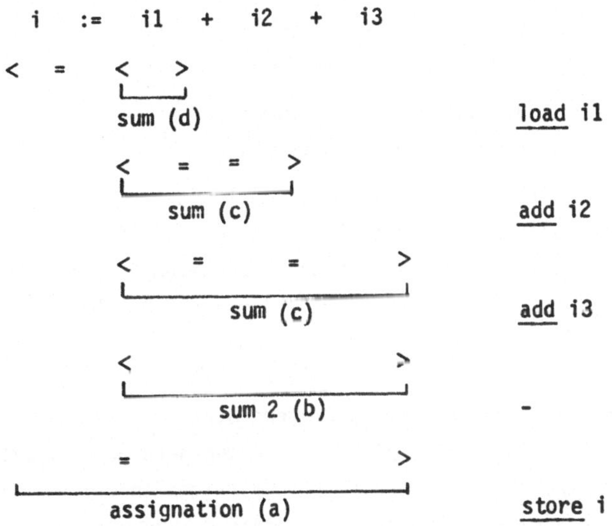

```
       i    :=   i1   +   i2   +   i3

     <   =     <    >
               L____J
               sum (d)                          load i1

               <    =    =    >
               L______________J
                   sum (c)                      add i2

               <    =        =        >
               L______________________J
                        sum (c)                 add i3

               <                      >
               L______________________J
                       sum 2 (b)                -

               =                      >
     L________________________________J
              assignation (a)                   store i
```

Die Erzeugeraufrufe sind der Reihenfolge nach: (d), (c), (c), (b), (a).
Man stelle fest, daß diese die richtige Übersetzung erzeugen!

Bisher haben wir nichts über lokale Parameter gesagt. Die Erzeuger oben müssen die Darstellung des Identifizierers kennen. In diesem einfachen Beispiel wäre es noch möglich, das Problem mit globalen Variablen zu lösen. Dies ist nicht mehr möglich, wenn rekursive syntaktische Begriffe eingeführt werden.

Das Steuerprogramm bei einfachem Vorrang kann keine spezialisierte lokale Parameter übergeben. Es ist aber möglich (und üblich) den Reduzierungs-Keller auszuweiten, sodaß jede Reduzierung nicht nur ihre Darstellung im Keller hinterläßt, sondern auch eine feste Anzahl von Datenwerten. Der Erzeuger, der zu einem bestimmten rechten Teil einer Regel gehört, hat die Daten zur Verfügung, die durch die Reduzierung jedes Teils hinterlassen werden.

Für das Beispiel kann man die Erzeuger auf folgende Weise umschreiben:

(a) get attributes + address,
generate store + address.

(b) no action

(c) get attributes + address,
generate add + address.

(d) get attributes + address,
generate load + address.

"get attributes" bedeutet in jedem Fall, daß die Attribute des Elementes bestimmt werden, das als letztes behandelt wurde. In unserem Fall ist dieses Attribut die Adresse des Objekts, die bei der Reduzierung der Regel "identifier" geliefert wurde.

Offensichtlich ist diese Art von Parametern nicht die allgemein übliche. Sie übergeben Werte nur in eine Richtung: von unten nach oben (Knuth nennt sie "derived parameters"). Wegen der strikt aufsteigenden Orientierung der Erzeuger, stellt dies aber keine wesentliche Beschränkung dar.

Bei diesem Beispiel war keine zusätzliche Umformung der Grammatik nötig, die gewünschten Übersetzungen erscheinen in "postfix", d.h. die direkte Übersetzung jeder Regel darf nur nach den Übersetzungen der Komponenten und nie vorher vorkommen. Ein Beispiel, bei dem diese Beschränkung nicht eingehalten wird, ist die Einführung einer bedingten Zuweisung in der Form:

conditional assignation:
if symbol, identifier, then symbol, assignation.

Mit der Übersetzung:

<u>jump if false</u>, identifier, across
<Übersetzung von assignation>
<u>label</u> across

Man kann leider mit dieser Grammatik den bedingten Sprung nicht rechtzeitig erzeugen. Eine andere, äquivalente Grammatik erlaubt dies ohne weiteres:

```
conditional assignation:                         (a)
     test, assignation.
test:                                            (b)
     if symbol, identifier, then symbol.
```

Die neuen Erzeuger sind:

(a) generate label

(b) get attributes + bool address,
generate jump if false + bool address.

Dieser Trick ist allgemein anwendbar und löst alle postfix-Probleme. Allerdings muß man bei einfachem Vorrang ständig aufpassen, daß nicht versehentlich gleiche rechte Seiten und Vorrang-Konflikte hervorgerufen werden. Andere aufsteigende Methoden sind in ihrer Anwendung nicht so empfindlich.

4.3. Meldungen

Obwohl bisher nur von einem einzigen Ausgabestrom die Rede war, gibt es in Wirklichkeit mehrere. Der Benutzer erwartet nicht nur, daß sein Programm übersetzt wird, sondern auch ein Listing, in dem die Übersetzung protokolliert wird. Das Listing sollte als ein Werkzeug in der Hand des Benutzers zur weiteren Arbeit an seinem Programm gesehen werden und mit entsprechender Sorgfalt entworfen werden.

Ein Listing sollte folgende Bestandteile enthalten:

- Überschrift mit Compilationsdatum und -zeit, genauer Identifizierung des Compilers und den gewählten Optionen.

- Programmtext in aufbereiteter Form. Zeilennummern sind auf jeden Fall nützlich, insbesondere als Bezugspunkte für Fehlermeldungen. Zur Fehlersuche ist es hilfreich, wenn am Zeilenende die Blockschachtelungstiefe angegeben ist, bzw. ob sich der Compiler im Kommentar- oder Stringzustand befindet. Manche Compiler erzeugen ein Standardlayout mit Einrückungen für bestimmte Konstrukte. Damit wird die Lesbarkeit des Programms gefördert, ohne daß der Benutzer Aufwand dafür treiben muß.

- Diagnose: An einer schnell zu findenden Stelle sollte zu sehen sein, ob Fehler gefunden wurden oder nicht. Auf Fehlermeldungen werden wir unten genauer eingehen.

- Index (cross reference list): für jedes vom Benutzer definierte Objekt sollten die Attribute des Objekts, die Definitionsstelle und sämtliche Anwendungsstellen angegeben sein. Abhängig von der Programmiersprache ist es zweckmäßig, für einzelne Programmteile (Moduln) einen separaten Index auszugeben.

- Statistische Informationen, z.B. Compilationszeit, Tabellenauslastung, Fehlerzahl.

- Symbolischer Zielsprachencode ist für den Benutzer eigentlich nur für Compilervergleiche interessant, kann aber dem Compilerschreiber zum Testen sehr helfen. Seine Aufgabe sollte im allgemeinen abgeschaltet sein wie auch die Ausgabe der diversen Zwischensprachen des Compilers.

<u>Fehlermeldungen</u> sind für den Benutzer das interessanteste am Listing, und ihre Qualität trägt sehr zur Beurteilung der Güte eines Compilers bei.

Eine Fehlermeldung soll genaue Auskunft über die Art des Fehlers geben, ggf. auch über sein Gewicht. Sie muß mit den Begriffen des Benutzers bzw. der Sprachbeschreibung formuliert sein und nicht mit internen Begriffen des Compilers.

Beispiel:

Der Benutzer hat ein Label vor eine Deklaration gesetzt, obwohl das verboten ist.

start: integer x

Eine mögliche Meldung ist:

ILLEGAL SYMBOL: 'INTEGER'

Anscheinend hat der Compiler den Fehler daran festgestellt, daß er mit dem Symbol " 'INTEGER' " nichts anfangen kann, weil er nach einem Label nur noch Statements erwartet.

Mit demselben Aufwand kann er - etwas aufschlußreicher - melden:

STATEMENT EXPECTED, BUT NOT FOUND

Eine nützliche Meldung, die aber eine weitergehende Untersuchung erfordert, ist:

DECLARATION MAY NOT FOLLOW LABEL

Im allgemeinen wird der Compiler nur die Symptome feststellen, aber keine endgültige Diagnose geben können. Der eigentliche Fehler kann sich an einer ganz anderen Stelle befinden als da, wo er entdeckt wird. Hat z.B. der Benutzer einen Namen in einer Deklaration falsch geschrieben, so bemerkt der Compiler erst bei seiner Anwendung (vielleicht) einen Fehler.

Die Position des Fehlers wird häufig mit Zeile und Spalte angegeben. Manche Compiler verwenden Statement- oder Symbolnummern, die am Rande des Listings erscheinen. Wenn man die Fehlermeldungen in den Programmtext einstreut, kann man den Fehler auch mit einem Pfeil o.ä. markieren.

Sehr oft ist es nützlich, ein Stück Programmtext zu zitieren, z.B. den Namen des nicht deklarierten Identifiers, oder andere Kontextinformationen mit anzugeben, z.B. welcher Typ von einem nicht passenden aktuellen Parameter erwartet wurde.

Wenn der Compiler Reparaturen vornimmt, sollte er sie mitteilen, damit der Benutzer eventuelle Folgefehler leichter verstehen kann. Auch andere Recovery-Aktionen sollten mitgeteilt werden.

Beispiel:

```
AT 30/15 'IF' MATCHING 'THEN' NOT FOUND
     REPAIR: ... 'IF' A < B ** 2 'THEN'

AT 40/23 CLOSING BRACKET MISSING
     SKIPPED TO SEMICOLON AT 40/30
```

Wenn der Compiler nur eine Untersprache implementiert, z.B. ALGOL68 ohne Heap, sollte er trotzdem möglichst die ganze Sprache analysieren und ggf. auf die Beschränkungen aufmerksam machen.

Bei einem Tabellenüberlauf sollte der Compiler angeben, wie weit er gekommen ist, welche Tabelle übergelaufen ist (möglichst mit Begriffen, unter denen sich der Benutzer etwas vorstellen kann), und wie groß die Tabelle war. Noch besser ist es natürlich, den vorhandenen Platz restlos auszunutzen.

Compilerfehler sollten klar als solche markiert und so gemeldet werden, daß der Implementierer einen Ansatz für eine genauere Untersuchung hat. Zweckmäßigerweise gibt es für diesen Fall Optionen, mit denen man compilerinterne Kontrollausgaben einschalten kann.

Die Plazierung von Fehlermeldungen ergibt sich meistens aus der Passstruktur. Ein Einpasscompiler wird Fehler direkt unter der fehlerhaften Zeile melden. Am Schluß des Programms sollte dann die Zahl der Fehler angegeben werden.

Mehrpasscompiler werden Fehlermeldungen sammeln und am Schluß möglichst nach Gewicht und/oder Position sortiert ausgeben.

Auch Laufzeitfehler sollten vernünftig gemeldet werden, obwohl es zur Laufzeit schwieriger ist, die benötigten Informationen zu erhalten. Meldungen wie

DMSITP141T PROTECTION EXCEPTION OCCURRED AT 04F23A

sagen einem ALGOL60-Benutzer recht wenig.

Eine brauchbare Diagnose setzt sprachbezogene Prüfungen, z.B. von Reihenindices, oder Initialisierungen voraus. Dann kann das Laufzeitsystem statt der obigen Meldung z.B. monieren:

AT POSITION 250/13 ROW INDEX TOO BIG

Man sollte die Fehlerbehandlung nicht dem Betriebssystem überlassen, sondern eine sprachspezifische Fehlerbehandlungsroutine angeben. Es ist nicht allzu schwierig, eine Fehlerbehandlungstabelle zu konstruieren, die für jede Maschineninstruktion, bei der ein Fehler auftreten kann, einen Eintrag mit folgenden Informationen enthält:

- zugehörige Quellsprachenposition
- für jeden möglichen Maschinenfehlertyp einen Code zur Identifizierung einer Meldung.

Daraus kann die Fehlerbehandlungsroutine eine vernünftige Meldung aufbauen.

Weitergehende Meldungen, die z.B. die Namen von beteiligten Objekten enthalten, erfordern zur Laufzeit eine Symboltabelle.

Umfangreichere Unterstützung bei der Suche von Laufzeitfehlern bieten Dump und Trace. Beim Dump wird beim Programmabbruch der erreichte Endzustand in quellsprachenorientierter Form ausgegeben. Es wird angegeben, welche Prozeduren gerade aktiv sind, wie die Aufruffolge ist, und welche Inhalte die gerade aktiven

Variablen haben. Ein Dump für ALGOL60 erfordert, daß der Compiler eine Routinentabelle und eine Symboltabelle mit Namen, relativen Adressen und Lebensdauer aller Objekte erzeugt. Zusätzlich braucht man eine Interpretationsroutine, die zum Abschluß des Programms aufgerufen wird.

Beim Trace wird während der Ausführung des Programms Buch geführt über den Kontrollfluß (Prozeduraufrufe, Sprünge) und eventuell auch über Zuweisungen. Ein vollständiger Trace wird zu lang, deshalb sollte dem Benutzer unbedingt eine Auswahl ermöglicht werden, sodaß nur bestimmte Bereiche einbezogen werden. Sehr praktisch ist es, in einem zyklischen Puffer die letzten Prozeduraufrufe aufzubewahren und diesen am Ende auszugeben. Traceoperationen werden im allgemeinen eincompiliert und erfordern deshalb eine Neuübersetzung des Programms, wenn der Benutzer einen Trace wünscht.

Die Implementierung einer Tracefunktion scheint für den Compilerschreiber aufwendiger zu sein als ein Dump, da für den Trace die Erzeugung der Informationen compiliert werden muß, während sie für einen Dump direkt programmiert werden kann. Andererseits kann der Compiler bei der Erzeugung eines Trace auf alle notwendigen Informationen zugreifen, während beim Dump die Informationen erst zusammengestellt (bzw. gesucht) werden müssen. Zudem ist ein Trace eine bessere Hilfe zur Fehlersuche, weil er nicht nur den Endzustand, sondern auch die Vorgeschichte eines "Fehlers" beschreibt.

5. Identifizierung

5.1. Prinzipien

Das vorkommen von Symbolen (Namen) in Programmiersprachen läßt sich in zwei Kategorien einteilen: Definitionen und Anwendungen (definition und application).

Beispiel:

```
begin int i; ... i := i + 1; ... end
          ↑      ↖    ↑
(Definition) (Anwendungen)
```

Die Deklaration eines Objektes assoziiert mit dem Objekt einen Namen (Definition) und legt den Typ des Objektes fest.

Der Übersetzer muß bei jeder Anwendung eines Symbols feststellen, welches die zugehörige Definition ist. Er erhält dadurch Informationen über die Art des Objektes, d.h. welche quellsprachlichen und ggf. welche zielsprachlichen Informationen zu dem Objekt gehören.

In einer einfacheren Sprache würde man erwarten, daß genau eine Definition jedes Objektes vorkommt und dann eine oder mehrere Anwendungen folgen, die sich darauf beziehen. Dieses schöne Bild ist leider (oder Gott sei Dank) nicht immer korrekt.

5.2. Definitionen und Anwendungen

In vielen Sprachen ist es erlaubt, daß die Anwendung eines Identifiers in der textuellen Reihenfolge vor seiner Definition kommt. Diese Großzügigkeit bedeutet, daß eine "one-pass"-Implementierung ausgeschlossen ist. Denn ohne Kenntnisse über das Objekt ist z.B. keine Codeerzeugung möglich. Findet man die Anwendungen "a + b", dann muß man wissen, ob "a" und "b" Ganz- oder Realzahlen darstellen, um entscheiden zu können, ob ein Fest- oder Gleitpunkt-Additionsbefehl zu erzeugen ist.

Das Problem läßt sich in zwei Pässen leicht lösen. Der erste Pass sammelt alle Definitionen in einer Liste (Deklarationsliste, Symboltabelle) und im zweiten Pass wird für jede Anwendung die zugehörige Definition in der Liste gesucht (Zugriff zur Symboltabelle), wodurch die richtige Übersetzung erzeugt werden kann. Die Reihenfolge der Deklarationen spielt dabei keine Rolle mehr.

Die Regel von einer einzigen Definition je Symbol besitzt viele Ausnahmen. Sehr oft sind die verschiedenen Teile einer Definition über den Text verstreut. In FORTRAN ist es z.B. erlaubt, daß die zwei Anweisungen

```
DIMENSION A (100)
COMMON A
```

an entfernten Textstellen vorkommen, wobei die erste A als Vektor definiert und die zweite die Definition ausweitet, indem spezifiziert wird, daß A zu einem bestimmten Teil des Speichergebietes gehören wird.

In ALGOL60 schreibt man

<u>procedure</u> p(a);

wobei "a" als formaler Parameter definiert wird und schreibt später die Spezifikation

<u>integer</u> a;

welche die Definition von "a" zu einem Objekt vom Typ integer erweitert.

Wenn solche Definitionen immer möglich sind, kann man im ersten Durchlauf nicht für jede Definition einen neuen Eintrag in die Deklarationsliste machen. Man muß vielmehr feststellen, ob die Definition schon an einer anderen Stelle angefangen wurde.

In einigen Sprachen ist es sogar erlaubt, daß die benutzten Symbole gar nicht vereinbart werden. FORTRAN und PL/1 erlauben "default"-(implizite) Definitionen von Variablen, wobei der angenommene Datentyp vom Namen abhängt. Kommt aber eine explizite Definition vor, dann darf sie der impliziten widersprechen. Das bedeutet, daß man implizite Datentypen nur dann annehmen kann, nachdem alle expliziten Definitionen behandelt sind.

5.3. Block-orientierte Identifizierung

Blöcke in Programmiersprachen dienen verschiedenen Zwecken. Wichtig ist die Beschränkung des Gültigkeitsbereichs der Definition eines Symbols. Das heißt, die Anwendung eines Symbols darf nur innerhalb des Blocks auftreten, der die Definition enthält.

Man kann daher die Blockstruktur benutzen, um die Oberlagerung von mehreren Definitionen desselben Namens zu erreichen. Innerhalb des Gültigkeitsbereichs eines Identifiers i kann ein neuer Block stehen, worin eine neue Definition von i vorkommt. Bis dieser neue Block geschlossen wird, gilt nur die zweite Definition von i, erst danach wird die alte Definition wieder erreichbar. Innerhalb des neuen Blocks wird also die erste Definition durch die zweite abgeschirmt.

Man bemerke, daß es sich hier um verschiedene Definitionen handelt, und nicht um eine einzige Definition, die über mehrere Deklarationen verteilt ist.
Betrachten wir ein Beispiel in ALGOL 60 oder 68:

```
          begin real x, y;
A1:             ...
                begin int y, z;
A2:                   ...
                      begin bool x, z, l;
A3:                         ...
                      end
A4:                   ...
                end
A5:             ...
          end
```

Erstellen wir dazu eine Tabelle, die für jede mögliche Anwendungsstelle (gekennzeichnet durch die Marken A1, ... , A5) die zugängliche Definition für jeden Identifizierer angibt:

Stelle	Def. von x	Def. von y	Def. von z	Def. von l
A1, A5	real	real	undefiniert	undefiniert
A2, A4	real	int	int	undefiniert
A3	bool	int	bool	bool

Die Implementierung dieses Konzepts stellt eine einfache Erweiterung des schon erklärten Mechanismus dar. Für jeden Block, der Definitionen enthält, erstellt man eine Liste dieser Deklarationen (Definitionsliste). Während der Identifizierungsphase gibt es einen Keller, in den bei jedem Blockeintritt die zugehörige Definitionsliste eingekellert wird. Bei Blockaustritt wird sie entsprechend entfernt. Bei jeder Anwendung eines Symbols sucht man das Symbol im Keller, wobei dann die neueste Definition gewählt wird. Diese steht dann im Keller am weitesten oben.

Bei dem obigen Beispiel sieht der Keller für das Programmstück "A3" folgendermaßen aus:

bool x bool z bool l
int y int z
real x real y

Wenn man im Programmstück "A3" eine Anwendung von y findet, dann wird der Keller von oben nach unten überprüft, bis die Definition int y gefunden wird.

Der Nachteil dieser Methode ist, daß der Keller bei jeder Anwendung durchsucht werden muß. Unter Umständen kann die Suche aufwendig werden. Es gibt aber eine technische Verbesserung, die die Suche überflüssig macht.

Das Verfahren benötigt neben den Definitionslisten der einzelnen Blöcke eine (globale) Identifizierertabelle. Diese enthält für jeden Namen, der im Programm vorkommt, einen Eintrag, der auf die gegenwärtig gültige Definition dieses Namens zeigt. Wird ein Name in einem inneren Block neu definiert, so wird ein Verweis auf die alte Definition in dem Eintrag für die neue Definition aufbewahrt, damit sie später wiederhergestellt werden kann. Die Definitionsliste eines Blockes muß also für jede Definition folgende Bestandteile enthalten:

- einen Verweis auf den definierten Identifizierer
- seine Attribute
- Platz für einen Verweis auf die vorher gültige Definition.

Bei Blockeintritt wird jede Definition des Blockes folgendermaßen behandelt: in den zugehörigen Eintrag der Identifizierertabelle wird ein Verweis auf die Definition geschrieben; der alte Verweis wird in dem dafür vorgesehenen Platz des Definitionseintrags gespeichert.

Bei Blockaustritt wird aus jeder Definition des Blockes der Verweis auf die alte Definition entnommen und in den zugehörigen Eintrag der Identifizierertabelle geschrieben. (Damit wird die alte Definition wieder gültig gemacht.)

Betrachten wir das Beispiel mit den drei geschachtelten Blöcken gerade vor Eintritt in den ersten Block:

Identifizierertabelle

Repräsentation	Definition
x:	undef
y:	undef
z:	undef
l:	undef

Definitionslisten

Idf.	Mode	alte Definition	
→ x	real		Block 1
→ y	real		
→ y	int		Block 2
→ z	int		
→ x	bool		Block 3
→ z	bool		
→ l	bool		

Bei Eintritt in Block 1 werden für die Identifizierer x und y Verweise auf die Definitionen von Block 1 eingetragen. Die vorher gültigen Definitionen werden aufbewahrt. Es ergibt sich folgender Zustand:

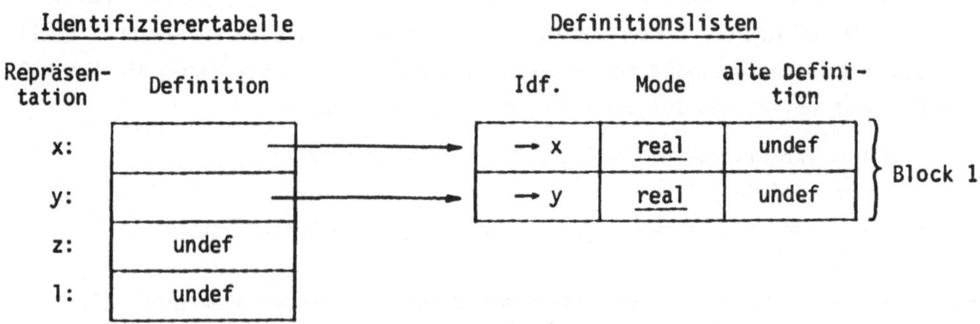

Die Identifizierung erfolgt über die Identifizierertabelle. Dadurch wird erreicht, daß bei Benutzung der Namen x und y Objekte vom Mode <u>real</u> identifiziert werden, während die Identifizierung von z und l wegen des Eintrags <u>undef</u> in der Identifizierertabelle nicht möglich ist.

Nach Eintritt in den zweiten Block ergibt sich folgender Zustand:

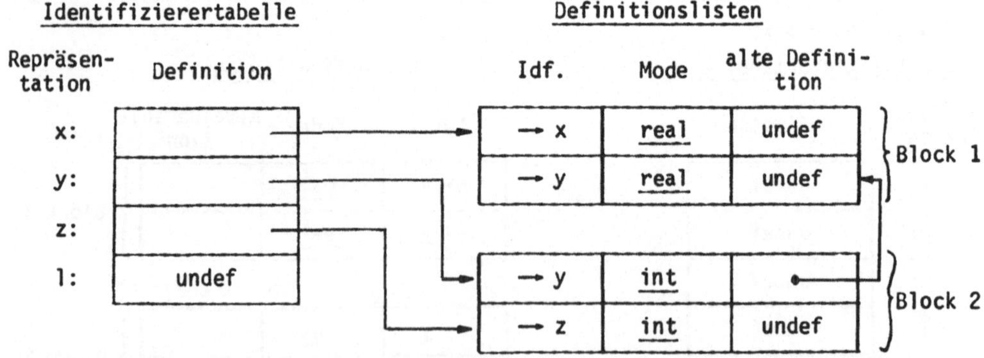

Nach Eintritt in den dritten Block:

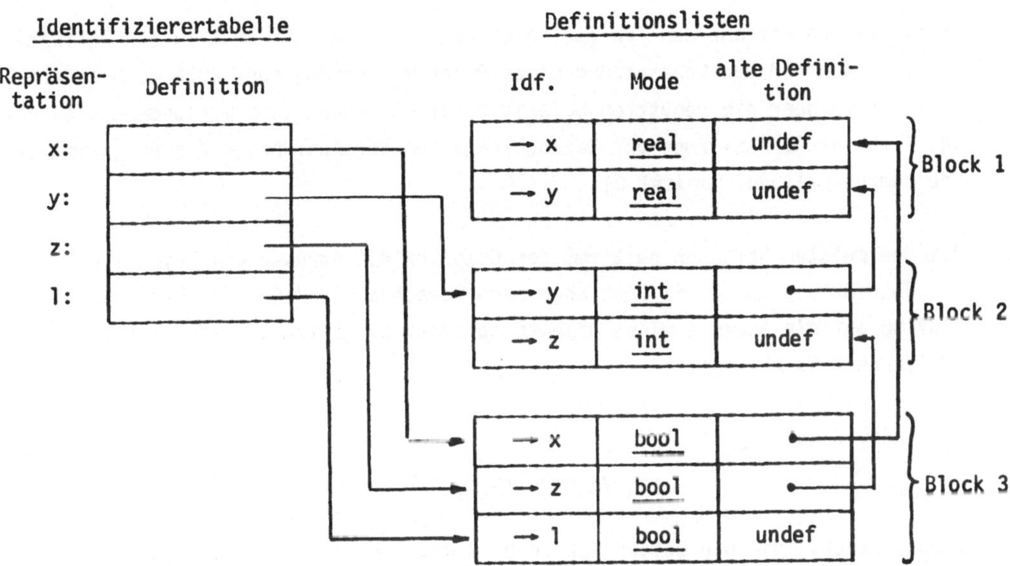

Beim Verlassen eines Blockes wird für jeden Namen aus dem Feld "alte Definition" die vorher gültige Definition entnommen und in das Definitionsfeld der Identifizierertabelle geschrieben. Nach Verlassen des dritten Blockes ergibt sich derselbe Zustand wie nach Eintritt in Block 2, und nach Verlassen dieses Blockes derselbe wie nach Eintritt in Block 1.

5.4. Inhalt der Definitionstabelle

Bisher kennen wir nur den Typ (mode) eines Objekts als Eintrag in der Definitionstabelle. Während der Übersetzung eines Programms werden aber auch noch andere Informationen über die benutzten Objekte benötigt. Diese Informationen dienen hauptsächlich zur Adressierung der Datenobjekte bei der Ausführung des Programms (siehe Speicherverwaltung, Kapitel 6).

Bei den meisten Sprachen bestimmt der Compiler die Adresse des Objekts während der Übersetzungsphase. Es gibt aber auch Sprachen, in denen der Benutzer einen Einfluß auf die Adresse eines Objekts bekommt. Ein Beispiel dafür ist das EQUIVALENCE in Fortran.

Durch die Anweisung

```
EQUIVALENCE (A, B)
```

wird erreicht, daß die beiden Variablen A und B dieselbe Adresse haben. Es handelt sich bei dieser Anweisung also um eine ergänzende Definition von A und B, wobei es gleichgültig ist, ob diese Variablen implizit oder explizit definiert wurden. Dieses Beispiel ist ein Sonderfall des Adressierungsmechanismus und zur Behandlung dieses Falles wird ein Eintrag in der Definitionstabelle benötigt.

Ähnliche Probleme existieren in PL/1 durch das Attribut DEFINED oder in Algol 68 durch die "identity declaration":

<u>ref</u> <u>real</u> b = <u>loc</u> <u>int</u>;
<u>ref</u> <u>real</u> a = b;

Auch durch die "identity declaration" kann zwei Objekten die selbe Adresse zugeordnet werden. Die Definition der Gleichheit von bestimmten Adressen durch eine der oben genannten Methoden erinnert an Identifizierung. Der Unterschied besteht darin, daß Adressengleichheit zwei interne Objekte verbindet. Identifizierung aber ist die Herstellung einer Verbindung zwischen einem <u>externen Objekt</u> (einem Identifizierer) und einem <u>internen Objekt</u> (einer Definition).

5.5. Andere Identifizierungsbegriffe

Neben der blockorientierten Identifizierung existieren noch andere Möglichkeiten, die natürlich sehr von der zu implementierenden Sprache abhängig sind.

Nehmen wir als Beispiel das Attribut "EXTERNAL" in PL/1. Neben seinem Hauptzweck (der Gleichsetzung der Maschinenadresse für einen Identifizierer, der in unabhängig kompilierten Programmstücken vorkommt) besitzt es die merkwürdige Eigenschaft, daß auch innerhalb eines Programmstücks jede Definition eines Identifizierers mit diesem Attribut genau das selbe Objekt definiert. Dabei brauchen die Gültigkeitsbereiche nicht zusammenhängend zu sein. Die dürfen geschachtelt vorkommen mit "INTERNAL" Definitionen dazwischen, die ihrerseits doch neue Objekte definieren.

Man betrachte dieses Beispiel in PL/1:

```
L1:     BEGIN; DECLARE A BIT (1) INTERNAL; ...
+------------------------------------------------+
| L2:     BEGIN; DECLARE A FIXED EXTERNAL; ...   |
+------------------------------------------------+
L3:         BEGIN; DECLARE A CHAR (1) INTERNAL; ...
+------------------------------------------------+
| L4:           BEGIN: DECLARE A FIXED EXTERNAL; ... |
| L5:           END;                             |
+------------------------------------------------+
            ...
L6:         END;
+------------------------------------------------+
|         ...                                    |
| L7:     END;                                   |
+------------------------------------------------+
        ...
+------------------------------------------------+
| L8:     BEGIN; DCL A FIXED EXTERNAL; ...       |
| L9:     END;                                   |
+------------------------------------------------+
        ...
L10:    END;
```

In dem Programmstück werden drei Objekte definiert: ein "bit string" bei Marke L1, ein "character string" bei Marke L3 und ein "fixed", dessen Definition dreimal vorkommt (bei L2, L4 und L8). Wenn A im umrandeten Gebiet angewendet wird, dann wird diese "fixed" Definition identifiziert. Diese wird identifiziert, obwohl die Blockstruktur eine andere Identifizierung zu verlangen scheint. Die Abschirmung der blockstrukturierten Identifizierung wird bei der Marke L4 durchbrochen.

Bei der Implementierung treten einige Schwierigkeiten auf. Bei der Benutzung eines Identifiziererkellers muß man bei jeder Definition mit dem Attribut EXTERNAL diesen Keller durchsuchen, um feststellen zu können, ob sie mehrere Male auftritt.

Benutzt man die o.a. Methode der Identifizierung direkt über eine Identifizierertabelle, so ist es notwendig, die EXTERNAL deklarierten Objekte über eine gesonderte Tabelle zu verwalten.

Die modulare Programmierung verlangt die Übersetzung von Moduln, die voneinander unabhängig sind, wobei aber in einem Modul Objekte eines anderen Moduls benutzt werden können. Die Identifizierung solcher Objekte bringt natürlich Schwierigkeiten mit sich, die eine rein blockorientierte Identifizierung unmöglich machen.

Ein weiteres Problem bei der Identifizierung tritt bei der Verwendung von generischen Objekten auf (Operatoren in ALGOL 68, generische Prozeduren in PL/1 und ELAN). Diese werden nicht mehr nur durch ihren Namen identifiziert, sondern auch durch die Anzahl und Art der Parameter. Die Identifizierung solcher Objekte wird schwierig, wenn die Übereinstimmung der Parametertypen durch Anpassungsoperationen erreicht werden kann.

Man bemerke, daß es sich bei all diesen Problemen um neuere Entwicklungen handelt. Es besteht keine Einigkeit (aber sehr großes Interesse) darüber, wie die Sprachbegriffe aussehen sollten, ganz zu schweigen von deren Implementierung. Es gibt noch weitergehende Ideen, z.B. die "dynamische Identifizierung" von Wegbreit [5c, 5d], wo die zur Anwendung gehörende Definition möglicherweise nur zur Laufzeit bestimmbar ist. Hier kann man nur sagen, daß man die Ergebnisse dieser Forschung abwarten muß, um die praktischen Resultate beurteilen zu können.

6. Speicherverwaltung

Der von einem Compiler erzeugte Code basiert immer auf einem bestimmten Datenbehandlungs- und Reservierungsmodell, das natürlich stark von der zu implementierenden Sprache abhängig ist. In einer begriffreichen Programmiersprache gibt es viele einzelne Probleme, die alle einen Beitrag zur Komplexität der gesamten Speicherverwaltung liefern. Diese Probleme sind u.a. die Art der Parameterübergabe, die Möglichkeit Prozeduren rekursiv aufzurufen, die Lebensdauer von Objekten und die Indizierung und Selektion. Die daraus resultierende Komplexität eines Speicherverwaltungsmodells macht es oft schwierig dieses Modell sofort zu verstehen und die Begründung jedes Aspekts zu "erraten".

Um diese Schwierigkeit zu vermeiden, werden wir einzelne Konzepte von Programmiersprachen betrachten, die einen Einfluß auf die Gestaltung des Speicherverwaltungssystems haben. Wir werden dann durch die Einflüsse aller dieser Konzepte auf ein Modell kommen, das dem von ALGOL60 ähnlich ist.

Anschließend sollen noch einige spezielle Probleme behandelt werden, die in mächtigen Sprachen wie ALGOL68, PL/I aber auch in FORTRAN auftreten.

6.1. Statische Adressierung

Kennzeichen einer statischen Adressierung ist, daß alle Objekte einen festen Speicherplatz zugeordnet bekommen. Die Adressen dieser Objekte können somit zur Übersetzungszeit festgestellt werden und sind Bestandteile des erzeugten Codes.

6.1.1. Speicherplatzzuordnung für Objekte eines Blockes

Während der Ausführung eines Blockes braucht man Platz für zwei Arten von Datenobjekten:

(1) explizit oder implizit deklarierte Werte

(2) Zwischenergebnisse von Ausdrücken.

Die deklarierten Objekte benötigen Speicherplatz während der Ausführung des Blockes. Ihre Anzahl ist zur Obersetzungszeit bestimmbar, und da jedes Objekt eine feste Länge besitzt, können wir auch jedem Objekt eine feste Adresse zuordnen. (Das Problem der Speicherplatzzuordnung für dynamische Objekte wird später behandelt.)

Die Zuordnung dieser Adressen erfolgt während der Übersetzungsphase des Programms durch entsprechende Verwaltungsroutinen. Diese Routinen können sowohl im vorderen Teil eines Compilers (z.B. bei der Analyse von Deklarationen) als auch im hinteren Teil (z.B. während der Codeerzeugung) angesiedelt sein. In diesen Routinen wird jedem Identifizierer eine Speicheradresse zugeordnet. Dadurch kann der Speicherbedarf des gesamten Blockes bestimmt werden, und seine Größe ist am Blockende bekannt.

Zwischenergebnisse müssen nicht während der gesamten Lebensdauer des Blockes im Speicher aufbewahrt werden.
So könnte z.B. der Ausdruck

$$a := (b * c + d * e) / f$$

zu folgender Übersetzung führen:

(a) $b * c \rightarrow t_1$
(b) $d * e \rightarrow t_2$
(c) $t_1 + t_2 \rightarrow t_3$
(d) $t_3 / f \rightarrow a$

Die temporären Objekte t_i benötigen Speicherplatz nur für die Dauer der Anweisung, in der sie auftreten. Sie haben die besondere Eigenschaft, daß sie unmittelbar nach ihrer Benutzung als Operand eines Befehls nicht mehr benötigt werden. Diese Eigenschaft wird natürlich nicht ausgenutzt, wenn man jedem Zwischenergebnis einen eigenen Speicherplatz zuordnet. Sie werden daher kellerartig verwaltet, d.h. in jedem Befehl kann das oberste Kellerelement (oder die obersten zwei) als Operand benutzt werden und das neue Zwischenergebnis wird auf den Keller geschrieben.

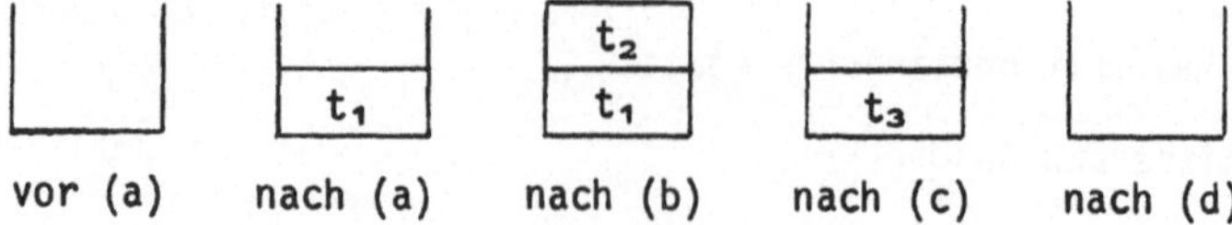

In unserem Beispiel bietet es sich an, t_1 und t_3 dieselbe Adresse zu geben. Man kann sich auch bei dieser Methode die maximale Ausdehnung des Kellers merken, sodaß der Speicherbedarf nach der Übersetzung eines Blockes bekannt ist.

Den Speicher eines Blockes, d.h. den Platz für lokal deklarierte Objekte und für Zwischenergebnisse nennt man einen Datenraum. Seine Haupteigenschaften sind, daß er eine feste Länge besitzt und alle in ihm lokalisierten Objekte durch einen festen Abstand zu seiner Basis definiert sind.

Beispiel

```
begin
int a, b, c, d, e;
a := (b * c + d * e) / b
end
```

Daraus ergibt sich der Datenraum:

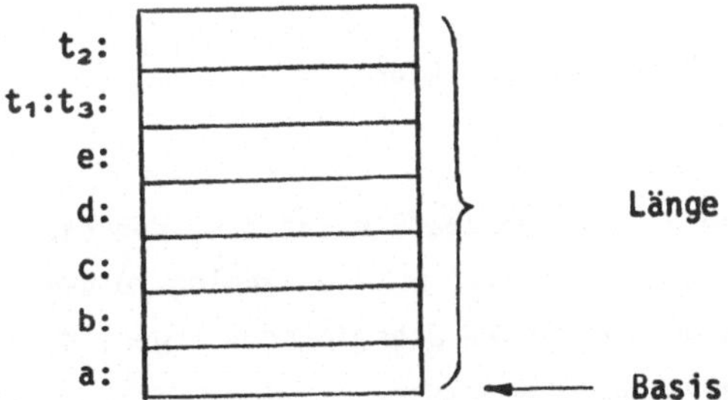

Dieses Modell entspricht der Speicherverwaltung von FORTRAN (ausgenommen COMMON und EQUIVALENCE).

6.1.2. Geschachtelte Blöcke

Im vorigen Kapitel wurden die Fragen der Identifizierung von Objekten bei blockstrukturierten Sprachen besprochen. Schauen wir uns jetzt an, was die Blockstruktur bei der Speicherverwaltung für Konsequenzen hat.

Nehmen wir zum Beispiel:

```
block 1:   begin int x, y; ...
block 2:          begin int a, b; ...
                  end;
block 3:          begin int c, d, e; ...
                  end
           end
```

Jeder Block hat seinen eigenen Datenraum. Die Datenräume belegen den Speicher auf irgendeine Weise. Ein denkbar einfaches Modell wäre es, einen hinter den anderen zu legen:

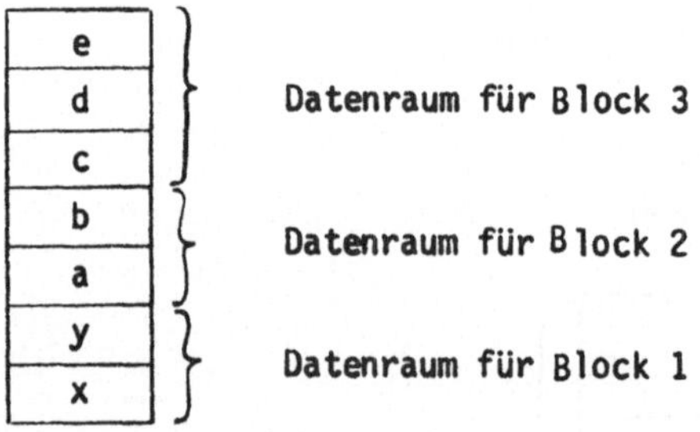

Speicher	
e	Datenraum für Block 3
d	
c	
b	Datenraum für Block 2
a	
y	Datenraum für Block 1
x	

Diese Vorgehensweise nutzt die Blockeigenschaft nicht aus, daß die Objekte der Blöcke 2 und 3 nicht gleichzeitig existieren müssen. Analog zu dem Verfahren bei den Zwischenergebnissen kann man Blöcke übereinander legen, d.h. sie dürfen die gleiche Datenraumbasis benutzen.

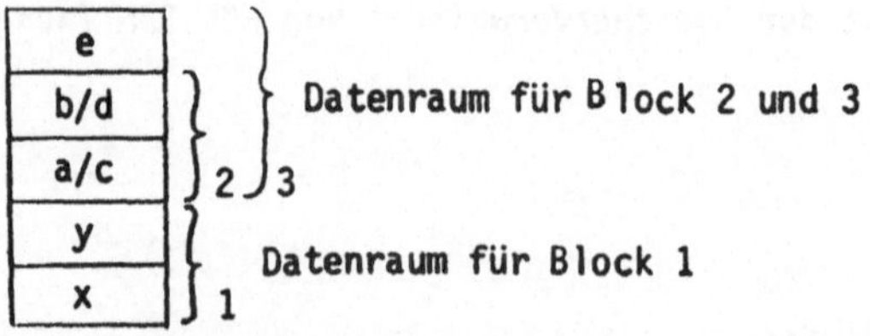

Speicher		
e		Datenraum für Block 2 und 3 (3)
b/d	2	
a/c	2	
y	1	Datenraum für Block 1
x	1	

Bei Eintritt in einen Block kann eine Verwaltungsroutine die gegenwärtige Länge des umschließenden Blockes aufbewahren. Bei Blockaustritt kann mit dieser Länge der alte Zustand wieder hergestellt werden.

Die Übersetzung des obigen Beispiels könnte damit folgendermaßen aussehen (die Aktionen der Verwaltungsroutinen erfolgen zur Übersetzungszeit!):

```
block entry
reserve space (x)
reserve space (y)
:
block entry
reserve space (a)
reserve space (b)
:
block exit
block entry
reserve space (c)
reserve space (d)
reserve space (e)
:
block exit
block exit
```

Mit Hilfe dieser Methode werden die einzelnen Datenräume in einen größeren verschmolzen, der DATA STORAGE AREA (DSA) heißt. Dieser Datenraum hat dieselben Eigenschaften wie die Datenräume von Blöcken: jedes Datenobjekt darin wird durch einen zur Übersetzungszeit bekannten Abstand von der Datenraum-Basis lokalisiert, und der gesamte Datenraum hat ebenfalls eine feste Länge. Dies erlaubt uns, vom Datenraum einer Prozedur zu reden, ohne an ihre Unterstruktur, den Datenraum eines Blockes, zu denken.

6.1.3. Nichtrekursive Prozeduraufrufe

Ein Prozeduraufruf, im Gegensatz zu einem Blockeintritt, impliziert eine Änderung in der Befehlsfolge. Da eine Prozedur von mehreren Stellen aufgerufen werden kann, sind Aussagen über den Speicherzustand nicht ohne weiteres möglich, wenn eine Prozedur betreten wird. Man kann daher zur Übersetzungszeit eine statische Überlagerung der Datenobjekte nicht vornehmen (jedenfalls nicht in der einfachen Weise, die vorher verwendet war). Deshalb werden wir jeder Prozedur einen eigenen Datenraum (DSA) zuordnen.

Ein Datenraum wird aktiv (erreichbar) gemacht, wenn seine entsprechende Prozedur aufgerufen wird. Solange diese Prozeduren niemals sich selbst aufrufen dürfen (weder direkt noch indirekt), braucht man Platz für höchstens einen Datenraum (DSA) je Prozedur. (Später wird dies nicht mehr der Fall sein.) Also kann man für jede DSA statisch Speicherplatz reservieren, und die Speicherverwaltung ist erledigt.

Die Änderung in der Befehlsfolge durch den Aufruf einer Prozedur bedingt die Übergabe der Rückkehradresse an die gerufene Prozedur. Diese Adresse muß im Datenraum der gerufenen Prozedur aufbewahrt werden, wodurch in jedem Datenraum ein Speicherplatz dafür vorgesehen werden muß. Beim Austritt aus einer Prozedur wird diese Adresse verwendet, um den Rücksprung durchzuführen.

6.1.4. Prozedurresultate

Ein Prozeduraufruf kann einen Wert liefern wie auch ein Variablenzugriff oder eine Operatorausführung einen Wert liefert. Die Prozedur berechnet diesen Wert und muß ihn bei Austritt auf irgendeine Weise an die aufrufende Stelle übergeben.

Die einfachste Methode ist, daß die Prozedur den Wert in einem speziell dafür gedachten globalen Platz, z.B. einem Register, hinterläßt und daß der hinter dem Aufruf kommende Befehl den Inhalt dieses Platzes dann an die richtige Stelle speichert.

Die Schwierigkeit bei dieser Methode ist, daß das Resultat in bestimmten Sprachen beliebig viel Platz einnehmen kann (z.B. eine Reihe in ALGOL68). Man weiß daher nicht, wieviel globalen Platz man bereitstellen muß.

Weiterhin möchte man die Zuweisung innerhalb der rufenden Prozedur vermeiden, da diese auch schon in der gerufenen Prozedur vorgenommen werden kann.

Um diese Zuweisung zu ermöglichen, benötigt man innerhalb der gerufenen Prozedur die Adresse des Speicherplatzes, an den das Prozedurresultat zu speichern ist. Die Resultatadresse wird daher behandelt wie die Rückkehradresse. Sie wird beim Aufruf übergeben, beim Prozedureintritt im neuen Datenraum gespeichert und beim Prozeduraustritt zur Übergabe des Resultats verwendet.

6.1.5. Prozedurparameter

Beim Aufruf einer Prozedur können ihr Objekte als Parameter übergeben werden. Das Prinzip der Übergabe dieser Objekte ist einfach. An der Aufrufstelle werden nacheinander die Bestandteile der Parameterliste abgearbeitet und die dadurch entstehenden aktuellen Parameter in den Datenraum der gerufenen Prozedur kopiert (ALGOL60 - call by value). Für diese Objekte existiert eine formale Parameterliste innerhalb der DSA, in die die Werte kopiert werden können.

Es bleibt die technische Frage, wie das Kopieren von der alten DSA in die neue durchzuführen ist. Man stelle sich vor, daß die ausgewerteten aktuellen Parameter zusammen in einem Teil des Datenraums der aufrufenden Prozedur stehen (dies passiert automatisch, wenn die aktuellen Parameter als Zwischenergebnisse behandelt werden). Die Anfangsadresse dieses Speicherbereiches, die aktuelle Parameteradresse, wird beim Aufruf übergeben genau wie die Rückkehr- und die Resultatadresse. Sie wird dann beim Prozedureintritt verwendet, um die formalen Parameter initialisieren zu können.

Betrachten wir ein Beispiel:

Eine Prozedur p hat zwei Parameter, einer ganzzahlig und einer boolesch.
Sie wird aufgerufen mit

p (a + 3, b = c)

Die Umgebung des Aufrufs wird die Werte von "a + 3" und "b = c" enthalten, sagen wir "7" und "true":

Die aufgerufene Prozedur ist:

proc p = (int x, bool y) void: begin ... end;

Ihre DSA enthält Reservierungen für x und y

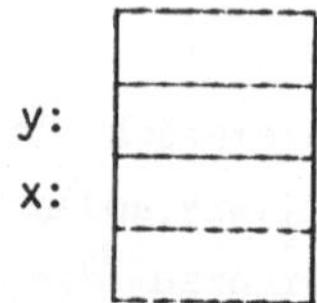

Nach dem Eintritt müssen x und y die Werte "7" und "true" bekommen. Es dürfte klar sein, daß die Kenntnis der Adresse der aktuellen Parameterliste und der Datentypen von x und y ausreicht, um die Übergabe durchführen zu können.

Man braucht die aktuelle Parameteradresse gar nicht aufzubewahren. Sie dient nur zur Initialisierung der formalen Parameter. Man bemerke, daß es bei statischer Kellerverwaltung keinen Unterschied zwischen einem Prozeduraufruf und der Ausführung eines Operators gibt. Die Adresse des ersten aktuellen Parameters (Operand) ist gleich der Adresse des Resultats. Beim Aufruf braucht man eine einzige Adresse, die beiden Zwecken dient.

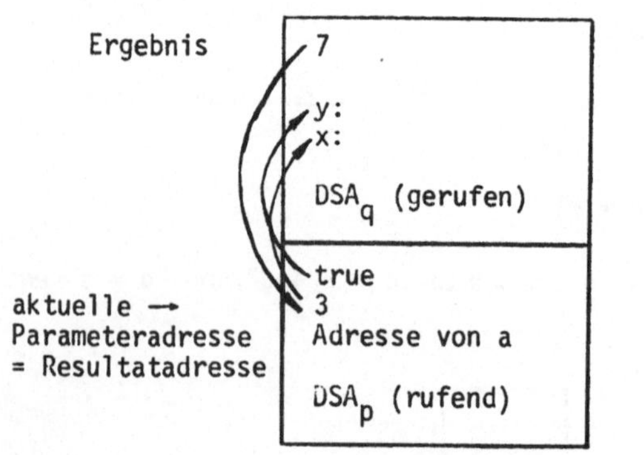


```
:
proc q = (int x, bool y) int: begin ... 7 end
:
a := q (3, true)
```

6.1.6. Statische Bestandteile des Datenraums einer Prozedur (DSA)

Wir haben bisher folgende Bestandteile eines Datenraums kennengelernt:

a) Bereich für deklarierte lokale Daten und formale Parameter

b) Bereich für Zwischenergebnisse

c) Rückkehradresse

d) Resultatadresse

c) Adresse der aktuellen Parameterliste

wobei die letzten beiden zusammenfallen können.

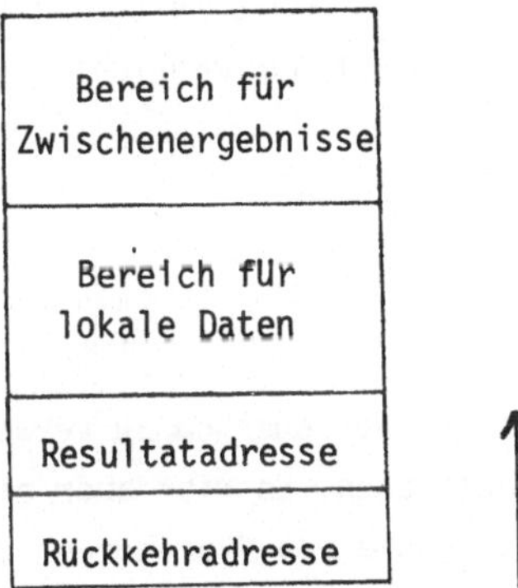

6.2. Dynamische Adressierung

Kennzeichen der dynamischen Adressierung ist die Zuordnung von Adressen an Objekte bei der Ausführung eines Programms. Dynamische Adressierung kann sowohl durch Spracheigenschaften als auch durch den Aufbau des Compilers (Platzbedarf) notwendig werden.

6.2.1. Dynamische Verwaltung von Datenräumen

Im vorigen Teil haben wir jeder Prozedur einen festen Datenraum zugeordnet. Will man Speicherplatz sparen, so muß man auf diese feste Zuordnung verzichten.

Beispiel

Gegeben seien die vier Prozeduren p, q, r und s. Diese werden in folgender Aufruffolge benutzt:

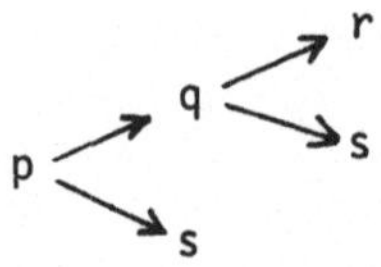

Man sieht, daß nur maximal 3 der 4 DSA's gleichzeitig im Speicher vorhanden sein müssen. Fünf Gruppierungen sind überhaupt nur möglich:

(p) (p, q, r)
(p, q) (p, q, s)
(p,s)

Es liegt nahe, dieselbe kellerartige Oberlagerung zu verwenden, die wir schon bei den Datenräumen von Blöcken gesehen haben. Es gibt aber einen grundsätzlichen Unterschied: die Adressen der Datenräume von Prozeduren (und ihrer Inhalte) sind zur Obersetzungszeit nicht bekannt, d.h. sie sind dynamische Adressen. So liegt z.B. bei der obigen Aufruffolge die DSA der Prozedur s beim Aufruf von s in p direkt hinter der DSA von p. Bei der Aufruffolge p → q → s liegt die DSA von s hinter der von q.

Aufruffolge: p → q → s Aufruffolge: p → s

Der Datenraum einer Prozedur muß jeweils bei Eintritt in diese Prozedur angelegt (aktiviert, aufgeklappt) werden. Bei Verlassen der Prozedur wird das entsprechende Speichergebiet wieder freigegeben.

Konsequenz dieser Speicherverwaltung ist, daß man zur Adressierung eines Datenobjekts zweierlei braucht: die Adresse der DSA und den Abstand des Objekts (das ist seine relative Adresse innerhalb dieses Datenraums). Je nach Hardware ist es möglich, daß dadurch der Datenzugriff etwas verlangsamt wird. Die Adresse des Datenraums der gerade aktiven Prozedur wird im allgemeinen in einem Register gehalten (current DSA).

Beim Eintritt in eine Prozedur muß dieses Register mit der Adresse der ersten freien Stelle im Speicher geladen werden. Dann kann je nach Platzbedarf der gerufenen Prozedur Speicherplatz reserviert werden. Dies geschieht durch Hochsetzen eines Zeigers, der den ersten freien Platz im Speicher markiert (DSA top). Vorher muß der alte Zeiger auf den Datenraum der rufenden Prozedur gerettet werden. Man tut dies am besten dadurch, daß man ihn im neuen Datenraum aufbewahrt. Beim Verlassen der Prozedur erhalten current DSA und DSA top wieder ihre alten Werte.

Der momentane Zustand der Ausführung eines Programms ist durch zwei Zeiger gekennzeichnet, den Befehlszeiger und den Datenraumzeiger (DSA-Zeiger). Der aufzubewahrende alte Zustand bei Prozedureintritt besteht aus der Rückkehradresse und dem alten DSA-Zeiger. Der neue Zustand ist die Eintrittsadresse und die Adresse des ersten freien Platzes.

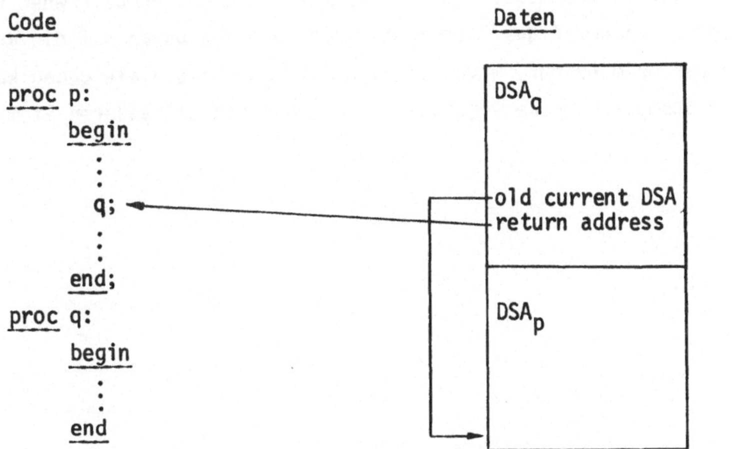

6.2.2. Rekursive Prozeduraufrufe

Bei der oben beschriebenen Art der Speicherverwaltung darf sich eine Prozedur selbst aufrufen. Jeder Aufruf einer Prozedur führt zu einer neuen Realisierung aller Datenobjekte in ihrem Datenraum. Im rekursiven Fall existieren zwei oder mehr Realisierungen eines Datenraums gleichzeitig, obwohl nur die neueste direkt erreichbar ist. Das Beispiel

```
bool repeat := true;
proc p = void:
     begin int i = if repeat then 1 else 2 fi;
           if repeat then repeat := false; p; print (i) fi
     end;
p
```

sollte "1" ausdrucken und nicht "2". Die momentane erreichbare Realisierung von i wird immer angegeben durch den Zeiger auf die zur aktiven Prozedur gehörige DSA:

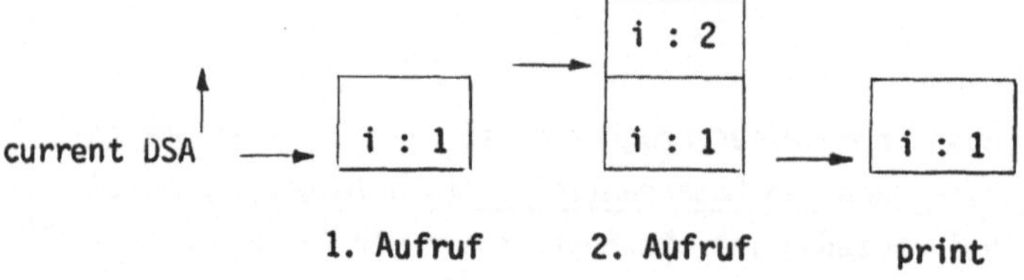

Man kann einen Datenraum (DSA) mit einem Stempel vergleichen:
Ein Stempel hat ein festes Muster (hier die Adressen der einbegriffenen Datenobjekte und der Platzbedarf des Datenraums). Ein Abdruck davon ist die Realisierung einer DSA beim Aufruf, wovon es natürlich beliebig viele geben kann. Man kann sogar Stempelabdrucke wegwischen und den Platz mit anderen Stempeln überdrucken.

6.2.3. Geschachtelte Prozeduren

Bisher haben wir nur die Adressierung von Objekten innerhalb eines Datenraums betrachtet. Bei Sprachen, die eine Verschachtelung von Prozeduren ermöglichen, müssen innerhalb einer Prozedur auch alle Objekte verfügbar, insbesondere also adressierbar sein, die in statisch, d.h. textuell umgebenden Prozeduren deklariert sind. Es muß also auf DSA's zugegriffen werden können, die zu diesen statisch umgebenden Prozeduren gehören. Die Gesamtheit aller Datenräume, die bei der Abarbeitung einer Prozedur adressierbar sein müssen, werden wir im Folgenden die *Umgebung* (environment) der Prozedur nennen.

Das Hauptproblem ist nicht die Erzeugung eines Datenraums (dies geschieht wie oben geschildert bei Eintritt in eine Prozedur), sondern die Erreichbarkeit der zu einer Umgebung gehörenden Datenräume. Diese können über eine Liste adressiert werden, die innerhalb jedes Datenraums geführt wird und die Zeiger auf alle erreichbaren Datenräume enthält. Diese Liste enthält also pro Schachtelungstiefe einer Prozedur einen Zeiger.

Die Liste der Zeiger nach den erreichbaren Datenräumen nennt man das *Display* (auch: Display Vektor). Während der Lebensdauer einer DSA bleibt das Display unverändert. Es ist daher ein fester Bestandteil jedes Datenraums. Beim Aufruf wird es initialisiert und dann bleibt es konstant bis der Datenraum zugeklappt wird. Der Zeiger auf den aktiven Datenraum (current DSA) bestimmt die Erreichbarkeit von jedem Datenobjekt, was uns erlaubt, den *Programmzustand* weiterhin durch das Paar von Befehls- und Datenraumzeiger darzustellen.

Betrachten wir ein Beispiel:

```
     ┌                  z : begin
     │    ┌                   proc p = void : begin
     │    │     ┌                  proc q = void : begin ...; s ;... end;...
     │ Up │  Uq └                  q;...
  Uz │    └                   end;...
     │    ┌                   proc s = void : ...; p ;... end;...
     │ Us └                   p;...
     │                    end
     └
```

Die Datenräume werden in folgender Reihenfolge erzeugt (die Pfeile in dem gerade aktiven Datenraum bilden jeweils das Display):

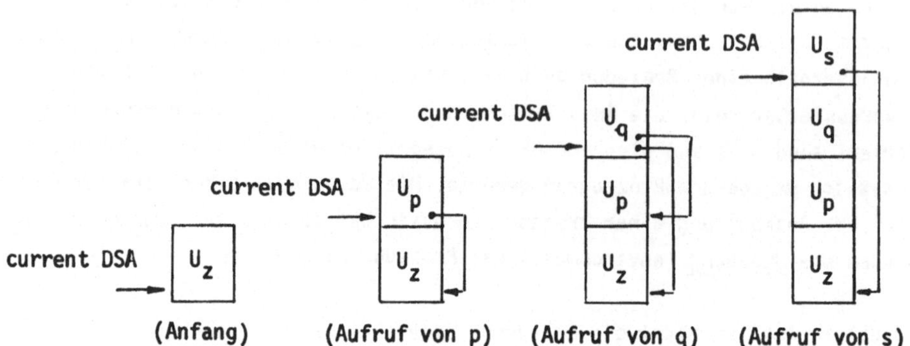

(Anfang) (Aufruf von p) (Aufruf von q) (Aufruf von s)

Man bemerke, daß nach dem Aufruf von s die Datenräume der Prozeduren p und q nicht mehr erreichbar sind, obwohl sie noch Speicherplatz belegen und nach der Rückkehr aus der Prozedur s wieder erreichbar sind.

Um aus einem Display den Zeiger auf eine DSA entnehmen zu können, brauchen wir eine weitere Information. Wir müssen für jedes Objekt wissen, in welcher Schachtelungstiefe (Niveauhöhe) es deklariert ist.

Der Zugriff zu einem Objekt erfolgt dann also über die Niveauhöhe der Deklaration des Objekts und dem Abstand zur Basis seines Datenraums. Der Zugriff erfolgt also über zwei Stufen:

(a) der nichtlokale Datenraumzeiger wird durch die Niveauhöhe und den lokalen Datenraumzeiger bestimmt

(b) das Objekt wird durch den nichtlokalen Datenraumzeiger und den Abstand bestimmt.

Die Niveauhöhe bestimmt also den Abstand eines DSA-Zeigers innerhalb eines Displays.

Beispiel

```
⋮
proc q = void:
     begin
     int a;
     proc p = void : a := 3;
     p;
     ⋮
     end
⋮
```

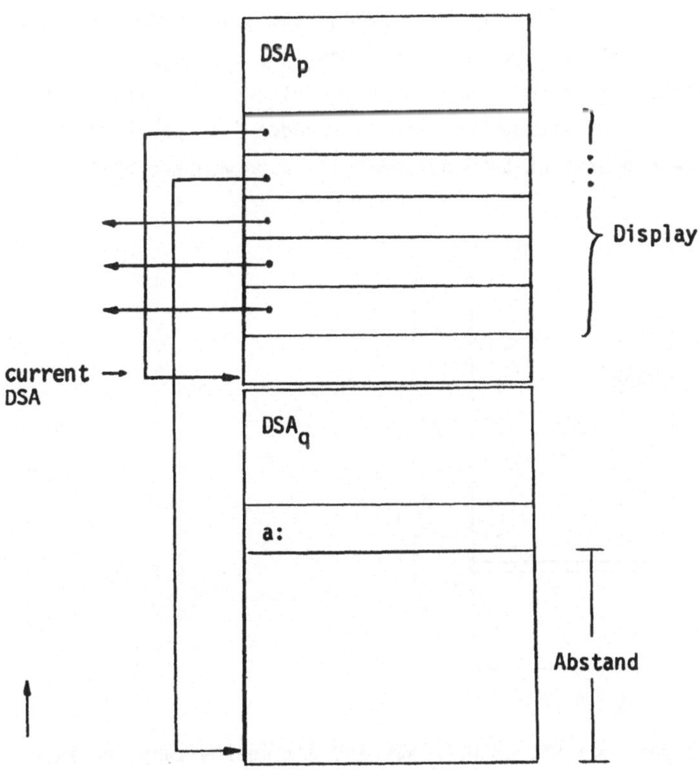

In der Prozedur p wird auf ein Datenobjekt aus q zugegriffen. Dieser Zugriff wird möglich durch den Zeiger auf den Datenraum von q im Display des Datenraums von p und durch den Abstand des Datenobjekts im Datenraum von q zur Basis von DSA_q. Man beachte, daß das Display einen Zeiger auf seinen eigenen Datenraum enthält.

Der Zugriff zu lokalen Datenobjekten kann vereinfacht werden, indem man die Datenraumbasis nicht aus dem Display bestimmt, sondern den Zeiger auf den aktiven Datenraum (current DSA) benutzt. Bei dieser Art des Zugriffs ist es nicht notwendig, im Display einen Zeiger auf den eigenen Datenraum zu halten.

Wesentlich bei der Verschachtelung von Prozeduren ist, daß eine Möglichkeit besteht, auf die Daten von jeder umgebenden Prozedur zuzugreifen. Dieser Zugriff erfolgt in unserem Fall über ein Display, das Zeiger auf alle zu der Umgebung gehörenden Datenräume enthält. Es wäre aber auch möglich, die Umgebung einer Prozedur dadurch erreichbar zu machen, daß in jedem Datenraum ein Zeiger auf den Datenraum der statisch umfassenden Prozedur vorhanden ist. Der Zugriff auf die Datenräume der Umgebung erfolgt dann nötigenfalls über mehrere Stufen.

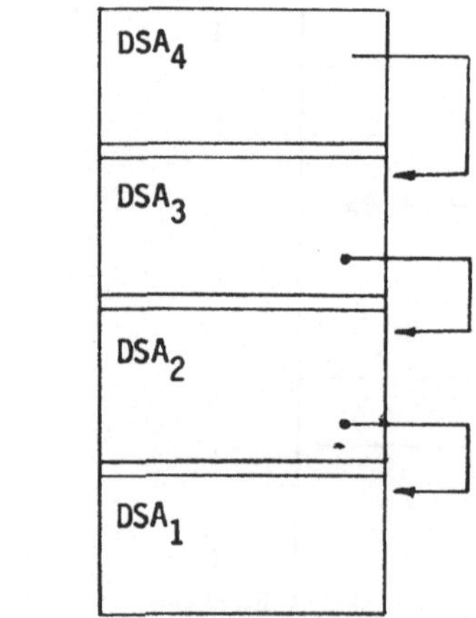

Zur Adressierung eines Datenobjekts in DSA_1 während der Abarbeitung der zu DSA_4 gehörenden Prozedur ist es also notwendig, über DSA_3 und DSA_2 indirekt auf die Basis von DSA_1 zuzugreifen.

Im Folgenden soll immer der normierte Zugriff auf Datenobjekte mit Hilfe des Displays benutzt werden. Das Display enthält dann immer einen Zeiger auf den eigenen Datenraum. Lokale Datenobjekte werden also auch über das Display adressiert.

Es bleibt das Problem, wie das Display bei Eintritt in eine Prozedur zu initialisieren ist.

Die Umgebung einer Prozedur besteht aus der Umgebung der Prozedur, in der die gerufene Prozedur deklariert wurde und dem neu aufzubauenden Datenraum. Das Display wird also aus dem Datenraum der Prozedur, in der die Deklaration erfolgte, kopiert und dann mit einem Zeiger auf den eigenen Datenraum erweitert. Für diese Kopie braucht man den Zeiger auf den Datenraum der Prozedur in der die Deklaration erfolgte. Wir nennen diesen Zeiger im Folgenden Deklarationsumgebungszeiger.

Zu jeder Prozedur gehört neben ihrer Codeadresse der Deklarationsumgebungszeiger. Wir werden daher jeder Prozedur einen Deskriptor zuordnen, der diese beiden Informationen enthält. Dieser Deskriptor wird bei der Deklaration einer Prozedur erstellt und in das Gebiet für lokale Daten eingetragen.

Beispiel:

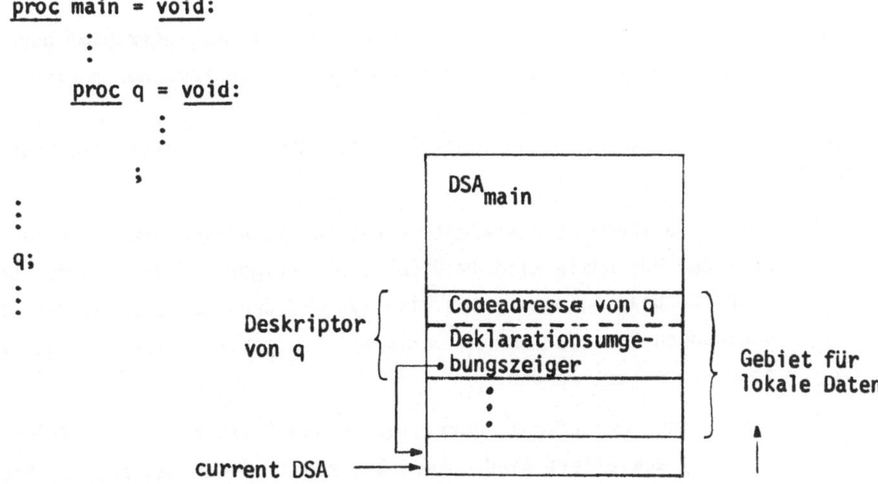

Bei Aufruf einer Prozedur wird der Deskriptor dieser Prozedur zur Verfügung gestellt. Damit kann der Sprung in die gerufene Prozedur durchgeführt werden (Codeadresse) und die neue Umgebung durch die Initialisierung des neuen Displays hergestellt werden (Deklarationsumgebungszeiger).

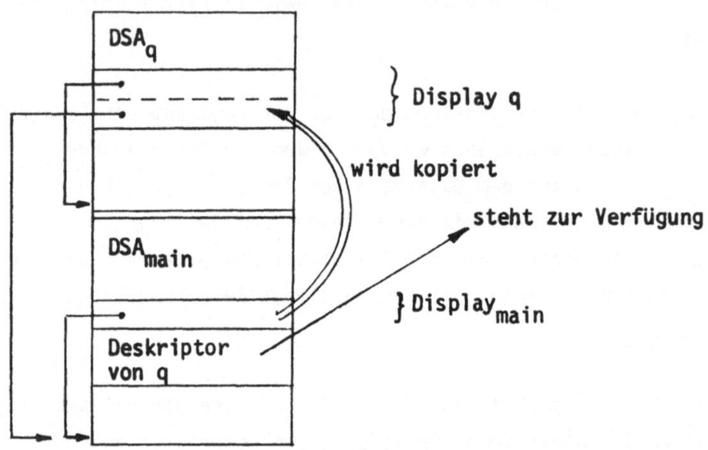

Bei der Deklaration einer Prozedur ist der Deklarationsumgebungszeiger der Zeiger auf den gerade aktiven Datenraum.

Bei der Übergabe von Prozeduren als Parameter wird der Deskriptor oder die Adresse des Deskriptors in den Datenraum der gerufenen Prozedur kopiert.

Die Kopierarbeit beim Anlegen eines Displays kann durch zwei Änderungen beim Entwurf vermindert werden:

1. Durch die schon oben erwähnte vereinfachte Adressierung lokaler Datenobjekte. Durch sie wird im Display der Zeiger auf den eigenen Datenraum gespart. Beim Anlegen eines Displays muß dann das Display der statisch umgebenden Prozedur um den Deklarationsumgebungszeiger der gerufenen Prozedur erweitert werden.

2. Durch eine vereinfachte Adressierung von Objekten, die im äußersten Block (global) deklariert sind. Diese Objekte sind für das gesamte Programm

erreichbar. Daher enthält jedes Display den Zeiger auf diesen Datenraum. Der Zeiger kann sinnvollerweise in einem Register untergebracht werden, was sowohl die Adressierung beschleunigt als auch unnötige Kopierarbeit beim Anlegen eines Display vermeidet.

Es gibt kaum Gründe, Prozeduren höher als in Niveauhöhe 2 zu deklarieren. Für Programme, die diese vernünftige Beschränkung respektieren, werden durch diese zwei Änderungen alle Datenzugriffe direkt (entweder durch den Zeiger auf den lokalen oder den globalen Datenraum). Weiter wird es keine Datenräume geben, in denen die Displays tatsächlich Platz belegen.

6.2.4. Werte von Prozeduren und Marken

Betrachten wir einmal die Objekte genauer, die aus Programmzuständen bestehen: Prozeduren und Marken.

Ein Programmzustand besteht aus zwei Teilen:

dem Befehlszeiger und
dem Zeiger auf die zugehörige Umgebung.

Man kann dies sehr gut bei einem Sprung feststellen. Die Sprungmarke definiert offensichtlich den Befehl, der als nächster auszuführen ist. Dies ist der Befehlszeiger. Zu der Marke gehört weiterhin ein Datenraum, nämlich der, der bei der Definition der Marke aktiv war. Bei einem Sprung wird der Befehlszähler auf den Wert des Befehlszeigers gestellt und der zu der Marke gehörige Datenraum aktiviert, indem das Register (current DSA) mit dem Wert des zur Marke gehörenden Datenraumzeigers geladen wird. Dies ist notwendig, da die lokale Umgebung zwischen der Deklaration und dem Sprung gewechselt haben kann.

Beispiel

```
proc z = void:
    begin
    bool recursion = true;
    proc p = void:
        begin
         :
         if recursion then recursion := false; p
                      else goto m fi;
         :
        end;
    p;
    :
 m: ...
    end
```

Folgende Aufrufe haben stattgefunden:

$z \rightarrow p \rightarrow p$

Danach soll der Sprung ausgeführt werden.

Vor dem Sprung enthält der Speicher drei Datenräume, nach dem Sprung nur noch einen.

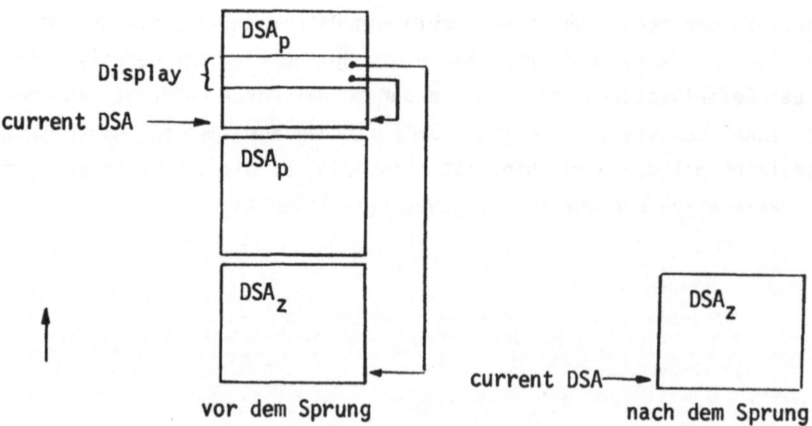

Der neue Wert des current DSA wird dem Display der letzten Inkarnation von DSA_p entnommen.

In dem vorhergehenden Beispiel benimmt sich der Wert der Marke wie eine Konstante, d.h. er braucht keinen Platz zu belegen. Der Befehlszeiger ist dem Compiler bekannt und der Datenraumzeiger befindet sich im lokalen Display. Es gibt aber in einigen Sprachen (z.B. PL/1) die Möglichkeit, Marken als Inhalt von Variablen zu behandeln. Dann belegt das Datenobjekt "Marke" Platz innerhalb eines Datenraums und zwar für beide Teile des Programmzustandes. Die Notwendigkeit dafür sieht man am folgenden Beispiel aus PL/1:

```
M : PROC;
    DCL (I, J) FIXED INITIAL (1);
    DCL L LABEL;
    CALL P;
P :      PROC RECURSIVE;
         IF I = 1
         THEN DO; L = X; I = I + 1; CALL P; J = 3; END;
         ELSE GOTO L;
X :      J = J + 1;
         END P;
    END M;
```

Der Wert von J muß am Ende 2 sein. Dies ist nur möglich, wenn bei der Zuweisung L = X auch der zu der Marke X gehörende Datenraumzeiger aufbewahrt wird und der Sprung diesen Wert als neuen Zeiger auf current DSA behandelt.

Eine Prozedur hat dieselbe Darstellung als Wert: einen Deskriptor für einen Programmzustand, der aus Eintrittsadresse und Deklarationsumgebungszeiger besteht.

Diese Deskriptoren für Marken und Prozeduren brauchen bei direktem Sprung oder bei direktem Aufruf keinen Speicherplatz in einem Datenraum zu belegen, da die notwendigen Informationen auch aus globalen Größen bzw. Einträgen des aktiven Datenraums (Display) entnommen werden können. Die Beschaffung dieser Information wird allerdings dann sehr erschwert bzw. unmöglich gemacht, wenn Marken und Prozeduren in Zuweisungen oder als Parameter benutzt werden können.

Beispiel:

```
z : begin
        proc p = void : (...);
        proc q = (proc void x) void : (...; x; ...);
        q(p)
    end
```

Die Prozedur q wird aufgerufen und ihr formaler Parameter x wird mit der Prozedur p identifiziert. Wenn der Aufruf x innerhalb q ausgeführt wird, dann wird tatsächlich p aufgerufen.

6.2.5. Felder (Reihen)

Die Einführung von dynamischen Feldern führt zu einer Speicherverwaltung, die nicht davon ausgehen kann, alle Objekte zur Obersetzungszeit fest adressieren zu können. Objekte, deren Ausdehnung zur Obersetzungszeit nicht bekannt sind, erfordern andere Techniken bei der Speicherbelegung und bei der Adressierung.

6.2.5.1. Deklaration von Feldern

Die dynamische Erstellung von Datenräumen (DSA's) führt dazu, daß Objekte zur Obersetzungszeit keine festen (absoluten) Adressen besitzen. Der Grund dafür ist die zur Obersetzungszeit unbekannte Basisadresse einer DSA. Bekannt ist für diese Objekte nur ihr Abstand zur Basis innerhalb einer DSA.

Dynamische Felder haben die unangenehme Eigenschaft, daß bei der Obersetzung wegen der noch unbekannten Ausdehnung auch der Abstand innerhalb der DSA nicht feststellbar ist.

Beispiel:

begin [n] int A; [m] int B; ... end

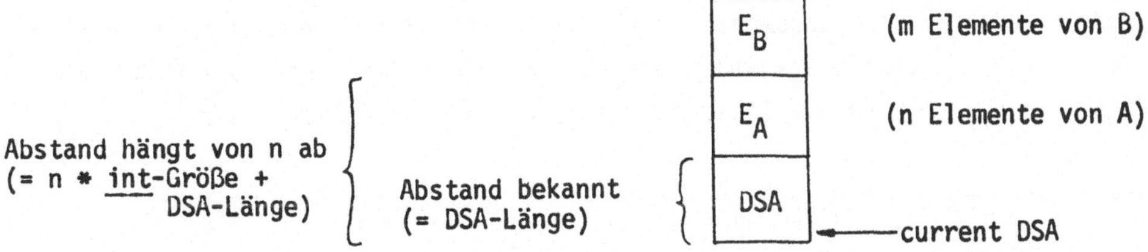

Der Speicherplatz für die Felder A und B liegt in unserem Beispiel hinter dem zur Übersetzungszeit in der Länge bekannten Platz für die DSA. Der Abstand des Feldes A zur Basis des Datenraums ist noch bekannt; der Abstand des Feldes B zur Basis ist wegen der unbekannten Ausdehnung von Feld A zur Übersetzungszeit nicht feststellbar.

Um eine Adressierung dynamischer Felder zu ermöglichen, legt man daher im 'festen Teil' des Datenraums einen Zeiger an, der auf die Anfangsadresse des Feldes zeigt. Diese Adresse kann erst bei der Ausführung des Programms berechnet werden, aber der Speicherplatz in dem sie sich dann befinden wird, hat eine zur Übersetzungszeit bekannte Adresse.

Der Zeiger auf das Feld und einige Zusatzinformationen über das Feld wird dope vector oder, in ALGOL68, ein Deskriptor genannt. Alle Zugriffe auf die Elemente eines Feldes erfolgen über diesen Deskriptor. Die Elemente selbst befinden sich in einer (statisch unadressierbaren) Erweiterung des Datenraums.

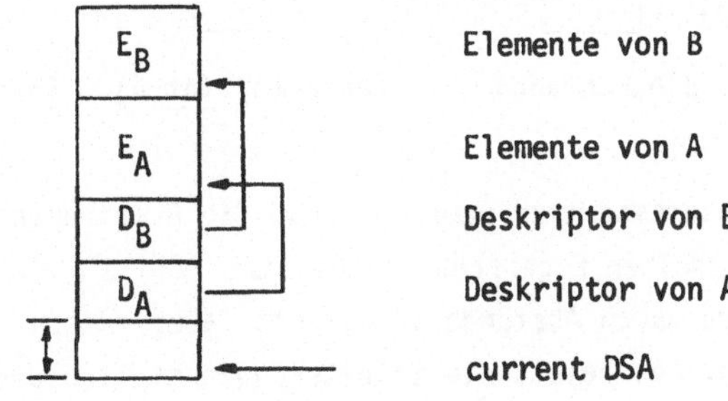

Ohne dynamische Felder war es möglich zu sagen, daß der Datenraum einer Prozedur eine feste Länge hat und sein gesamter Platz beim Prozedureintritt reserviert wird. Aber mit Feldern kann man nur den statischen Kern des Datenraums am Anfang reservieren und dann den Datenraum stufenweise für die Elemente jeder Felddeklaration ausdehnen. Das Ende des für den Datenraum belegten Platzes wird durch die Variable namens DSA top bestimmt. Weil sie nicht konstant bleibt, braucht sie Platz im statischen Kern des Datenraums.

Die Ausführung der Deklaration eines Feldes besteht aus drei Teilen:

(1) Platz für den Deskriptor wird in derselben Weise reserviert wie für irgendeine einfache Variable.

(2) Code zur Berechnung der Grenzen des Feldes wird abgesetzt. Dies dient zur Initialisierung des Deskriptors und der Bestimmung des Platzbedarfs der Elemente.

(3) Der gegenwärtige Wert des Zeigers DSA top wird als Anfangsadresse des Feldes in den Deskriptor geschrieben.

(4) Der Zeiger DSA top wird um die Länge des Feldes erhöht.

Bei unserem Beispiel gibt es zwei Erweiterungen des Datenraums:

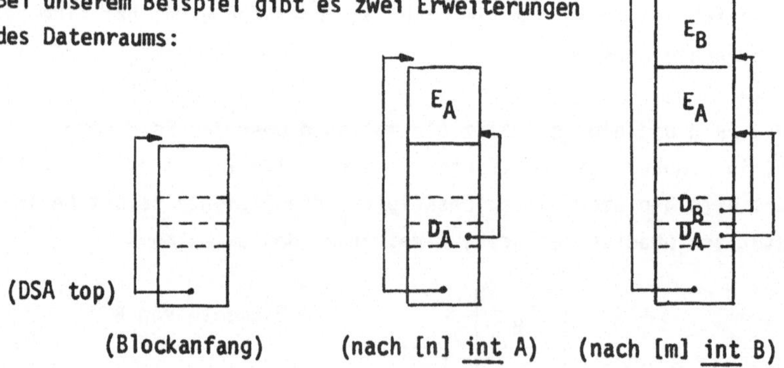

(Blockanfang) (nach [n] <u>int</u> A) (nach [m] <u>int</u> B)

Es ist interessant zu bemerken, daß die Erweiterungen des Datenraums einer Prozedur dieselben Eigenschaften besitzen wie die Kerne der Datenräume. Sie werden intern durch Abstände adressiert, aber extern sind sie nur durch Zeiger zu erreichen. Das heißt, die Erweiterungen stellen geschlossene Blöcke dar, die physisch irgendwo im Speicher liegen dürfen. Die Tatsache, daß sie normalerweise unmittelbar aufeinanderfolgend in einem Keller vorkommen, dient zur Platzersparnis und zur übersichtlichen Darstellung.

Wir hatten schon vorher festgestellt, daß der Datenraum einer Prozedur aus mehreren Datenräumen von Blöcken besteht.

<table><tr><td><table><tr><td>Datenraum eines Blockes
(Blockspeicher)</td></tr></table>
<table><tr><td>Datenraum eines Blockes
(Blockspeicher)</td></tr></table>
Datenraum einer Prozedur
(Prozedurspeicher)</td></tr></table>

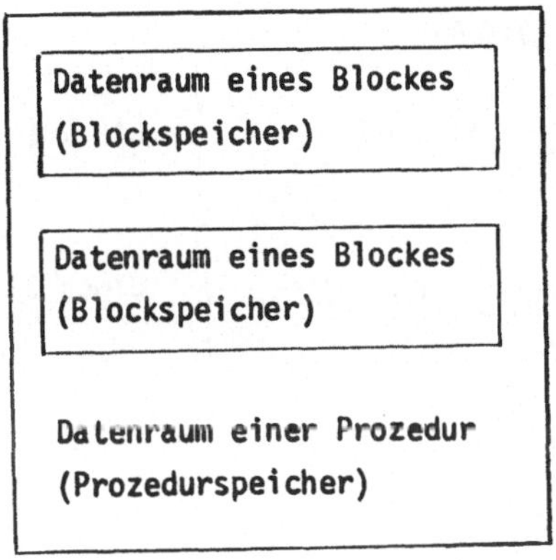

Theoretisch gäbe es zwei Möglichkeiten dynamische Erweiterungen vorzunehmen:

(1) Bei Reservierung in einem Block wird der Datenraum des jeweiligen Blockes erweitert.

(2) Bei Reservierung in einem Block wird der Datenraum der Prozedur erweitert.

Die erste Methode verlangt viel Verwaltungsaufwand, da bei Eintritt in eine Prozedur nur für den Verwaltungsteil des Speicherraums der Prozedur Platz reserviert werden kann. Jeder Eintritt in einen Block verlangt eine neue Zuweisung von Speicherplatz. Die Adressierung aller Objekte eines Blockes muß über die Basisadresse des Prozedurspeichers und über die Basisadresse des Blockspeichers erfolgen, wobei die Basisadresse eines jeden Blockspeichers auch nur bei der Ausführung des Programms bekannt ist. Zur Verwaltung dieser Blockspeicher wird damit innerhalb einer Prozedur ein weiterer Display (Block-Vektor) benötigt, der die Basisadressen aller Blöcke einer Prozedur enthält.

Beispiel:

```
procedure p (m);
   value m; integer m;
   begin                              }
   integer array a [1 : m];           }  Block 1
     :                                }
      begin                           }
      integer array b [m : 100];      }  Block 2
        :                             }
      end
   end
```

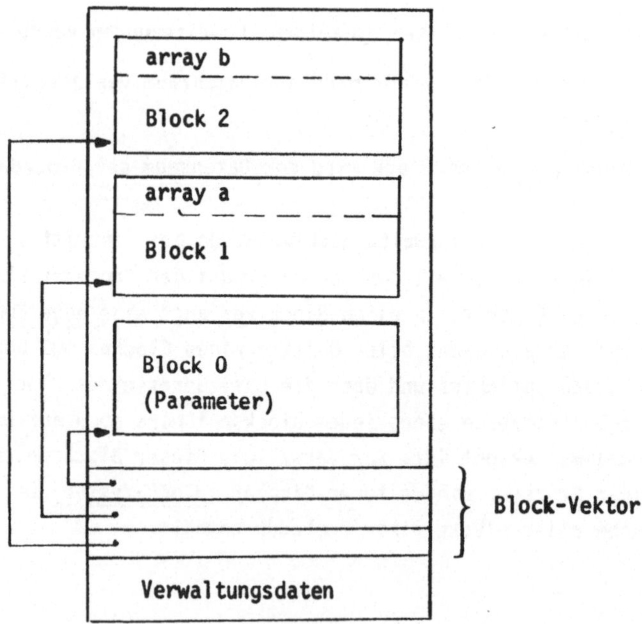

Nimmt man die dynamischen Erweiterungen am Datenraum der Prozedur vor, so können alle Objekte innerhalb von Blöcken weiterhin relativ zur Basisadresse des Datenraums der Prozedur adressiert werden.

Der Abstand zwischen den Basisadressen der Blockspeicher und der Basisadresse des Prozedurspeichers ist zur Obersetzungszeit bekannt; somit kann die relative Adresse eines Objektes zur Basis des Prozedurspeichers auch zur Obersetzungszeit berechnet werden.

In diesem Fall muß ein Zeiger existieren, der immer auf den Beginn des freien Speichers zeigt. Beim Verlassen eines Blockes, der eine Felddeklaration enthält, muß dieser Zeiger explizit zurückgestellt werden.

Sonst wäre folgendes Beispiel möglich:

```
b1 : begin [n] int A; ...
b2 :    begin [m] int B; ...
        end;
        [l] int C; ...
     end
```

D bezeichnet den zur Obersetzungszeit in seiner Ausdehnung bekannten Datenraum einer (umgebenden) Prozedur. E_A, E_B, E_C sind die dynamischen Erweiterungen für die Elemente der Felder A, B und C.

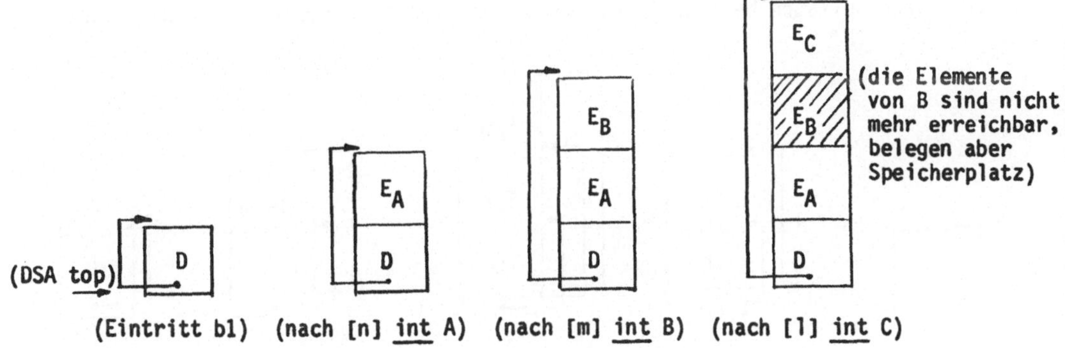

Eine einfache Lösung ist es, einen DSA top je Datenraum (begin-Block) zu verwenden. Bei Blockeintritt wird DSA top jedesmal neu initialisiert.

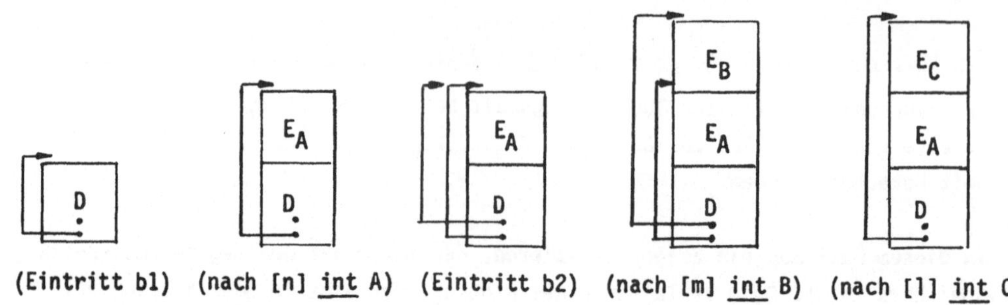

(Eintritt b1) (nach [n] int A) (Eintritt b2) (nach [m] int B) (nach [l] int C)

Man bemerke, daß beim Verlassen eines begin-Blocks wieder der alte DSA top gültig wird, aber keinerlei Code ausgeführt wird, da seine Adresse zur Obersetzungszeit bekannt ist.

In einigen Sprachen (ALGOL68, APL) gibt es die Möglichkeit, Ausdrücke zu schreiben, die ganze Felder als Resultate liefern. Die Erweiterungen der Datenräume, die daraus entstehen, unterscheiden sich von Felddeklarationen, weil sie nicht bis zum Ende des Blockes leben, sondern nur bis die Resultate verwendet werden. Als Beispiel betrachten wir den Ausdruck

wo a, b, c und d Felder sind und die Operatoren ⊕ und ⊛ Parameter und Resultate desselben Typs behandeln. Das Erscheinen und Verschwinden von Zwischenresultaten beim Ausführen sieht man an den folgenden "Schnappschüssen":

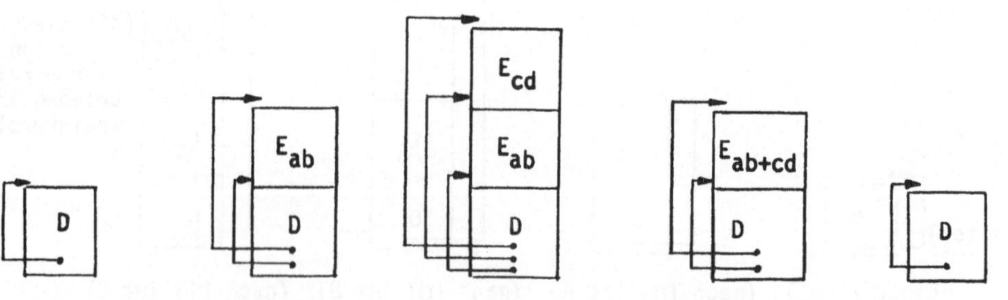

Die mehrfachen Zeiger unterscheiden diesmal nicht die Datenräume der einzelnen Blöcke, sondern die "Ausdruckhöhe" innerhalb eines einzigen Datenraums. Es handelt sich aber um dieselbe Technik, Platz schmerzlos zurückzugewinnen.

Bei der Platzbeschaffung für jedes Zwischenresultat nimmt man den Zeiger der nächst tiefer liegenden Ausdruckhöhe, fügt die Länge des Resultats hinzu und hat den Zeiger für diese Ausdruckshöhe. Dabei kann man immer sicher sein, daß die "dynamischen" Resultate sich kellerartig benehmen.

Diese Methode setzt voraus, daß Felddeklarationen nur vorkommen, wenn der DSA top der einzige aktive Zeiger auf freien Speicherplatz ist. Sonst würde den aktiven Reihungselementen derselbe Platz zugewiesen werden wie den Elementen des eventuell noch zu verwendenden Zwischenresultats.

6.2.5.2. Zugriff auf Feldelemente

Bisher wurde ziemlich viel über die Deklaration eines Feldes gesagt. Betrachten wir jetzt, wie man auf ein Element eines Feldes zugreift. Hat man die Deklaration

[u : o] int a   (mit int u = 2,o = 4),

dann ergibt sich folgendes Bild:

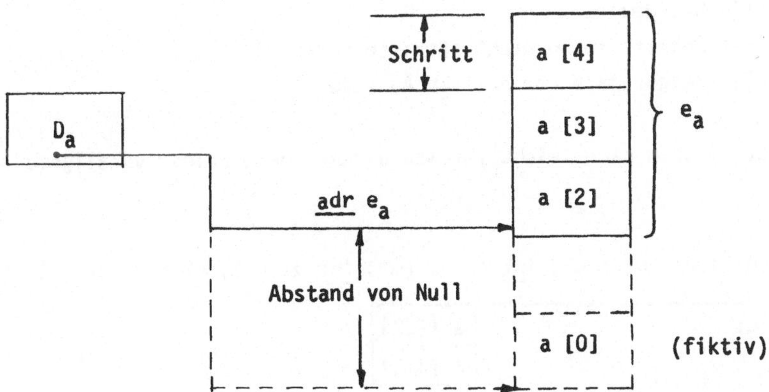

Die Adresse eines Elementes von a läßt sich folgendermaßen berechnen:

$$\underline{\text{adr}}\ a[i] = (i - \text{untere grenze}) * \text{schritt} + \underline{\text{adr}}\ e_a$$

wobei Schritt die Ausdehung eines Elementes bedeutet und $\underline{\text{adr}}\ e_a$ die Anfangsadresse des realen Feldes ist.

Faktorisiert man den Ausdruck, so erhält man

$$\underline{\text{adr}}\ a[i] = i * \text{schritt} - \underbrace{\text{untere grenze} * \text{schritt}}_{\text{abstand von null}} + \underline{\text{adr}}\ e_a$$

$$\underline{\text{adr}}\ a[i] = i * \text{schritt} - \underbrace{\text{abstand von null} + \underline{\text{adr}}\ e_a}_{\text{fest zur Deklarationszeit}}$$

$$\underline{\text{adr}}\ a[i] = i * \text{schritt} + \underline{\text{adr}}\ a[0]$$

Der Deskriptor eines Feldes muß also folgenden Inhalt haben:

(1) Grenzen
(2) Schritt (wenn nicht statisch bekannt)
(3) Zeiger nach der nullten Adresse

Die Resultate lassen sich leicht für mehrdimensionale Felder verallgemeinern.

Beispiel:

[u1 : o1, u2 : o2] int a (mit int u1 = 1, o1 = 3, u2 = 1, o2 = 2)

mit dem Bild:

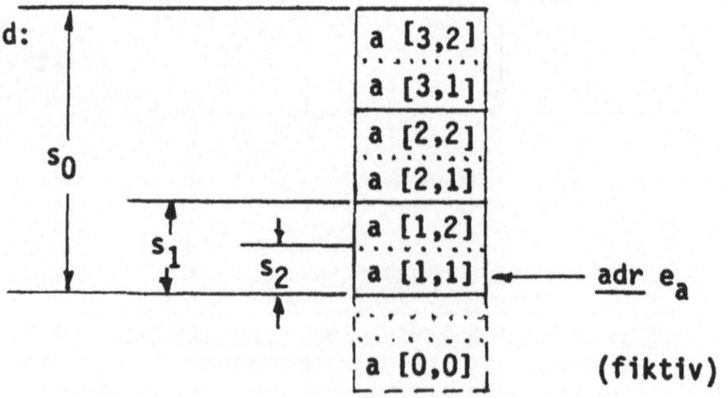

a [3,2]
a [3,1]
a [2,2]
a [2,1]
a [1,2]
a [1,1] ← adr e_a
a [0,0] (fiktiv)

s_0 s_1 s_2

Man berechnet die Adresse eines Elementes auf ähnliche Weise:

$$\underline{adr}\ a[i, j] = (i - \text{untere grenze}_1) * \text{schritt}_1$$
$$+ (j - \text{untere grenze}_2) * \text{schritt}_2 + \underline{adr}\ e_a$$
$$= i * \text{schritt}_1 + j * \text{schritt}_2$$
$$- \text{abstand von null} + \underline{adr}\ e_a$$
$$= i * \text{schritt}_1 + j * \text{schritt}_2 + \underline{adr}\ a[0, 0]$$

Die Schritte lassen sich als die Anzahl der Elemente in der benachbarten Dimension multipliziert mit dem Schritt für diese benachbarte Dimension rechnen. In PL/I, ALGOL60 und ALGOL68 rechnet man die Schritte von rechts nach links, d.h. die Felder sind im Speicher zeilenorientiert aufgebaut.

$$\text{Schritt}_n = \text{Elementgröße} \qquad \text{(einer Reihung von Dimension n)}$$

$$\text{Schritt}_i = (\text{obere grenze}_{i+1} - \text{untere grenze}_{i+1} + 1) * \text{Schritt}_{i+1}$$

Man bemerke, daß Schritt_0 immer die Größe des gesamten Feldes ist. Dies ist der Wert, um den der Zeiger DSA top erhöht werden muß. Bei der Deklaration müssen für jede Dimension die obere und untere Grenze und der Schritt berechnet werden, dazu einmal der Abstand von Null für die gesamte Reihung. Ein Deskriptor sieht daher folgendermaßen aus:

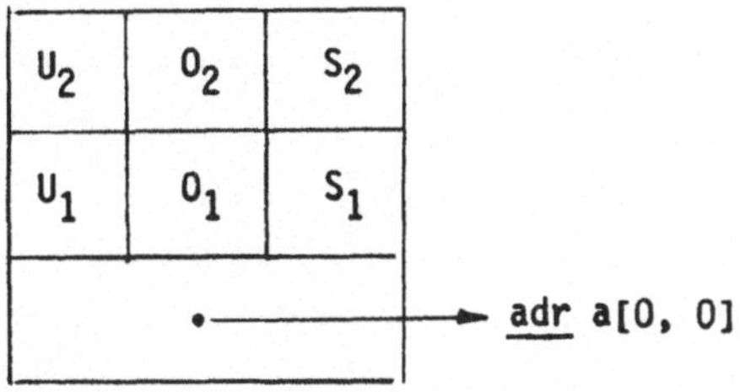

U_2	O_2	S_2
U_1	O_1	S_1
• ⟶ $\underline{adr}$ a[0, 0]		

Die Länge des Deskriptors hängt von der Anzahl der Dimensionen ab, nicht aber vom Typ der Elemente oder von ihrer Anzahl.

Die Indizierung für eine oder mehrere Dimensionen, hat immer dieselbe Form: das Resultat des Index-Ausdrucks zur nullten Adresse addiert ergibt die Adresse des Elements. Es ist immer möglich, daß diese Adresse außerhalb der realen Grenzen des Feldes liegt. Zum Beispiel hat man "a[9, 9] := 0" geschrieben bei der obigen Definition von a. Eine einfache Überprüfung, ob der adressierte Wert innerhalb des Feldes liegt, wäre

$$0 \leq \text{Index-Ausdruck} \leq \text{Schritt}_0$$

Bei mehreren Dimensionen ist es leider möglich, daß diese Kontrolle nicht genügt. Der Index-Ausdruck für "a[0, 3]" paßt, obwohl beide Indizes falsch sind. In diesem Fall kann man nur alle Indizes einzeln überprüfen:

$$\text{untere grenze}_i \leq \text{index}_i \leq \text{obere grenze}_i$$

6.2.5.3. Spezielle Probleme

Bei der Verwendung von Feldern an Parameter- oder Resultatposition ergeben sich einige spezielle Probleme. Liefert z.B. eine Prozedur ein Feld als Ergebnis, so müssen die Elemente des Felds an die richtige Stelle im Datenraum der aufrufenden Prozedur kopiert werden. Dazu muß in diesem Datenraum der Zeiger auf den freien Speicher (DSA top) verändert werden. Man erkennt das Problem am folgenden Beispiel:

```
z : begin
    proc p = [ ]int: ...;
    [n]int A; ...
    A := p; ...
    end
```

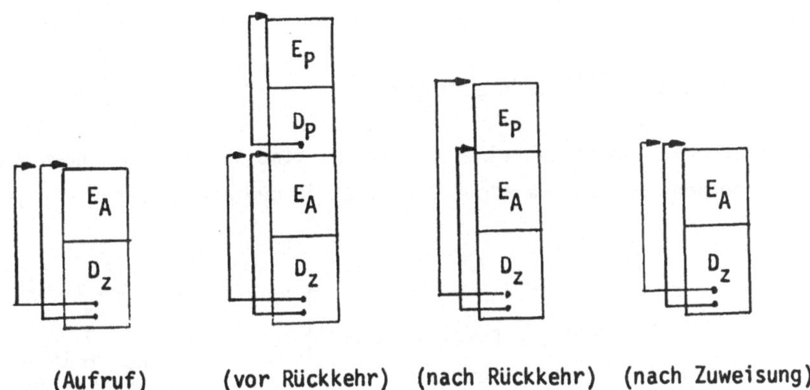

(Aufruf) (vor Rückkehr) (nach Rückkehr) (nach Zuweisung)

Der Datenraum der Prozedur z hat zwei Zeiger auf den freien Speicher:

1. den Zeiger für lokal deklarierte Felder
2. den Zeiger für die "Ausdruckhöhe" 1, also für das von der Prozedur p gelieferte Zwischenergebnis.

Die Prozedur p muß nicht nur die Elemente ihres Ergebnisses an die richtige Stelle im Keller liefern (ein zusätzliches Kopieren ist notwendig), sondern auch noch einen der beiden Zeiger im Datenraum von z ändern. Da man nicht a priori weiß, welcher Zeiger geändert werden muß, muß die Adresse des zuständigen Zeigers als ein weiterer impliziter Parameter übergeben werden.

Bei der Übergabe von Feldern als Parameter ergibt sich das Problem einer zusätzlichen Kopie der Feldelemente. Daß dies notwendig ist, zeigt das folgende Beispiel:

```
z : begin [9] int a;
        proc p = ([ ] int b) void:
            begin a[2] := 5;
                  if b[2] = 5 then compile error fi
            end;
        a[2] := 0;
        p (a)
    end
```

6.2.6. Beispiel zum Aufbau eines Datenraums

Die verschiedenen Komponenten eines Datenraums sind in vorhergehenden Abschnitten einzeln eingeführt worden. Um einen Überblick zu gewinnen, fassen wir jetzt alle zusammen:

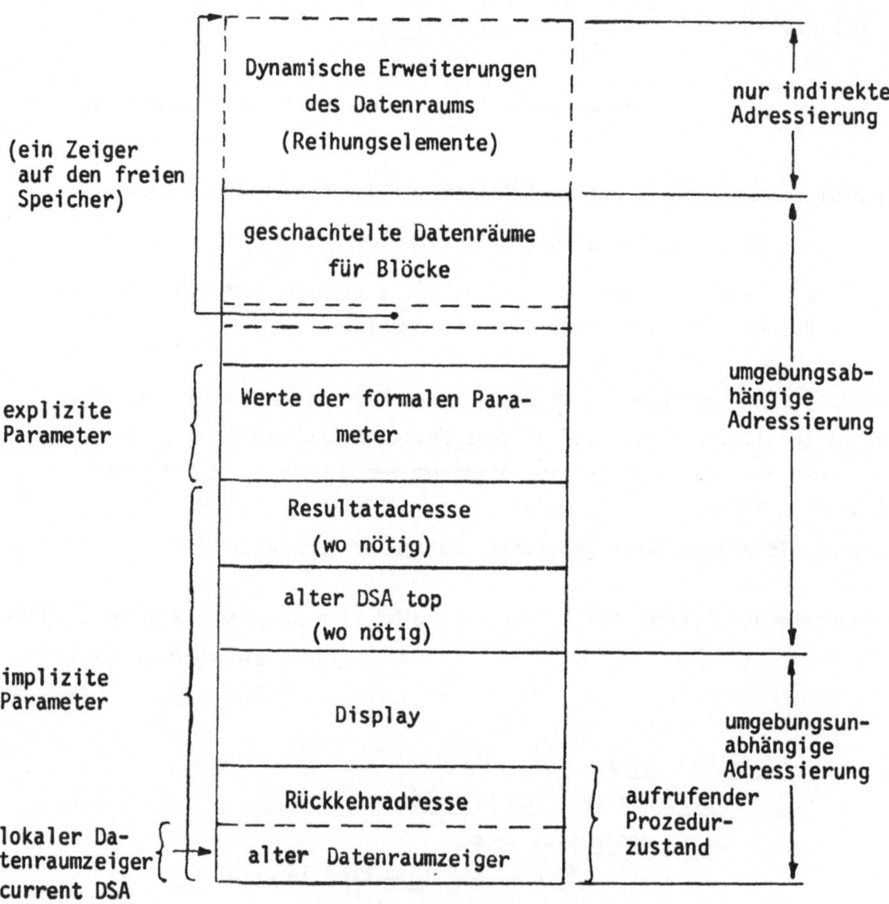

Ein Datenraum wird beim Eintritt in eine Prozedur geschaffen und initialisiert. Ein Aufruf muß daher folgende Informationen zur Verfügung stellen:

(a) den alten Prozedurzustand (Rückkehradresse und Datenraumzeiger der aufrufenden Prozedur)

(b) die Adresse, worin das eventuelle Resultat zu speichern ist

(c) die Adresse des Zeigers auf den freien Speicher, der bei eventuellem Reihungsresultat zu ändern ist

(d) den Zeiger nach dem Datenraum, in dem die aufgerufene Prozedur deklariert wurde

(e) die Adresse der aktuellen Parameter

(f) die erste freie Stelle im dynamischen Keller.

Der Prozedureintritt verwendet (f) als neuen lokalen Datenraumzeiger. Die Informationen (a) bis (c) werden abgespeichert. Das neue Display wird durch den Datenraumzeiger (d) initialisiert. Die expliziten Parameter bekommen ihre Werte durch (e).

Beim Verlassen einer Prozedur wird das eventuelle Resultat im aufrufenden Datenraum abgespeichert und, wo nötig, wird ein Zeiger auf den freien Speicher dieses Datenraums geändert.

In beiden Fällen wird beim Verlassen eines Datenraumes der lokale Datenraumzeiger geändert.

6.3. Parameterübergabe

Programmiersprachen unterscheiden sich auf viele Weisen, aber eine der am tiefsten liegenden ist die Methode, Parameter an eine Prozedur zu übergeben. Es gibt überraschend viele verschiedene Definitionen des Übergabemechanismus. Der Einfachheit halber war bisher nur von Wertübergabe (call by value) die Rede. Im Folgenden sollen alle wichtigen Methoden verglichen werden.

6.3.1. Call by value

Wertparameter haben wir schon betrachtet. Die Obergabe erfolgt durch Kopieren des Wertes des aktuellen Parameters in die neue Prozedurumgebung. Dort kann er dann wie ein lokaler Wert behandelt werden.

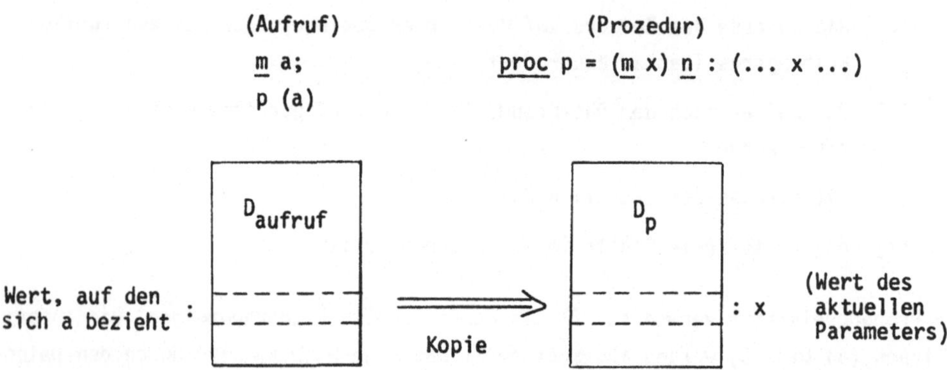

Der Wert des aktuellen Parameters (a) kann durch irgendeine Verwendung des formalen Parameters (x) nicht geändert werden. Dies ist das Hauptmerkmal eines Wertparameters.

6.3.2. Call by reference

In PL/I und FORTRAN übergibt man nicht den Wert, sondern die Adresse (reference), unter der der Wert zu finden ist. Die aufgerufene Prozedur darf den Wert des aktuellen Parameters durch Zuweisung an den formalen Parameter ändern.
Beispiel (PL/I):

```
        (Aufruf)                 (Prozedur)
      CALL P (A);           P : PROC (X);
                                ...
                                X = 3; /* ändert den Wert der
                                                  Variablen a */
                            END
```

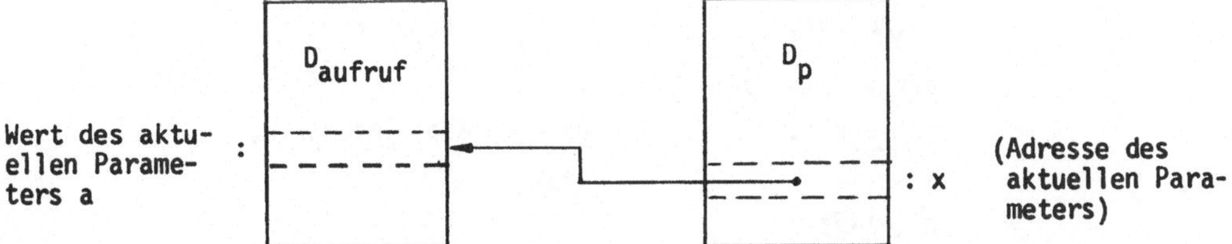

Die Adresse wird beim Aufruf festgelegt und ist danach nicht mehr zu ändern. Daher kann ein "call by reference" in ALGOL68 durch Übergabe eines Wertes vom Mode <u>ref</u> <u>m</u> an Stelle eines Wertes vom Mode <u>m</u> durchgeführt werden:

(Aufruf)	(Prozedur)
<u>m</u> a;	<u>proc</u> p = (<u>ref</u> <u>m</u> x) <u>n</u> :
p (a);	(... x := 3 ...)

In diesem Fall ist x ein Wert vom Datentyp <u>ref</u> <u>m</u>, der selbst nicht zu ändern ist, aber der Wert, auf den er verweist (im Datenraum des Aufrufs) kann durch Zuweisung in eine neuen verwandelt werden. Dadurch ist der Effekt eines "call by reference" erreicht.

6.3.3. Call by name

In ALGOL60 kann man den formalen Parameter so behandeln, als ob der Text des entsprechenden Ausdrucks im Aufruf bei jeder Verwendung an die Stelle des formalen Parameters gesetzt wird. Also, wie beim "call by reference", sind Änderungen innerhalb der aufrufenden Umgebung möglich. Der Unterschied besteht darin, daß bei jeder Verwendung des formalen Parameters die betroffene Adresse neu berechnet wird. Zum Beispiel:

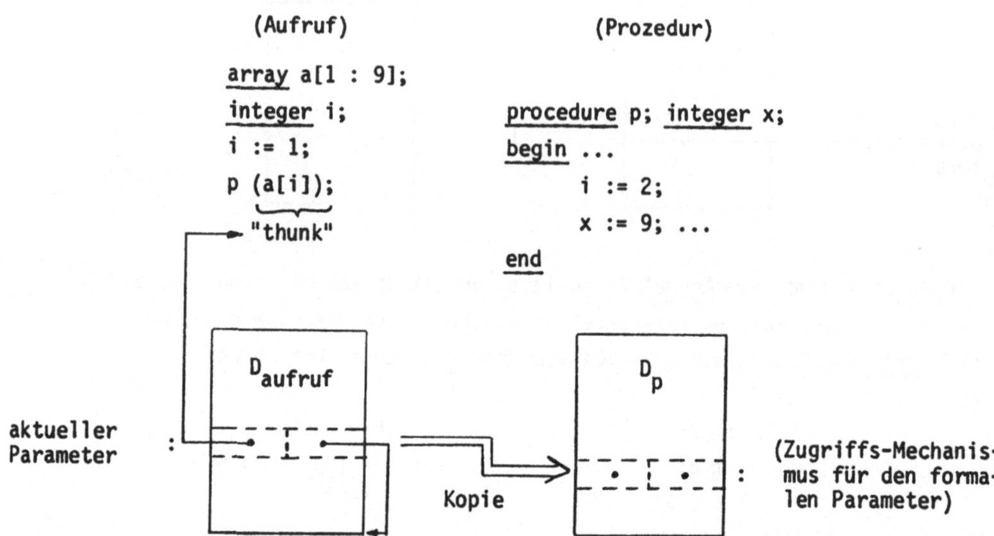

In der Prozedur p wird bei jeder Verwendung des formalen Parameters x der Ausdruck des aktuellen Parameters ausgeführt. Der Effekt ist, daß anstatt der Zuweisung x := 9 die Zuweisung a[i] := 9 ausgeführt wird. Dies hat in unserem Beispiel zur Folge, daß durch diese Zuweisung das Feldelement a[2] verändert wird und nicht a[1] wie man es bei "call by reference" erwartet hätte.

Das Beispiel zeigt, wie die Implementierung erfolgen muß. Der Ausdruck des aktuellen Parameters ähnelt einem Unterprogramm, das bei jeder Verwendung des formalen Parameters aufgerufen wird. Daher kann man ihn behandeln wie den Wert einer Prozedur (siehe 6.2.4.), d.h. mit einer Darstellung, die aus Datenraumzeiger und Befehlszeiger besteht. Der Datenraumzeiger weist auf den Datenraum der aufrufenden Prozedur und der Befehlszeiger auf den Anfang des Ausdrucks des aktuellen Parameters. Dieser Ausdruck wird mit dem englischen Kunstwort <u>thunk</u> (im Anklang an "to think", eine "gedachte" Prozedur) bezeichnet.

In ALGOL68 würde man einen thunk einen routine text nennen, und das gibt uns auch einen Hinweis, wie ein "call by name" in ALGOL68 nachzuahmen ist:

(Aufruf)	(Prozedur)
[1 : 9] m a;	proc p = (proc ref m x) n :
int i := 1;	(... i := 2; x := 9 ...)
p (ref m : a[i])	wird zunächst aufgerufen, dann wird das Resultat als Zuweisungsadresse verwendet
routine text mit mode proc ref m	

In ALGOL60 sind alle formalen Parameter, die nicht explizit "call by value" spezifiziert sind, zwangsweise "call by name". Weil das Letztere sehr viel umständlicher ist und auch weil in ALGOL60 beim Aufruf "name" und "value" nicht unterschieden werden kann, führt dieser Sprachentwurfsfehler zu schlechten Übersetzungen.

Man kann dies durch verschiedene Optimierungen im Compiler ein bißchen verbessern. Eine theoretisch fragwürdige aber praktisch sehr hilfreiche Methode ist, zu versuchen die Natur der formalen Parameter beim Aufruf zu erkennen. Dadurch kann die Behandlung eines "call by value" effizienter durchgeführt werden.

Es hilft auch, daß der Datenraumzeiger jedes thunks mit dem Datenraumzeiger der aufrufenden Prozedur identisch ist (siehe 6.2.6.). Daher kann man diesen Teil des thunk auf Kosten einer differenzierten Behandlung der formalen Prozedur weglassen.

Ein thunk darf keine eigenen Deklarationen enthalten (Sprachbeschränkung) und benötigt daher keinen eigenen Datenraum. Stattdessen kann man beim thunk-Aufruf den Datenraum des ursprünglichen Aufrufs benutzen. Dadurch wird die normale Eintrittsarbeit erspart. Das Verfahren hat leider einen großen Nachteil: es kann passieren, daß ein thunk selbst einen Aufruf enthält. Zum Beispiel:

```
p (sin (theta))
   └────┬────┘
      thunk
```

Bisher war sichergestellt, daß der gegenwärtig aktive Datenraum der neueste im Keller ist und daher sein Zeiger auf den freien Speicher (DSA top) die Basis des nächsten Datenraums ist. Im Falle des Aufrufs aus einem thunk stimmt dies nicht mehr.

Für das Beispiel entwickeln sich die Datenräume folgendermaßen:

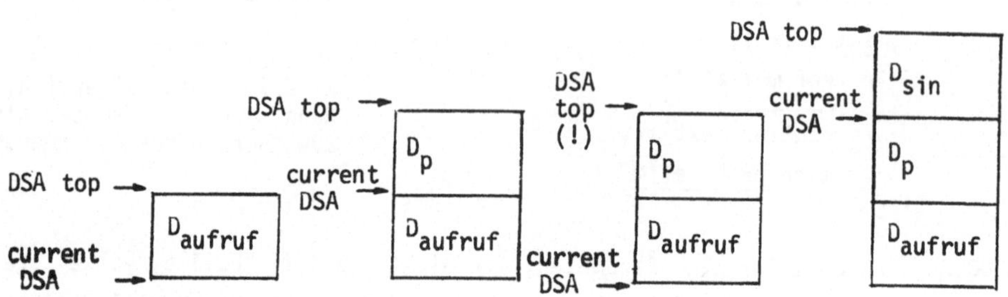

(vor dem Aufruf von p) (Eintritt in p) (Aufruf des thunk) (Aufruf von sin)

Weil der Zeiger auf den freien Speicher beim Aufruf von sin nicht direkt verfügbar ist, muß man ihn als impliziten Parameter beim Aufruf eines thunks zur Verfügung stellen. Die Ausführung eines "call by name" wird dabei durch einen Spezialfall, der nur selten vorkommt, belastet.

6.3.4. Call by value-result

In ALGOLW und in CDL2 gibt es den Parametermechanismus value-result. Dabei wird bei Aufruf einer Prozedur der Wert des Objektes an die gerufene Prozedur übergeben und nach Abarbeitung der Prozedur der Wert des entsprechenden formalen Parameters in die globale Umgebung zurückgeschrieben.

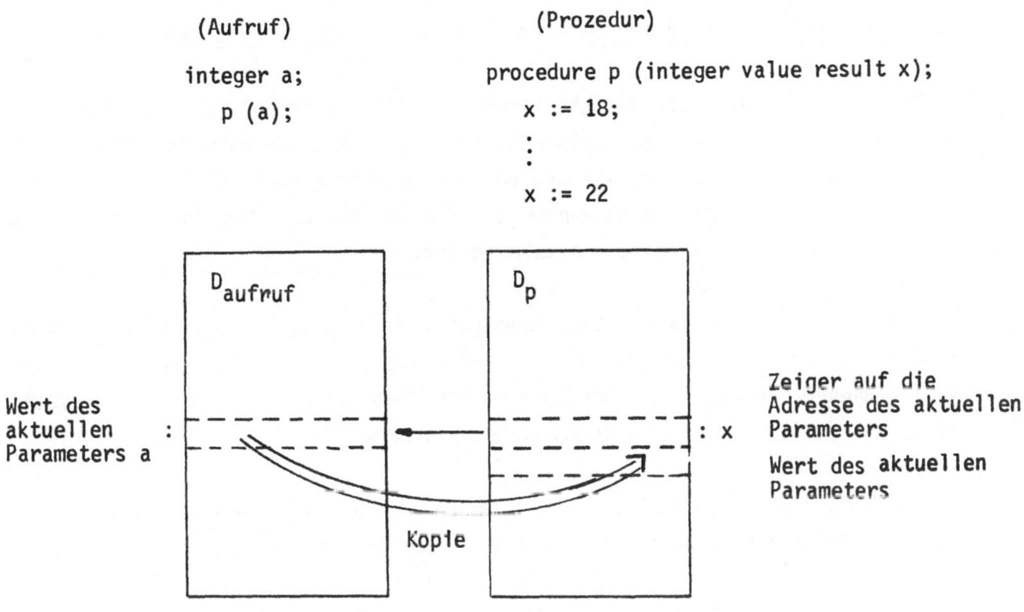

Beim Aufruf der Prozedur p wird der Wert und die Adresse des aktuellen Parameters übertragen. Nach Abarbeitung der Prozedur wird die Adresse benutzt um den (veränderten) Wert des formalen Parameters zurückzukopieren.

Dieser Parameterübergabemechanismus hat den Vorteil der Entkopplung zwischen dem als aktuellem Parameter benutzten Objekt und dem formalen Parameter. Eine Zuweisung an den formalen Parameter bewirkt nicht gleichzeitig die Änderung eines global definierten Objekts, und die Zuweisung an ein global definiertes Objekt hat keine Änderung einer lokalen Größe (formaler Parameter) zur Folge. Trotzdem besteht die Möglichkeit der Übertragung eines Resultats durch die Parameter.

6.4. Speicherverwaltung für Datenobjekte ohne kellerbedingte Lebensdauer

Bisher haben wir nur Datenobjekte kennengelernt, die am Anfang ihres definierenden Blockes (bzw. Prozedur) Speicherplatz belegen und diesen beim Verlassen des Blockes wieder freigeben. Diese Art der Speicherverwaltung ist einfach zu realisieren, aber leider gibt es Anwendungen, die Datenobjekte benötigen, bei denen eine andere Art der Verwaltung notwendig ist.

Ein Beispiel für eine solche Anwendung ist eine Prozedur, die einen Baumknoten erzeugt und an einen Baum anhängt. Der erzeugte Knoten ist Bestandteil des Datenraumes dieser Prozedur. Das ist aber falsch, denn offensichtlich darf er aber nicht verschwinden, wenn die Prozedur verlassen wird.

Um diese Anforderungen zu erfüllen, gibt es in einigen Sprachen Konstrukte, die explizit Datenobjekte schaffen und auch wieder beseitigen.

Da explizit zu verwaltende Datenobjekte über den Block hinaus bestehen bleiben können, in dem sie erzeugt worden sind, kann man sie nicht im Keller unterbringen. Man verwendet stattdessen einen weiteren Datenbereich (Heap oder Halde), der vom Keller getrennt ist und dessen Aufbau von der Programmstruktur unabhängig ist.

Die Reservierung von Speicherplatz ist (zunächst) ganz einfach. Der Heap ist wie der Keller nach einer Seite offen. Wenn man Platz braucht, nimmt man ihn am freien Ende.

Eine zweckmäßige Implementierung für einen Heap und einen Stack (bei unsegmentiertem Speicher) ist, die Datenbereiche gegeneinander wachsen zu lassen:

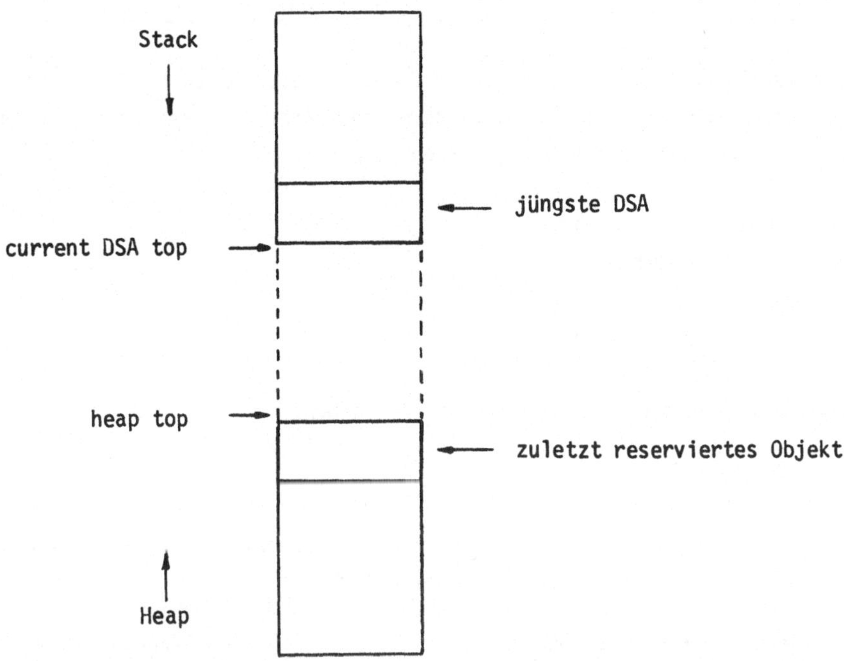

Probleme ergeben sich, wenn man allen Platz verbraucht hat. Dann muß man versuchen, nicht mehr benötigten Speicher auf dem Heap zurückzugewinnen. Während auf dem Keller zurückgegebener Platz gleich wieder verwendbar ist, wird der Platz auf dem Heap in irgendeiner Reihenfolge zurückgegeben, sodaß Löcher entstehen, die man nicht ohne weiteres wiederverwenden kann. Wir werden uns in diesem Abschnitt mit Methoden der Rückgewinnung von Speicherplatz befassen. Aber zunächst wollen wir die beteiligten Sprachelemente näher betrachten.

6.4.1. Sprachelemente für Objekte mit unbegrenzter Lebensdauer

Wenn man in PL/1 eine Deklaration mit dem Attribut BASED schreibt, so deklariert man damit nicht eine Variable, sondern ein Muster, das später in ALLOCATE-Befehlen zur Platzreservierung verwendet werden kann.

```
DECLARE I FIXED BASED,
        P POINTER;
...
ALLOCATE I SET (P);
```

Irgendwann kann man den Platz wieder freigeben:

```
FREE P → I;
```

Leider weiß der Compiler nicht, welchen Typ das Objekt hat, auf das ein POINTER gerade zeigt. Z.B. ist auch folgendes erlaubt:

```
DECLARE SIMPLELIST BASED ...            # eine Struktur #

        DOUBLELIST BASED ...            # eine andere Struktur #

DECLARE P POINTER;
  ...
ALLOCATE SIMPLELIST SET (P);
  ...
FREE P → SIMPLELIST;
ALLOCATE DOUBLELIST SET (P);
```

Weil die Typen der Objekte, auf die gezeigt wird, unbekannt sind, kann der freie Speicher nicht automatisch zurückgewonnen werden. Der Benutzer ist selbst für die Freigabe des Speichers verantwortlich.

Wenn ein Objekt freigegeben wird, entsteht ein Loch im Speicher, das i.a. von reservierten Plätzen umgeben ist. Es muß dafür gesorgt werden, daß die Löcher wieder verwendet werden können.

In ALGOL68 gibt es für Reservierungen den Heap-Generator. Es gibt jedoch kein Sprachkonstrukt zum Freigeben von Speicherplatz. Platz kann nur durch Überschreiben "vergessen" werden:

```
ref int p;
p := heap int;
...
p := nil
```

Beim Überschreiben einer Referenz können andere Objekte mit vergessen werden:

```
mode list = struct (string text, ref list next);
ref list l := nil;
for j to 10 do
    l := heap list := (repr j, l)
od;
...
l := nil
```

Hier wurde zunächst eine verkettete Liste aus 10 Elementen aufgebaut und später wurde die gesamte Liste auf einmal vergessen. Möglicherweise gibt es aber inzwischen andere Verweise auf die Liste oder Teile davon, sodaß der Speicherbereich für l nicht unbedingt als frei zu betrachten ist.

Die Attribute eines Speicherplatzes ist durch den Mode des Zeigers genau bestimmt. Das Laufzeitsystem muß versuchen, den freigewordenen Platz irgendwann zu entdecken und ihn wieder zur Verfügung zu stellen.

Der Heap wird in ALGOL68 auch zur Implementierung anderer Sprachelemente benutzt, z.B. für flexible Reihen, für Reihen, die als Prozedurresultat abgeliefert werden, und für einige exotische Fälle, auf die man nur kommt, wenn man den "pathologischen Blick" eines Compilerbauers oder Spracharchitekten hat (vgl. [6d]). Sie fügen sich aber alle in das allgemeine Heap-Konzept ein.

Sprachen wie LISP sind interessant, weil ihre Objekte alle gleiche Größe haben. Das vereinfacht die Behandlung von Löchern gewaltig, schränkt aber auch die Ausdruckskraft der Sprache stark ein.

6.4.2. Methoden zur Speicherrückgewinnung

Wenn der Benutzer den Speicher explizit zurückgibt, bietet es sich an, eine Freispeicherliste zu führen. In dieser Liste sind alle freien Stellen miteinander verkettet. Wenn Speicher reserviert wird, sucht man in der Liste einen genügend großen Platz und weist ihn (oder einen Teil davon) zu. Der Rest wird ggf. wieder zurückgegeben. Wenn ein Stück Speicher freigegeben wird, wird er in die Liste der freien Stellen eingehängt. Dabei ist zu prüfen, ob er mit benachbarten Stellen verschmolzen werden kann.

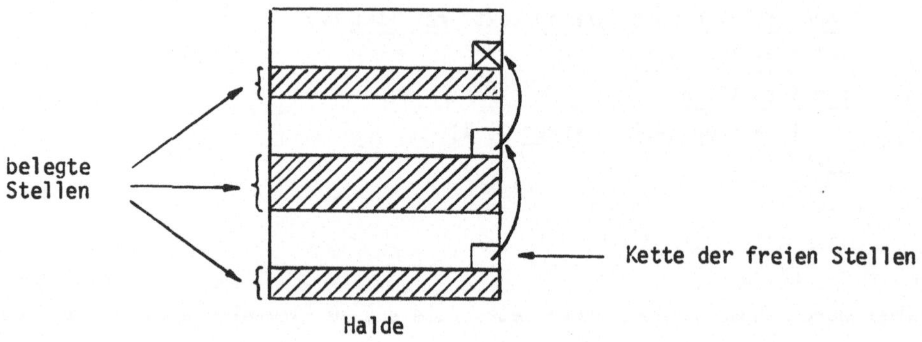

Freispeicherliste

Verglichen mit anderen Verfahren, ist dieses nicht aufwendig. Es hat jedoch einen Nachteil: Wenn die Datenobjekte ungleiche Länge haben, führt es schnell zu einer Zersplitterung des Speichers. Es gibt dann sehr schnell viele kleine, nicht zusammenhängende freie Speicherstellen, von denen keine groß genug ist, eine Speicheranforderung zu erfüllen, obwohl der gesamte freie Speicher durchaus groß genug sein kann. Ein Beispiel dafür ist eine Anforderung für ein Datenobjekt mit einer Länge von 20 Worten, die nicht erfüllt werden kann, weil nur 50 Speichereinheiten à 2 Worte zur Verfügung stehen.

Eine einfache Methode zu bestimmen, ob Verweise auf ein Objekt auf der Halde existieren - dieses also noch benötigt wird - ist durch Referenzzähler die Verweise auf ein Objekt zu registrieren.

- Bei Erzeugung wird der Zähler mit eins initialisiert.
- Bei jeder Schaffung eines neuen Verweises wird der Zähler um eins erhöht.
- Bei jeder Entfernung eines Verweises wird der Zähler um eins verringert. Steht der Zähler auf Null, so ist der Platz freizugeben.

Den freigegebenen Platz kann man in einer Freispeicherliste registrieren. Diese Methode ist allerdings nur unter zwei Bedingungen zu empfehlen:

a) Der zusätzlich Speicherbedarf für die Zähler ist zumutbar.

b) Die Datenobjekte auf der Halde enthalten selbst keine Verweise.

Den Sinn der zweiten Bedingung kann man durch ein einfaches Beispiel einsehen:

Gegeben seien folgende Objekte auf der Halde mitsamt Verweiszählern:

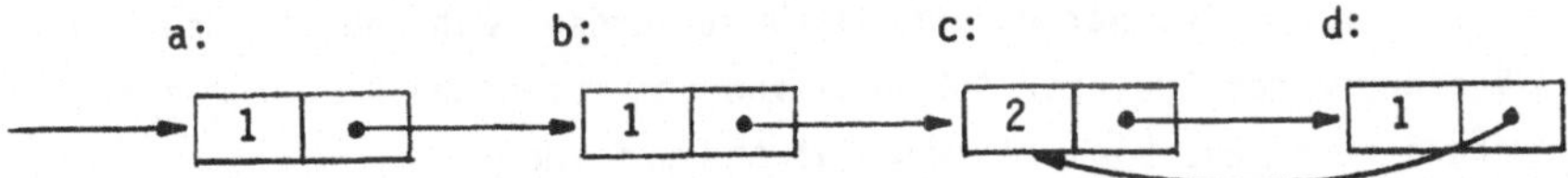

Wird der Zeiger nach a weggewischt, so wird der Zähler von a Null. Daher wird a in die Kette der freien Stellen gehängt. Dies bedeutet aber, daß ein Verweis nach b verschwindet und daß das Verfahren für b wiederholt werden muß. Deshalb verliert auch c einen Verweis. Hier endet aber die Kettenreaktion, weil der Zähler für c Eins wird:

Es existieren jetzt zwei Datenobjekte, die von außen nicht erreichbar sind, deren Referenzzähler aber trotzdem ungleich Null sind. Für diese Probleme, die durch Referenzen auf andere Objekte entstehen, braucht man andere Verfahren.

Wegen der Nachteile der bisher beschriebenen Verfahren, ist es zur Implementierung einiger Sprachkonstrukte empfehlenswert, ein aufwendigeres Verfahren zu verwenden. Bei der garbage collection (Müllbeseitigung) wird nach einem Haldenüberlauf (d.h. immer wenn eine Speicheranforderung nicht erfüllt werden kann) versucht, freien Speicher zurückzugewinnen. Dazu ist es nötig, den gesamten Speicher auf Löcher zu untersuchen, und den freien Platz wieder zur Verfügung zu stellen. Das Verfahren besteht (im wesentlichen) aus zwei Phasen: in der ersten Phase werden alle Zeiger, auf die der Benutzer direkt zugreifen kann, verfolgt, und der so erreichte Platz wird markiert (Zeigerverfolgung); anschließend ist der unmarkierte Platz verfügbar. In der zweiten Phase werden alle belegten Speichergebiete zusammengeschoben (Zusammenschiebung).

Garbage collection setzt voraus, daß der Compiler die Typen der von Zeigern referierten Objekten kennt. Das Verfahren hat den Vorteil, daß sämtlicher freier Speicher wiedergewonnen und in einem zusammenhängenden Stück zur Verfügung gestellt wird. Allerdings muß die Garbage collection von einer separaten Laufzeitroutine (dem Garbage Collector) durchgeführt werden, während bei den bisher genannten Verfahren der Speicher nebenbei von dem erzeugten Programm zurückgewonnen werden kann, was viel weniger Aufwand erfordert.

Die Phase der Zeigerverfolgung basiert darauf, daß alle aktiven Objekte vom Keller aus zu erreichen sind, und zwar über die vom Benutzer deklarierten Variablen und über die gerade existierenden Zwischenergebnisse. Der Garbage Collector untersucht daher in jeder aktiven DSA die dort gerade aktiven Objekte. Dazu braucht er eine (vom Compiler erstellte) Objektbeschreibungstabelle, die für jedes Objekt folgende Informationen enthält:

- relative Adresse innerhalb seiner DSA
- Mode - aus dem Mode eines Objektes ergibt sich seine Ausdehnung und ob darin enthaltene Referenzen verfolgt werden müssen.
- Lebensdauer - da sich Objekte in einer DSA überlagern können, muß erkennbar sein, welches gerade aktiv ist.

Mit Hilfe einer Routinentabelle wird für jede Routine ein Teil der Objektbeschreibungen ausgewählt. Die Modes werden, falls sie beliebig komplex sein dürfen, in einer Modetabelle beschrieben.

Mit diesen Tabellen kann der Garbage Collector alle lebenden Objekte erreichen. Für die Markierung braucht er noch eine Speicherkarte, eine Tabelle, die für jede Speicherzelle eine Markierung (ein Bit) enthält, die angibt, ob die Zelle belegt ist oder nicht. Anhand der Speicherkarte kann der Garbage Collector auch feststellen, ob er ein Objekt schon einmal bearbeitet hat; so werden bei zyklischen Datenstrukturen Schleifen vermieden.

Wenn der Speicher in jeder Zelle ein Extra-Bit enthält, das von den normalen Operationen nicht benutzt wird, so ist die Speicherkarte unnötig.

Nach der Markierungsphase sind in der Speicherkarte alle belegten Plätze markiert und alle freien unmarkiert.

Speicher nach Markierung:

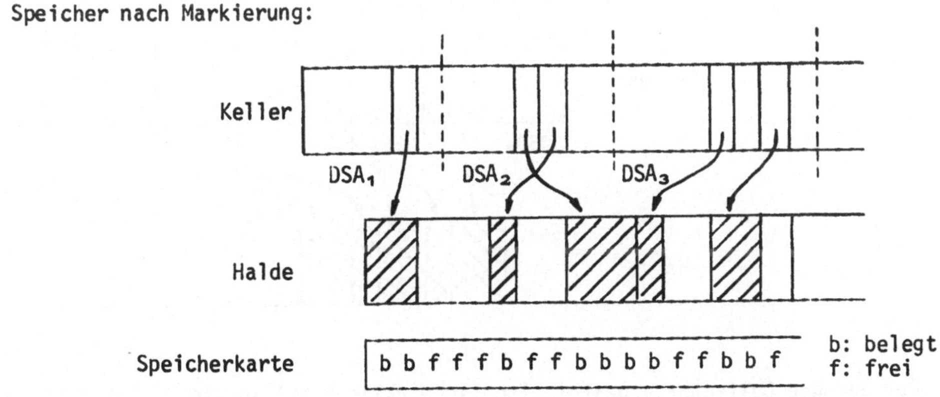

Zur Vermeidung von Zyklen bei der Zeigerverfolgung muß die Speicherkarte den gesamten Speicher (einschließlich Keller) beschreiben. Wegen der Übersichtlichkeit zeigen wir hier jedoch nur den Ausschnitt für die Halde.

Man kann den Speicher nun als eine alternative Folge von belegten und freien Blöcken betrachten. Ein belegter Block enthält im allgemeinen mehrere Datenobjekte. Bei der Zusammenschiebung wird jeder belegte Block um so viel Platz verschoben, wie die vor ihm liegenden freien Blöcke einnehmen.

Vor dem Zusammenschieben müssen aber alle Zeiger in die zu verschiebenden Blöcke umgesetzt werden. Dazu wird ein Adreßbuch aufgebaut, das für jeden belegten Block seinen Anfang und seine Verschiebungsdistanz enthält.

Nun werden noch einmal alle Zeiger verfolgt und anhand des Adreßbuches transformiert. Bei der Transformation wird festgestellt, in welchen Block ein Zeiger zeigt und sein Wert wird um die Verschiebungsdistanz des Blockes verändert.

Zum Schluß erfolgt eine Zusammenschiebung der belegten Blöcke zum Anfang der Halde hin.

Speicher nach Zeigertransformation und Zusammenschiebung:

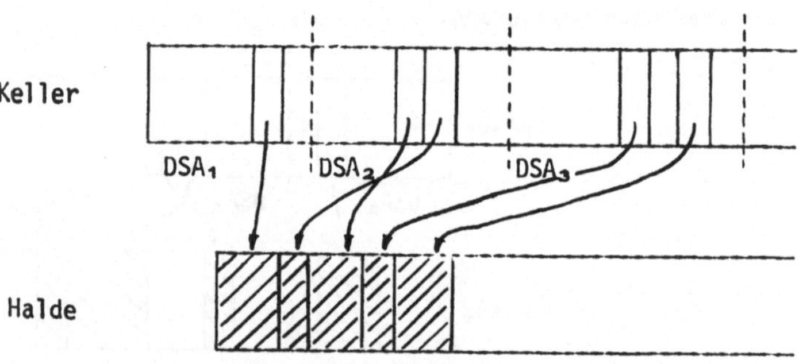

Der Garbage Collector arbeitet also (in Wirklichkeit) in vier Schritten:

a) Zeigerverfolgung und Markierung (trace and mark)

b) Herstellung des Adreßbuchs

c) Transformation der Zeiger (trace and mark with updating)

d) Zusammenschiebung (compact)

Wir wollen das Verfahren anhand eines Beispiels verdeutlichen. Gegeben sei folgendes Programm:

```
begin
    mode intlist  = struct (int info, ref intlist next),
         textlist = struct (text info, ref textlist next);
    proc p1 = void:
         (ref intlist object 1; ...
              (ref textlist object 2; ...
                   # Haldenüberlauf # ...));
    proc p2 = void:
         (ref textlist object 3; ...);
    ...
end
```

Daraus entwickelt der Compiler folgende Objektbeschreibungstabelle (sie enthält für jedes Objekt seine relative Adresse innerhalb der DSA, seinen Mode und die Codeadressen, bei denen es beginnt bzw. aufhört zu existieren):

	rel. Adresse	Mode	Lebensdauer (Codeadressen)
p1	4	ref intlist	1 - 10
	5	ref textlist	5 - 10
p2	5	ref textlist	11 - 18

Nach dem Haldenüberlauf wird der Garbage Collector aufgerufen, der zunächst die Markierungsphase durchführt. Zur Unterstützung der Markierung enthält jede DSA eine Identifizierung ihrer Routine und die Codeadresse, an der die Ausführung gerade steht.

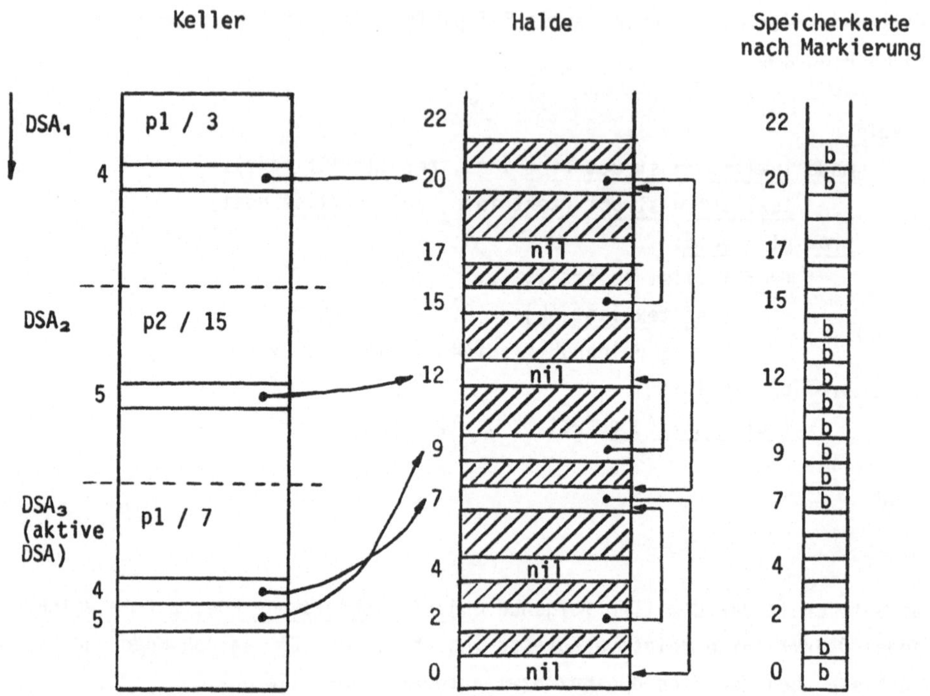

Aufgrund der Speicherbelegung wird ein Adreßbuch aufgestellt, das für jeden belegten Block seine Anfangsadresse und die Distanz, um die er verschoben werden muß, enthält.

Blockadresse	Verschiebungsdistanz
0	0
7	5
20	10

Bei der Zeigertransformation ergeben sich folgende Änderungen:

Speicheradresse	alter Wert	neuer Wert
DSA_3 (4)	7	2
7	0	0
0	nil	nil
DSA_3 (5)	9	4
9	12	7
12	nil	nil
DSA_2 (5)	12	7
DSA_1 (4)	20	10
20	7	2

Die Zusammenschiebung führt zu folgendem Ergebnis:

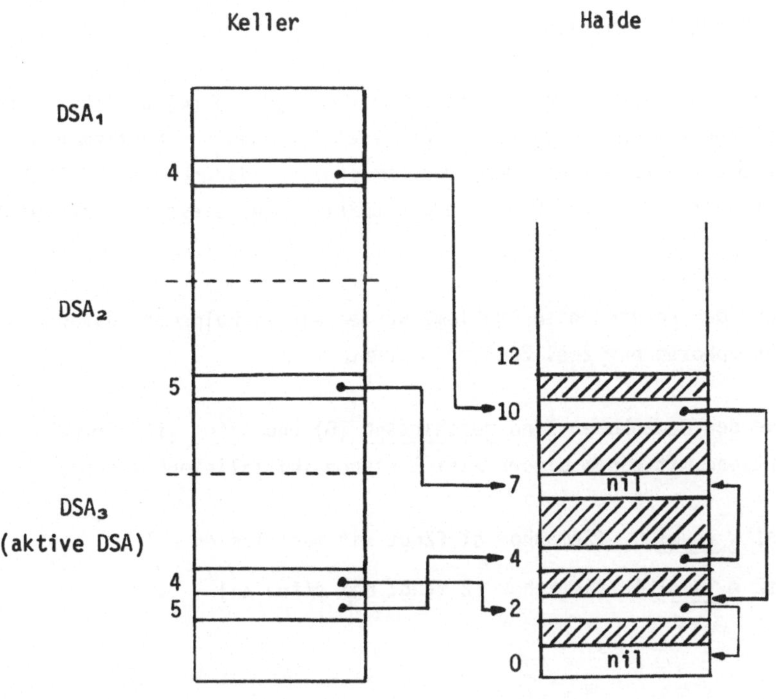

6.5. Parallele Prozesse

Einige Sprachen (ALGOL68, SIMULA, PL/I) erlauben, daß eine Anweisung mehr als einen Nachfolger haben kann, d.h. in einem Programm können bestimmte Anweisungsfolgen unabhängig voneinander in nicht festgelegter Reihenfolge (bei mehreren Prozessoren parallel) ausgeführt werden. Eine solche Anweisungsfolge hat einen eigenen Befehlszeiger und eine eigene Umgebung. Wir werden sie im folgenden Kapitel einen Prozeß nennen.

Steht nur ein Prozessor zur Verfügung, so kann man die einzelnen Prozesse seriell ausführen und es ergibt sich zunächst keinerlei Schwierigkeit bei der Schaffung und Freigabe von Datenräumen. Schwierigkeiten tauchen allerdings auf, wenn man zwischen den Prozessen wechseln will.

Solche Wechsel können implizit auftreten, wenn ein Prozeß auf ein Ereignis warten muß (z.B. Freigabe eines E/A-Geräts). In diesem Fall ist es angebracht, in der Verweilzeit des Prozesses einen anderen laufen zu lassen. Ein Beispiel dafür ist ein E/A-Befehl mit EVENT-Variablen in PL/I.

Expliziter Prozeßwechsel kann durch den Semaphor von Dijkstra [4] gesteuert werden. Diese Semaphoren können vom Programm her gesetzt werden und bestimmen dadurch die Ausführung von Prozessen. Der Programmierer hat dadurch die Möglichkeit z.B. zu verhindern, daß zwei Prozesse gleichzeitig auf dieselben Variablen zugreifen.

Zur Verdeutlichung der entstehenden Probleme werden wir im Folgenden davon ausgehen, daß die Semaphoren nur zwei Zustände kennen.

Die zwei Zustände der Semaphoren sind geschlossen (0) und offen (1). Semaphoren müssen deklariert und mit einem dieser zwei Zustände initialisiert werden:

sema s1 = level 0 (Semaphor s1 fängt mit geschlossen an)

sema s2 = level 1 (Semaphor s2 fängt mit offen an)

Der Programmierer hat zwei Operatoren zur Verfügung, mit denen er den Zustand eines Semaphors ändern und damit den ablaufenden Prozeß steuern kann:

down s (Ist Semaphor s offen, dann wird er geschlossen. Ist er geschlossen, dann wartet der Prozeß)

up s (Ist Semaphor s geschlossen, dann wird er geöffnet. Wartet ein anderer Prozeß darauf, dann wird dieser freigegeben)

Die Prozesse selbst werden durch eine "parallel clause" (ALGOL68) geschaffen:

par (p1, p2, ... , pn)

Jeder Ausdruck p_i stellt einen neuen Prozeß her. Per Definition dürfen die Prozesse in irgendeiner Reihenfolge und auch verschränkt ausgeführt werden.

Durch die Einführung von parallelen Prozessen entstehen im wesentlichen folgende zwei Probleme:

1. Die Umgebung eines Prozesses muß unter Umständen stillgelegt werden und zu einem späteren Zeitpunkt wieder aktiviert werden.
2. Durch das Stoppen eines Prozesses ist es notwendig, andere Prozesse zu finden, die aktiviert werden können.

Der 2. Punkt wird uns im Folgenden weniger interessieren. Er wird i.a. dadurch gelöst, daß man jedem Prozeß Statusinformationen zuordnet, auf Grund derer entschieden werden kann, in welchem Zustand sich der Prozeß befindet.

6.5.1. Kellerverwaltung

Das folgende Beispiel soll die Schwierigkeiten demonstrieren, die entstehen, wenn zwischen Prozessen gewechselt wird. Es soll dabei gezeigt werden, daß die Verwaltung von Datenräumen mit einem einfachen Kellermechanismus nicht möglich ist.

Gegeben sei das folgende Programm:

```
z : begin
      sema s1 = level 0;   co beide geschlossen co
      sema s2 = level 0;
      proc p1 = void : (q; r);
      proc p2 = void : (up s1; down s2);
      proc q  = void : down s1;
      proc r  = void : up s2;
      par (p1, p2)
    end
```

Nehmen wir vorerst an, daß zur Verwaltung der Datenräume ein einfacher Keller genügt. Bei Beginn existiert nur der Datenraum von z:

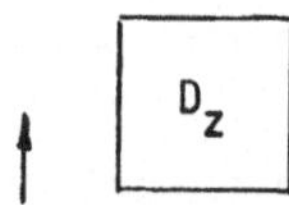

Dann erfolgt der Aufruf einer der beiden Prozeduren p1 oder p2. Nehmen wir an, daß p1 als erste ausgeführt wird. Der Datenraum für p1 wird erzeugt und danach wird die Prozedur q aufgerufen, also auch der Datenraum für q erzeugt.

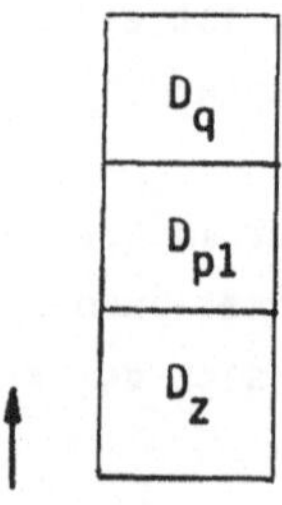

Durch down s1 in q wird der Prozeß gestoppt und der Prozeß, der mit dem Aufruf von p2 beginnt kann gestartet werden. Die Prozedur p2 baut also auch einen Datenraum auf.

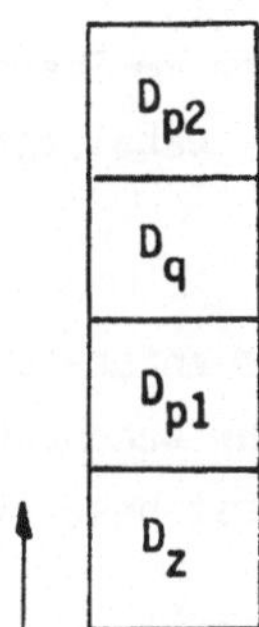

Durch den Befehl <u>up</u> s1 wird der erste Prozeß wieder freigegeben. Er muß gestartet werden, nachdem <u>down</u> s2 den zweiten Prozeß gestoppt hat. Innerhalb des ersten Prozesses kann darauf die Prozedur q beendet und der entsprechende Datenraum freigegeben werden. Dabei entsteht ein Loch im Laufzeitkeller.

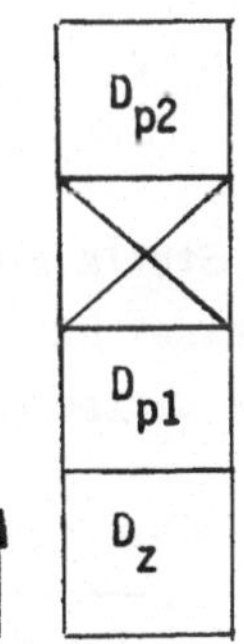

Beim Aufruf von r weiß man daher nicht mehr, wo der Datenraum von r aufgebaut werden soll.

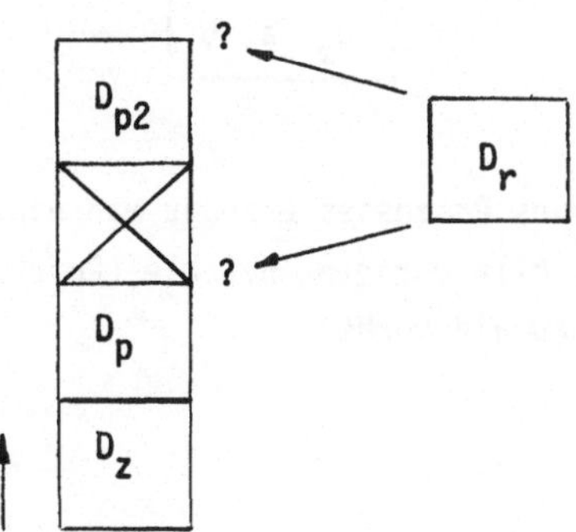

Die einfachste Lösung ist es, freie Stellen im Speicher zuzulassen, die Datenräume also an der Kellerspitze aufzubauen. Dabei entstehen natürlich Löcher im Speicher.

Das Problem der Zersplitterung des Kellers entsteht, weil durch die up- und down-Befehle die Kellerdisziplin nicht mehr beachtet wird. Der zuletzt erzeugte Datenraum wird nicht notwendigerweise zuerst beseitigt.

Man sieht leicht ein, daß jeder Prozeß seine eigene Umgebung benötigt. Die einfachste Lösung ist es, jedem Prozeß einen eigenen Keller zuzuordnen.

Beispiel:

z : int a, b;
par ((int c, d; x : ...),(int e, f; y : ...))

Die Umgebung des ersten Prozesses an der Stelle x muß die Variablen a, b, c und d enthalten. Die Umgebung des zweiten Prozesses dagegen enthält an der Stelle y die Variablen a, b, e und f. Ordnen wir also jedem Prozeß einen eigenen Keller zu, so erhalten wir folgendes Bild:

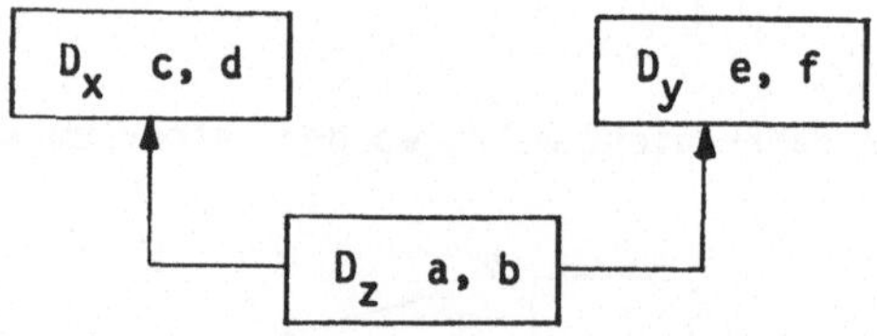

Bei der Entstehung eines Prozesses erzeugt man einen neuen Keller, in dem dieser Prozeß arbeiten soll. Alle übrigen Befehle (Aufruf, Prozedureintritt, Zuweisung usw.) erzeugt man genau wie vorher.

6.5.2. Kachelketten

Man könnte meinen, ein Problem gegen ein anderes getauscht zu haben. Die Keller sind Objekte mit veränderlichen Längen, wovon es beliebig viel geben kann. Also ist statische Adressierung unmöglich. Das Problem erinnert sehr an die Speicherbereinigung (Abschnitt 6.4.). In der Tat könnte man es so lösen, allerdings wäre der Laufzeitaufwand sehr hoch.

Die Keller haben die Eigenschaft, daß sie nur in einer Richtung wachsen und schrumpfen und daß sie nicht unbedingt zusammenhängend sein müssen (nur die einzelnen Umgebungen und jede Erweiterung davon müssen geschlossene Blöcke darstellen). Bisher haben wir diese letztere Eigenschaft nicht ausgenutzt, jetzt wird sie sich als sehr vorteilhaft erweisen.

Stellen wir uns vor, daß der Datenspeicher in Kacheln fester Länge aufgeteilt ist. Die Kacheln sind groß genug, um Datenräume einzuschließen, und klein genug, so daß der Speicher aus vielen Kacheln besteht.

6.5.2.1. Benutzung von Kachelketten

Bei Programmanfang bekommen die Halde und der Keller des Hauptprozesses je eine Kachel. Wird ein Keller oder die Halde zu groß, dann wird eine neue Kachel hinzugefügt. Also besitzt jeder Speicherteil, sei es die Halde oder der Keller eines Prozesses, seine eigene Kachelkette.

Bei Herstellung eines neuen Prozesses wird der neue Keller auf einer neuen Kachel angefangen.

Bei Beendigung eines Prozesses verschwindet seine ganze Kachelkette.

Wenn ein neuer Datenraum erzeugt wird, testet man zunächst auf Überlauf in der Kachel. Ist dies der Fall, muß man prüfen, ob dieser Prozeß Kacheln besitzt, die leer sind, weil Speicher vorher freigegeben wurde. Trifft dies nicht zu, muß eine neue Kachel angefordert werden, die an die Kachelkette des Prozesses angehängt wird.

Durch die Beendigung einer Prozedur innerhalb eines Prozesses wird ein Datenraum freigegeben. Dies geschieht durch die Zurücksetzung der Basisadresse (current DSA) Falls dabei eine freie Kachel entsteht, so kann diese durch eine spätere Speicherbereinigung der Liste der freien Kacheln zugefügt werden.

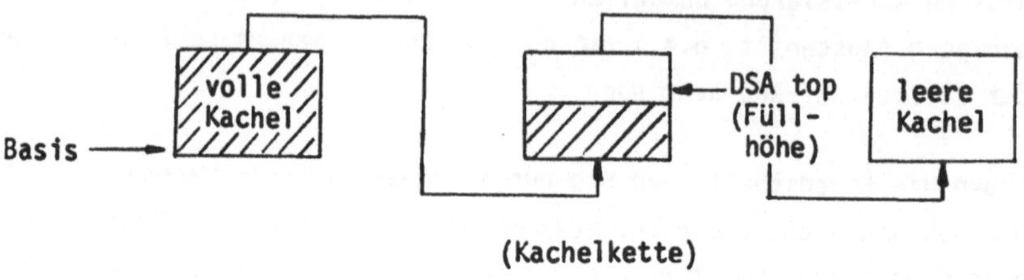

(Kachelkette)

6.5.2.2. Platzverlust

Die Datenräume passen natürlich nicht genau in die Kacheln mit vorgegebener Länge. Dadurch geht pro Kachel durchschnittlich die Hälfte der Länge eines Datenraums verloren.

Um diesen relativen Verlust möglichst klein zu halten muß die Kachellänge groß sein.

Jede Kachelkette besitzt eine Kachel, die das oberste Kellerelement enthält. Der Rest dieser Kachel ist für andere Zwecke nicht verwendbar. Wenn wir sehr grob annehmen, daß in jeder Kachelkette eine halbe Kachel leer ist, muß die Kachellänge klein gehalten werden.

Es handelt sich offensichtlich um ein Minimierungsproblem, wobei leider einige der Variablen quelltextabhängig sind: die durchschnittliche Datenraumlänge und die Anzahl der Prozesse. Hier kann man nur mit Abschätzungen umgehen, die die Erfüllung der folgenden Ungleichheit als Ziel haben:

$$\text{Datenraumlänge} \ll \text{Kachellänge} \ll \text{Speicherlänge}$$

6.5.2.3. Speicherbereinigung

Wenn immer neue Kacheln angefordert werden, muß der Moment kommen, in dem keine mehr zur Verfügung stehen. In diesem Fall muß versucht werden, durch eine Speicherbereinigung nicht mehr benutzte Kacheln zurückzugewinnen. Im Keller sind dies die freien Kacheln, die an den Kachelketten der Prozesse hängen. Ihre Rückgewinnung stellt kein großes Problem dar.

Auf der Halde wird eine normale (s.o.) Speicherbereinigung durch Verschiebung der Objekte durchgeführt, wobei zusätzlich auf die Kachelgrenzen auf der Halde geachtet werden muß.

6.5.2.4. Große Datenräume

Es kann vorkommen, daß ein Datenraum oder wahrscheinlicher eine Erweiterung davon zu groß für eine einzelne Kachel ist (z.B. eine Reihung mit 100 000 Elementen). Wenn so etwas verlangt wird, hat man keine Wahl: es müssen zwei oder mehr zusammenhängende Kacheln geliefert werden. Dies hat unangenehme Konsequenzen für die Kachelverwaltung und für die Speicherbereinigung, bei der dieser Fall immer extra berücksichtigt werden muß.

6.5.2.5. Sprünge

In ALGOL68 endet ein Prozeß mit dem Ende des "unit" der "parallel clause", der den Prozeß angefangen hat. Leider kann ein Prozeß auch als Nebeneffekt eines Sprunges aus der "parallel clause" beendet werden.

Beispiel:

```
z : begin
        sema s = level 0;           co geschlossen co
        proc p = void : down s;     co Prozeß wartet co
        proc q = void : goto l;     co beide Prozesse sterben co
        par (p, q);                 co zwei Prozesse erzeugt co
l :     ...
    end
```

Die Prozesse p und q werden durch einen Sprung beendet.

Die Implementierung muß ein Laufzeitsystem für die Prozesse vorsehen, welches eine Tabelle der Zustände der Prozesse führt. Das Problem bei der Ausführung des Sprunges ist, zu bestimmen, wann ein Prozeß vom "schlafenden" Zustand in den "gestorbenen" wechselt.

Man löst dieses Problem, indem man jedem Datenraum eine Kennzahl gibt, die den Prozeß spezifiziert, dem der Datenraum gehört. Dann kann man den neuen und den alten lokalen DSA-Zeiger vergleichen, um zu bestimmen, ob ein Prozeß verlassen wird.

In der Tat muß man nicht die Sprünge selbst überprüfen, sondern nur am (normalen) Ende eines Prozesses feststellen, ob eventuelle Unterprozesse durch Sprünge beendet wurden.

Nehmen wir an, daß im obigen Beispiel der Prozeß, worin Block z definiert ist, die Kennzahl 100 besitzt. Die "parallel clause" erzeugt Prozesse 101 (für Prozedur p) und 102 (für Prozedur q). Es gibt daher drei Keller:

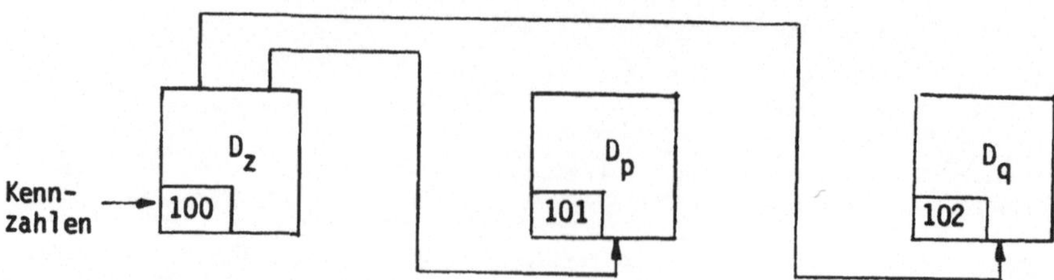

Der Prozessor läuft unter Prozeß q und führt den Sprung aus. Er läuft weiter bis zum normalen Ende des Prozesses (entweder von z oder von einem seiner Vorfahren). Entspricht am Ende dieses Prozesses die Anfangskennzahl (102) nicht mehr der durch den lokalen DSA-Zeiger verfügbaren Kennzahl, so bedeutet das, daß mindestens ein Prozeß beendet wurde.

6.5.3. Auslagerung von Datenräumen

Die Datenräume bei parallelen Prozessen bilden eine Baumstruktur, von denen ein durchgehender Pfad jeweils eine aktive Umgebung bildet. Die Baumstruktur schließt die Verwendung einer einfachen Kellerstrategie aus, weil zwischen einzelnen Zweigen in nicht feststehender Reihenfolge gewechselt wird. Eine Möglichkeit die Kellerdisziplin wieder herzustellen war, jeden Zweig des Baumes als eigenen Keller zu verwalten.

Eine weitere Möglichkeit ist die Auslagerung von Datenräumen, die momentan nicht benutzt werden, auf die Halde. Um diese Auslagerung zu ermöglichen, erhält jede "parallel clause" einen Kontrollblock zugeordnet, der im Datenraum der umgebenden Prozedur angelegt wird. Dieser Kontrollblock enthält Informationen über die Prozesse der "parallel clause"; insbesondere Zeiger auf die Halde, falls dort ein Datenraum abgelegt ist. Weiterhin sind in solchen Kontrollblöcken generell Informationen abgelegt, die es ermöglichen, beim Stoppen eines Prozesses einen anderen lauffähigen zu finden und zu starten.

Beispiel

```
z : begin
    sema s1 = level 0;
    sema s2 = level 0;
    int x, y;
    proc p1 = void : (int a; down s1; q);
    proc p2 = void : (int b; up s1; down s2);
    proc p3 = void : (int c; up s1; up s2);
    proc q  = void : (down s1);
    par (p1, par (p2, p3))
    end
```

Für die Datenräume ergibt sich folgende Baumstruktur:

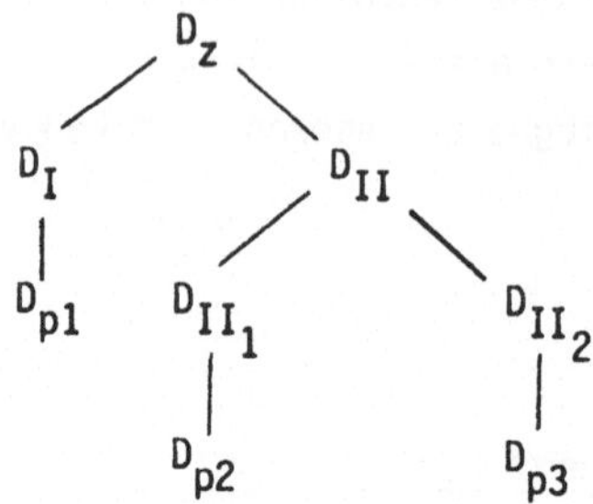

Nehmen wir an, die Abarbeitung beginnt mit dem Prozeß, der als erstes p1 aufruft. Im Keller steht der Datenraum von z und p1. Der Datenraum von z enthält zwei Kontrollblöcke für die beiden geschachtelten "parallel clauses" und die lokalen Größen x, y, s1 und s2. Die Halde ist noch leer.

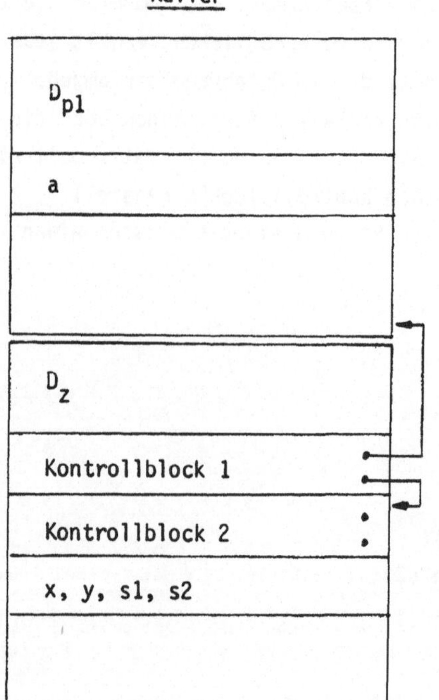

Bei der Abarbeitung von p1 wird der Semaphor s1 mit dem down-Operator abgefragt. Das heißt, der Prozeß wird gestoppt und der "private" Teil seiner Umgebung auf die Halde gelegt. Die Adresse auf diesen Datenraum im Kontrollblock 1 wird mitgeändert. Dann wird der nächste mögliche Prozeß gestartet. Nehmen wir an, es handelt sich dabei um den Prozeß , der p2 aufruft. In diesem Fall wird der Datenraum von p2 auf den Keller gelegt und der entsprechende Eintrag im Kontrollblock 2 vorgenommen. Die Information, daß dieser Prozeß startbar ist, muß auch dem Kontrollblock 1 entnommen werden können.

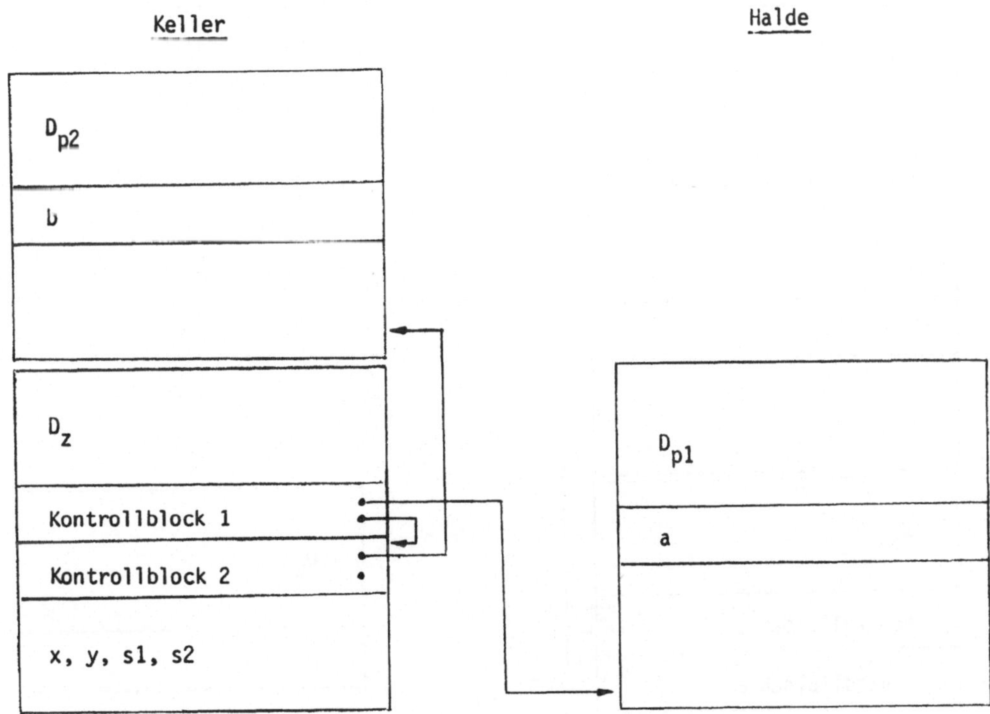

In p2 wird der Semaphor s1 geöffnet; dadurch wird der erste Prozeß wieder startbar. Gleichzeitig wird der zweite Prozeß durch down s2 gestoppt (s2 ist geschlossen). D_{p2} wird auf die Halde kopiert; D_{p1} wird wieder auf den Keller gepackt. Danach wird im ersten Prozeß der Semaphor s1 geschlossen und q aufgerufen. Der Datenraum D_q wird im Keller aufgebaut.

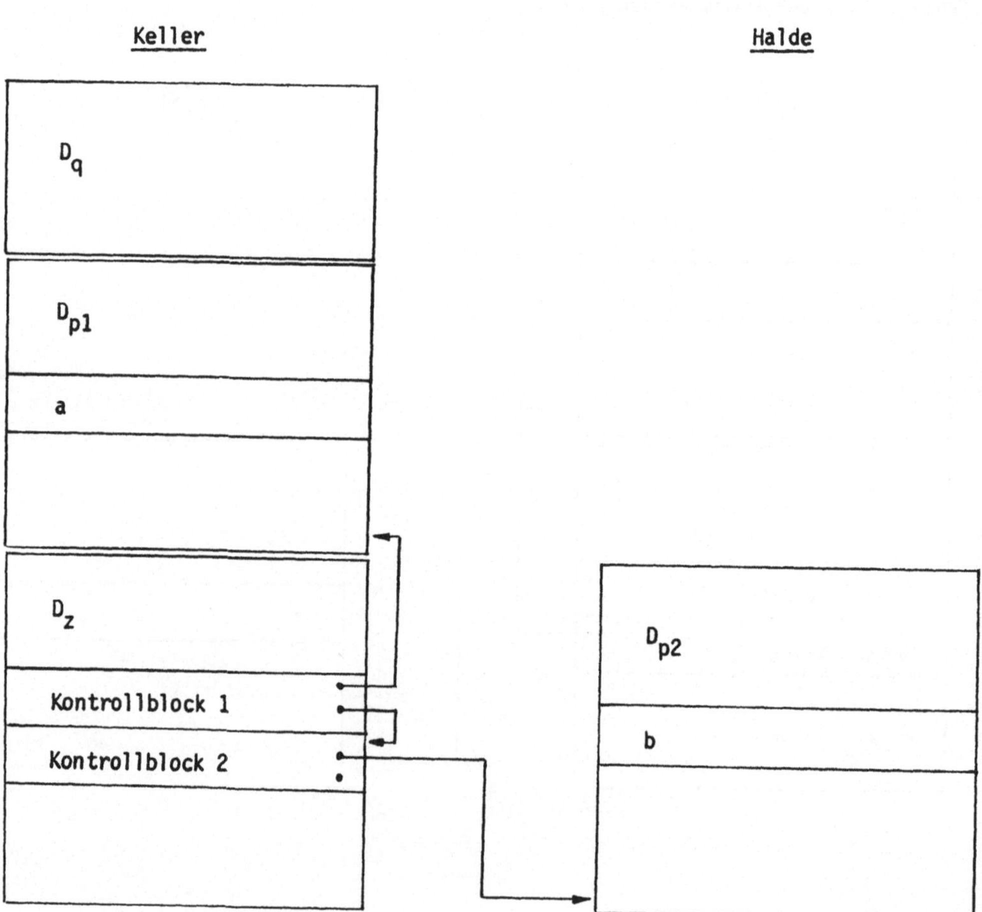

In q wird s1 abgefragt; dadurch wird der Prozeß gestoppt und die zugehörige Umgebung auf die Halde kopiert. Sie besteht aus den Datenräumen für p1 und q. Es ist an dieser Stelle ersichtlich, daß der Kontrollblock Informationen über die Länge der zu seinen Prozessen gehörigen Umgebungen enthalten muß.
Der erste und der zweite Prozeß sind nicht startbar; der dritte Prozeß muß gestartet werden. Der Datenraum von D_{p3} wird auf dem Keller aufgebaut.

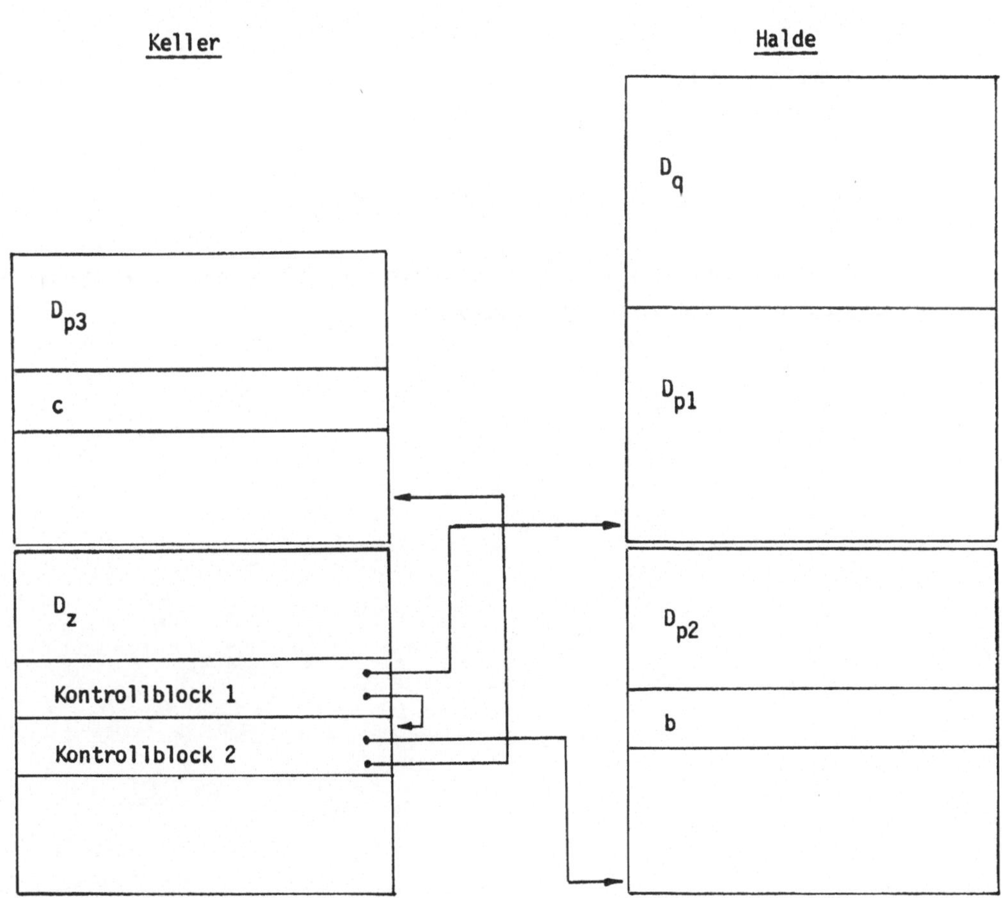

In p3 werden s1 und s2 wieder geöffnet. Damit können auch der erste und zweite Prozeß vollständig abgearbeitet werden.

Es ergeben sich beim Stoppen und Starten eines Prozesses also folgende Aktionen:

Stoppen:

1. Auslagerung der zugehörigen Umgebung auf die Halde
2. Auswahl eines anderen startbaren Prozesses

Starten:

1. Falls erster Start:
   Anlegen einer Umgebung auf dem Keller
2. sonst:
   Kopie der Umgebung von der Halde auf den Stack

Falls der Haldenspeicher voll ist, kann wie schon oben beschrieben eine Speicherbereinigung auf der Halde durchgeführt werden.

7. Optimierung

Die Aufgabe eines Übersetzers ist die Erkennung eines Quellprogramms (Benutzerprogramm) und seine Übersetzung in ein äquivalentes Programm einer anderen Sprache. Dieses erzeugte Programm heißt dann äquivalent, wenn es dieselbe Funktion realisiert wie der Algorithmus, den das Benutzerprogramm darstellt, d.h. bei allen Eingaben, für die der Algorithmus definiert ist, dieselben Resultate liefert.

Unter Optimierung verstehen wir die Umformung eines Algorithmus in einen äquivalenten mit besseren Laufeigenschaften. Die Verbesserung kann in Platz- und/oder Zeitersparnis bestehen. Optimierung bedeutet sowohl die Umformung eines vorgegebenen Algorithmus auf verschiedenen sprachlichen Ebenen (maschinenabhängiger und maschinenunabhängiger) als auch die Bereitstellung von Informationen, die in späteren Übersetzungsphasen (Codeerzeugung) dazu benutzt werden können, die Möglichkeiten der Zielmaschine optimal zu nutzen.

Sinn der Optimierung ist, dem Benutzer einer Programmiersprache die Möglichkeit zu geben, ein Programm ohne Rücksicht auf effiziente Darstellung zu schreiben. Die effiziente Realisierung eines ineffizient ausgedrückten Algorithmus sollte dem Compiler überlassen werden, damit die Programme in ihrem Aufbau den Anforderungen der strukturierten Programmierung und nicht denen der Zielmaschine entsprechen.

7.1. Zweckmäßigkeit von Optimierungen

Die Möglichkeiten zur Optimierung eines Programms sollten immer unter folgenden Gesichtspunkten betrachtet werden:

- Einsatzgebiet des Compilers
- Compileraufwand - Laufzeiteffekt
- Häufigkeit der optimierten Konstruktionen in Benutzerprogrammen

Für Übersetzer von Programmiersprachen gibt es verschiedene Einsatzgebiete, die verschiedene Anforderungen an den Übersetzer stellen:

1. Programmentwicklung
2. Einsatz in der Lehre
3. Einsatz für Produktionsläufe

Dabei muß weiterhin unterschieden werden, in welcher Umgebung (Batch oder Timesharing) der Compiler benutzt wird.

Ein Compiler, der zur Programmentwicklung benutzt wird, sollte viele Möglichkeiten zur syntaktischen und semantischen Überprüfung von Programmen enthalten. Dazu gehört z.B. auch die Untersuchung auf Seiteneffekte innerhalb von Prozeduren und die Betrachtung des Kontrollflusses innerhalb eines Programms. Die Möglichkeiten zur Optimierung sollten hier i.a. nicht genutzt werden, da dem Benutzer viel mehr an schnellen Compilationen gelegen ist, als an effizienter Ausführung.

Ein Compiler für den Einsatz in der Lehre muß im wesentlichen zwei Anforderungen genügen:

- er muß Fehler ausführlich diagnostizieren
- der Compiler darf nicht durch Laufzeitoptimierungen belastet werden, da Programme zwar häufig übersetzt, aber nur selten ausgeführt werden.

Ein Compiler, der Programme für den Einsatz in Produktionsläufen übersetzt, wird selten benutzt, die übersetzten Programme dagegen sehr häufig. Für dieses Einsatzgebiet sind Optimierungen natürlich extrem wichtig, damit das Programm gegenüber Konkurrenzprodukten (evtl. handgeschriebener Assemblercode) bestehen kann. Wesentlich ist hierbei also nicht der Aufwand im Compiler, sondern die Eigenschaften des übersetzten Programms. Die Optimierung einer Konstruktion kann im Compiler zwar sehr viel kosten, trotzdem ergibt sich bei vielfacher Benutzung des erzeugten Programms ein Gewinn.

Die Abschätzung des Compileraufwandes gegenüber dem Laufzeitgewinn bei einer angestrebten Optimierung kann also kein einfacher Vergleich dieser beiden Kosten sein, sondern er muß immer von einer Analyse des Einsatzgebietes begleitet werden.

Die vor wenigen Jahren noch vorhandene Tendenz, sich sehr viel Gedanken über Optimierungsprobleme zu machen, ist wahrscheinlich darauf zurückzuführen, daß bei der Entwicklung höherer Programmiersprachen gerade die Effizienz der erzeugten Programme sehr kritisch betrachtet wurde und nicht die Effizienz bei der Programmentwicklung. Um diese Kritik zu entkräften, mußten Übersetzer entwickelt werden, deren Produkte in Konkurrenz zu handcodierten Programmen treten konnten.

Die Entwicklung von ausgeklügelten Optimierungstechniken ist heute wieder mehr in den Hintergrund getreten, da es sich gezeigt hat, daß der dafür notwendige (geistige und technische) Aufwand bei der Strategie der Codegenerierung besser eingesetzt werden kann. Die Optimierung irgendwelcher exotischer Konstruktionen ist sicherlich sehr interessant; der dafür notwendige Aufwand sollte aber immer sehr kritisch betrachtet werden.

Knuth hat in einer Untersuchung von FORTRAN-Programmen sehr interessante Ergebnisse über die Verwendung von einzelnen Konstruktionen gewonnen. Diese Ergebnisse sollten jedem bekannt sein, bevor er beginnt, Programme zu optimieren [7d].

7.2. Optimierungstechniken

Als erstes soll ein Überblick über die bekanntesten Techniken gegeben werden, ohne auf ihre Einbettung in einen Compiler selbst einzugehen.

Die Optimierungstechniken können in zwei Klassen eingeteilt werden:

1. maschinenunabhängige Techniken, die Umformungen eines Algorithmus ohne Betrachtung einer speziellen Zielmaschine durchführen;
2. maschinenabhängige Techniken, die Umformungen am Algorithmus vornehmen bzw. Informationen über den Algorithmus zur Verfügung stellen, um die Codegenerierungsphase für eine spezielle Maschine oder Maschinenklasse vorzubereiten.

7.2.1. Maschinenunabhängige Optimierungen

7.2.1.1. Folding und Propagation

Folding ist die Ersetzung eines Ausdrucks durch einen Wert, den der Compiler berechnen kann, weil ihm die Werte aller Operanden bekannt sind. Propagation ist die Ersetzung einer Variablen durch ihren Wert, wenn dieser zur Übersetzungszeit bekannt ist.

Beispiel:

```
a := 2 * 3 + 4     wird     a := 10;          (Folding)

a := 10;
b := a;            wird     b := 10;          (Propagation)
```

Folding und Propagation sind Operationen, die vom Compiler ohne große Mühe durchgeführt werden können. Sie sind besonders dann von Vorteil, wenn eine Sprache die Benennung von Konstanten erlaubt und diese Information dem Compiler zur Verfügung steht.

7.2.1.2. Strength reduction

Strength reduction bedeutet die Ersetzung von "teuren" Instruktionen durch "billige So kann z.B. die Exponentiation mit einem konstanten Exponenten durch eine Reihe von Multiplikationen ersetzt werden. Auch diese Operationen können ohne großen Aufwand durchgeführt werden und sollten von einem Compiler vorgenommen werden.

7.2.1.3. Code motion

Die Umordnung eines Programmtextes kann sinnvoll sein, wenn es gelingt, Operationen aus häufig durchlaufenen Programmteilen in wenig benutzte Programmteile zu verlagern (frequency reduction). Die Durchführung dieser Optimierung erfordert viel Aufwand bei der Analyse eines Programmes, bringt aber auch relativ hohen Nutzen, was folgendes Beispiel zeigen soll:

Beispiel:

```
:
read (a);
read (b);
while c < d do
      d := d - 1;
      c := d + a * b;
      print (c) od;
:
```

Die Werte von a und b werden sich in der Schleife nicht ändern. Wenn der Compiler dies erkennen kann, ergibt sich folgende Änderung:

```
:
read (a);
read (b);
t := a * b
while c < d do
      c := d + t;
      print (c) od;
:
```

In jedem Schleifendurchlauf wird eine Multiplikation gespart.

Die Umordnung von Code kann sinnvoll sein, wenn dadurch innerhalb eines Ausdrucks temporärer Speicher gespart wird, die Anzahl der Zwischenergebnisse also verringert wird. Diese Methode der Optimierung ist mit Skepsis zu betrachten, denn sie erfordert einigen Aufwand im Compiler, und Erfolg ist nur dann zu erwarten, wenn im Benutzerprogramm große arithmetische Ausdrücke benutzt werden. Sie ist hauptsächlich dann sinnvoll, wenn die Zwischenergebnisse in Registern gehalten werden sollen und auf der Zielmaschine nur wenige Register zur Verfügung stehen (s. 7.2.2.1.)

Beispiel:

a * (b * (c * d))   wird   ((c * d) * b) * a

(unter Ausnutzung der Kommutativität von *)

7.2.1.4. Common subexpression elimination

Eine in der Literatur sehr häufig erwähnte Optimierungstechnik ist die Ersetzung von gemeinsamen Teilausdrücken. Auch diese Technik ist recht fragwürdig, denn in der Praxis treten diese gemeinsamen Teilausdrücke nur als Indizes häufig auf. Untersuchungen haben ergeben, daß die meisten arithmetischen Ausdrücke nur aus zwei Operanden bestehen, sodaß sich auch hier die Frage stellt, ob der Aufwand in vernünftiger Relation zum Erfolg steht.

Werden in einem Programm gemeinsame Teilausdrücke entdeckt, deren Operanden während der Abarbeitung nicht verändert werden, so müssen diese nicht mehrmals berechnet werden, sondern ihr Wert kann gespeichert werden und steht bei weiterem Auftreten zur Verfügung. Die Methode kann am einfachsten an Hand einer Baumsprache dargestellt werden:

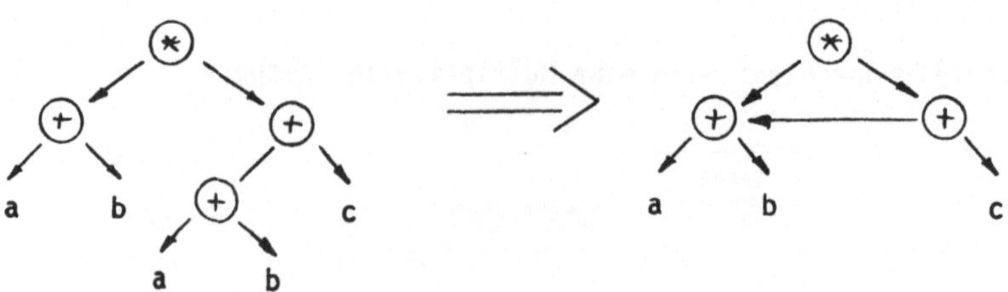

Der Ausdruck a + b kommt im Baum zweimal vor, daher wird eine Umformung derart vorgenommen, daß anstelle des zweiten Unterbaumes für a + b ein Zeiger auf das erste Vorkommen dieses Unterbaumes erzeugt wird.

7.2.1.5. Redundant code elimination

Durch Berechnung konstanter Ausdrücke, aber auch durch Programmänderungen durch den Benutzer kann es passieren, daß Instruktionen nicht mehr benötigt werden, weil ihre Resultate nicht mehr benutzt werden, oder weil sie sich in Gebieten befinden, die nicht mehr erreicht werden können.

Beispiel:

```
int speed = fast;
case speed in # slow : # ... ,
              # medium : # ... ,
              # fast : #
esac
```

Erkennt der Compiler, daß die Größe speed konstant ist, so kann ein Großteil des Codes der case clause entfallen.

7.2.2. Maschinenabhängige Optimierungen

7.2.2.1. Registerzuordnung

Die Belegung von Registern kann für die Codegenerierung vorbereitet werden, indem durch die Analyse des Programmflusses Informationen über die Verwendung von Objekten zur Verfügung gestellt werden.

Die optimale Belegung der Register muß aber eine Angelegenheit der Codegenerierung sein, will man nicht schon in frühen Phasen des Compilers auf Maschinenunabhängigkeit verzichten.

7.2.2.2. Benutzung spezieller Maschineninstruktionen

Die Benutzung von speziellen Maschineninstruktionen kann durch den Compiler veranlaßt werden. Dazu gehören Instruktionen für Zählschleifen oder für den Transport großer Objekte im Speicher (IBM 370: BXLE oder MVC)

Die Information, ob solche Instruktionen benutzt werden können, muß dem Codegenerator übergeben werden, da diese Information meist nur durch eine unter Umständen umfangreiche Analyse des Quelltextes erlangt werden kann.

7.2.2.3. Parallelverarbeitung

In einigen Rechenanlagen existiert die Möglichkeit der parallelen Verarbeitung von Instruktionen (z.B. CDC 6500). Soll diese Möglichkeit einer Maschine ausgenutzt werden, so muß der Compiler Auskunft darüber geben, an welchen Stellen eine Parallelverarbeitung möglich ist. Diese Art von Optimierung kann allerdings mit anderen Optimierungstechniken kollidieren.

7.3. Durchführung der Optimierung in der Synthese

Die Optimierungstechniken lassen sich bei ihrer Anwendung in zwei Kategorien unterteilen:

- lokale Optimierungen, die sich auf Programmstücke beziehen, die bestimmte Bedingungen erfüllen, aus denen sich Optimierungsmöglichkeiten ergeben
- globale Optimierungen, die sich aus der Betrachtung des Kontrollflusses innerhalb des Programms ergeben.

Lokale Optimierungen beziehen sich immer auf Programmstücke, die so ausgewählt werden, daß invariante Aussagen über die darin vorkommenden Objekte gemacht werden können, die eine Optimierung zulassen. Die Auswahl eines solchen Programmstückes kann einmal von der Größe abhängen, denn es ist ersichtlich, daß bei mehr Kontextinformationen bessere Optimierungsmöglichkeiten gegeben sind und bei weniger Kontextberücksichtigung die Komplexität sinkt. Andererseits ist die Auswahl von den strukturellen Gegebenheiten des Programms abhängig. Wir werden solche Programmstücke als Basisblöcke (basic blocks) bezeichnen.

Ein Basisblock enthält nur einen Eingangspunkt und alle in ihm enthaltenen Instruktionen sind hintereinander ausführbar, sodaß es zur Bestimmung des Kontrollflusses keiner weiteren Analyse bedarf. Nur die erste Instruktion darf mit einer Marke versehen sein und nur die letzte darf einen Sprung enthalten.

Ein Programm wird somit in Basisblöcke zerlegt und man erhält etwa folgende Struktur:

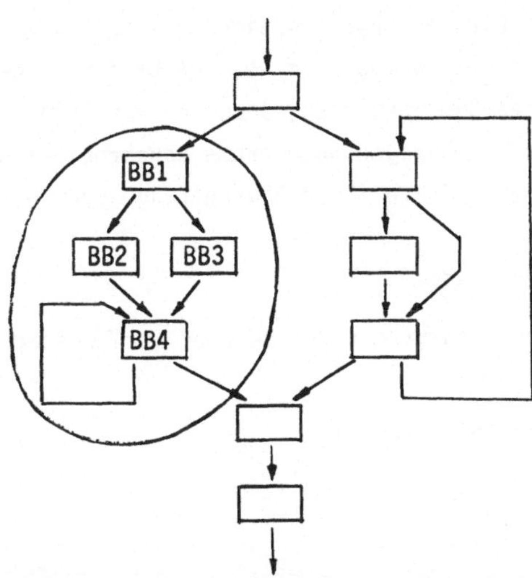

Dabei kann der eingekreiste Teil aus folgendem Programmstück entstanden sein:

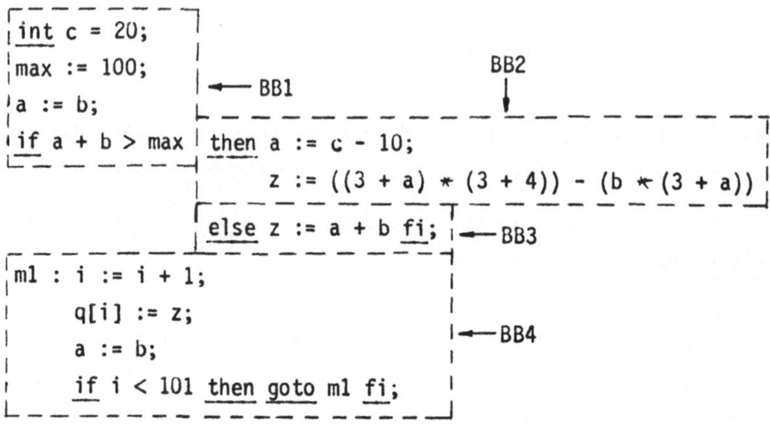

7.3.1. Lokale Optimierungen

Ein Basisblock ist zur Optimierung geeignet, weil beim Ein- und Austritt eindeutige Aussagen über den Zustand der in ihm benutzten Objekte gemacht werden können. Änderungen des Zustands können innerhalb eines Basisblockes verfolgt werden.

Man erhält somit Aussagen darüber, welchen Wert eine Variable zu einem gewissen Zeitpunkt hat, sodaß man diesen Wert ggf. direkt einsetzen kann, oder welche Teilausdrücke konstant bleiben und somit nur einmal berechnet werden müssen.

Die zur Optimierung benutzte Darstellungsform eines Basisblockes ist der gerichtete azyklische Graph (directed acyclic graph). Er beschreibt die Reihenfolge der Ausführung der in ihm enthaltenen Instruktionen, indem er festlegt, daß vor der Abarbeitung eines Knotens alle zugehörigen Unterbäume abgearbeitet sein müssen. Die Knoten können somit in der Reihenfolge ihrer Abarbeitung numeriert werden.

Die einfachsten Optimierungen sind:

- Berechnung konstanter Ausdrücke und Ersetzung von Konstanten durch ihre Werte
- Ersetzung gemeinsamer Teilausdrücke.

Beispiel (Basisblock BB2 aus dem vorherigen Beispiel):

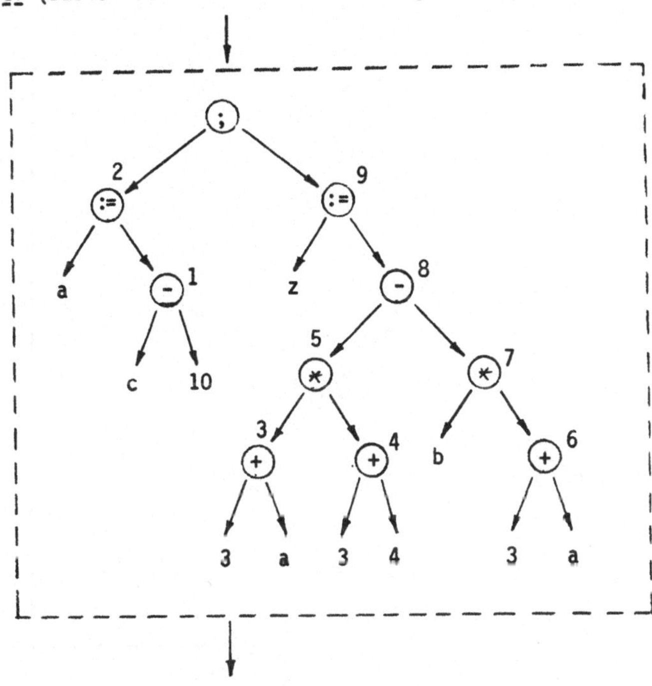

Folgende Optimierungen sind möglich:

1. Berechnung von 3 + 4 bei Knoten 4
2. Erkennung der gemeinsamen Teilausdrücke bei Knoten 3 und 6, da a zwischen 3 und 6 nicht verändert wird
3. Wenn bekannt ist, daß bei Eintritt in BB2 c einen konstanten Wert besitzt:
   - Berechnung von c - 10 bei Knoten 1
   - Ersetzung von a durch diesen konstanten Wert
   - Berechnung der konstanten Ausdrücke bei Knoten 3, 5 und 6

Wir erhalten damit folgenden Graphen für die Optimierungen 1. und 2. :

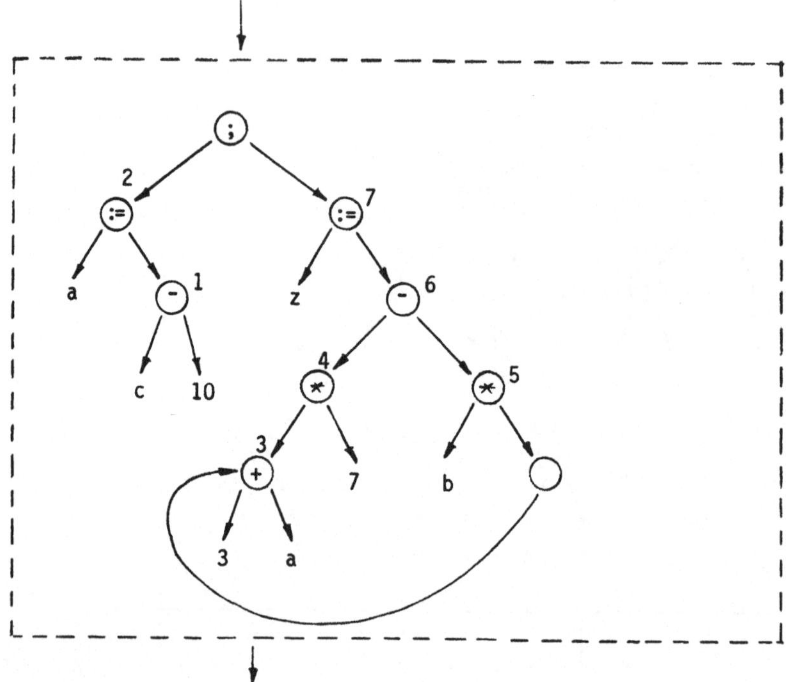

Wenn die Voraussetzung 3. erfüllt ist

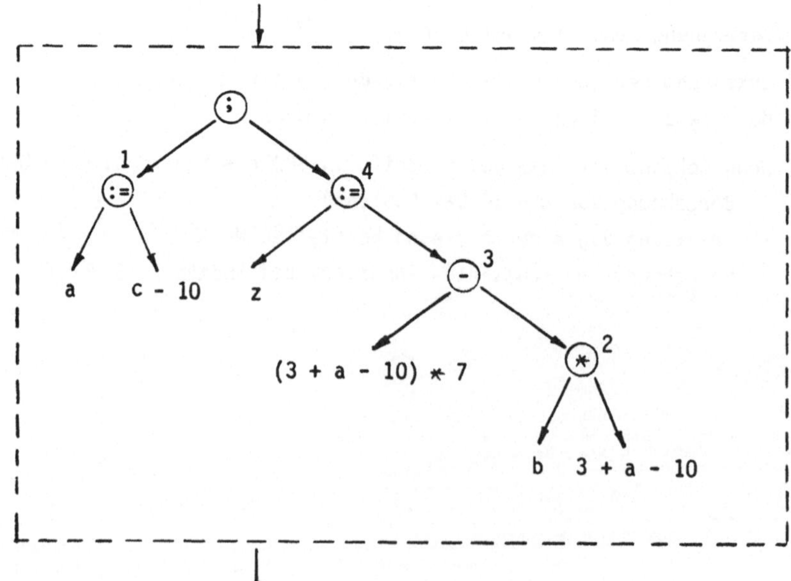

Wenn weiterhin feststeht, daß a in keinem anderen folgenden Block benutzt wird:

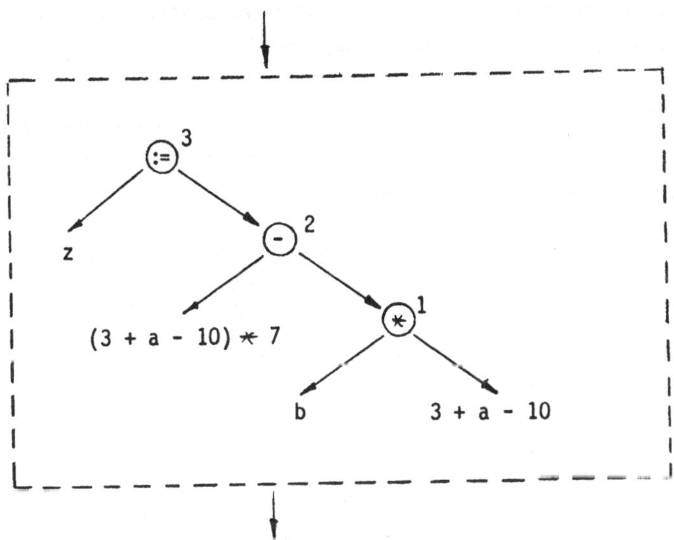

Der umgeformte Baum oder Graph kann nach diesen Optimierungen linearisiert werden und an die Codegenerierungsphase übergeben werden.

Man sieht leicht ein, daß die durchgeführten Optimierungen zu einer günstigeren Codeerzeugung führen, andererseits aber für weitergehende Optimierungen immer mehr Kontextbedingungen herangezogen werden müssen, womit der Compileraufwand stark ansteigt.

Durch das Anlegen von Zustandsvektoren ergibt sich nebenbei eine schöne Möglichkeit festzustellen, ob Variablen vor ihrer ersten Benutzung initialisiert wurden. Dies hilft insbesondere unschöne Laufzeitfehler zu vermeiden.

Ein wichtiges Optimierungsziel ist die Minimierung des benutzten Speicherplatzes. Daher wird versucht, den temporären Speicherplatz bei der Berechnung von Ausdrücken klein zu halten. Um dies zu erreichen, können zwei Eigenschaften von Operatoren benutzt werden:

- die Kommutativität
- die Assoziativität

Mit Hilfe dieser Eigenschaften kann ein Syntaxbaum, der für eine vorgegebene Abarbeitungsfolge einen festen Bedarf an temporärem Speicher hat, in einen anderen mit weniger Speicherbedarf umgewandelt werden.

Die Kommutativität kann Vorteile bringen, wenn es durch sie gelingt, einen Wert nur einmal in ein Register oder in einen Speicherplatz zu laden, und dieser Wert noch ein- oder mehrmals benötigt wird.

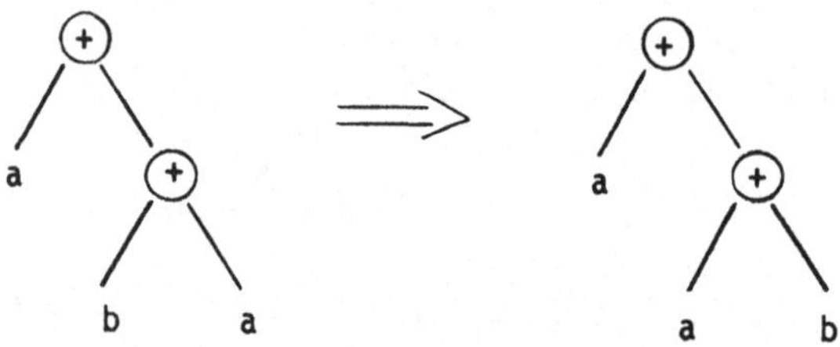

Der Vorteil ergibt sich bei der Linearisierung des Baumes, wenn festgestellt werden kann, daß aufeinanderfolgende Operationen sich auf den gleichen Operanden beziehen.

Eine echte Ersparnis ergibt sich auch, wenn der Compiler in die Lage versetzt wird durch Transformationen am Baum Ausdrücke mit konstanten Werten zu berechnen:

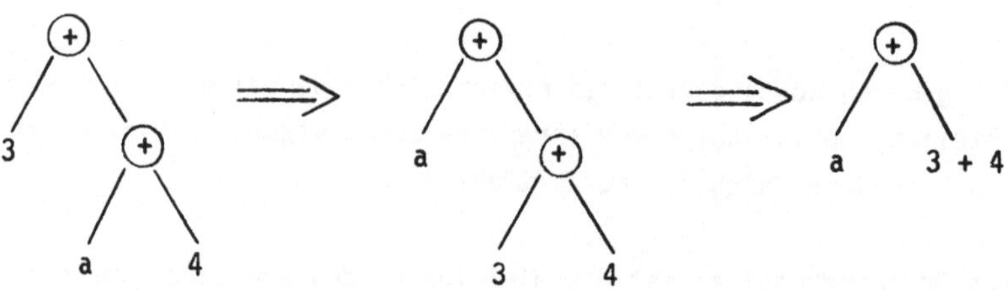

Die Ausnutzung der Assoziativität bedeutet eine Vertauschung von Unterbäumen

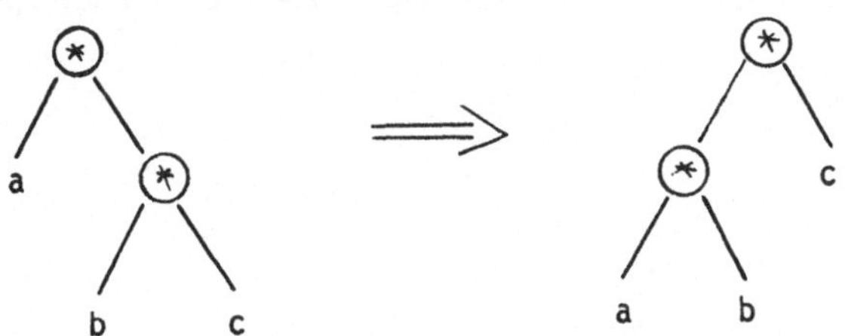

benötigt zwei Speicherplätze für Zwischenergebnisse

benötigt nur einen Speicherplatz für Zwischenergebnisse

Die Ausnutzung der Assoziativität kann zu fehlerhaften Berechnungen führen. Daraus ergibt sich für den Compiler die Notwendigkeit, aus Optimierungsgründen am Quellprogramm durchgeführte Transformationen dem Benutzer zu melden.

Beispiel:

Eine Maschine besitzt eine Genauigkeit von vier Stellen.
Man berechne damit:

a) (6.424 + 8.592) + 2.272

b) 6.424 + (8.592 + 2.272)

Der erste Ausdruck ergibt 17.29, der zweite dagegen 17.28.

Solche Differenzen bei der Berechnung dürften keinem Benutzer einsichtig sein, wenn er nicht auf die vorgenommene Transformation hingewiesen wird. Mit einem solchen Hinweis hat er die Möglichkeit, durch explizite Klammerung die Optimierung zu verhindern.

Die Ausnutzung der Assoziativität von Operatoren kann Speicherplatzersparnis bedeuten, unter Umständen ist aber die entstehende Baumform nicht erwünscht, weil sie sich z.B. nicht zur Parallelverarbeitung eignet. Die Baumform

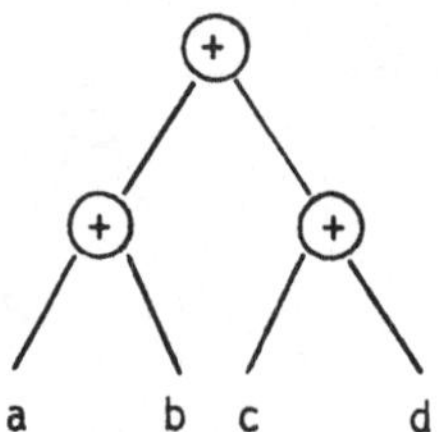

ist zur Parallelverarbeitung bestimmt besser geeignet als der umgeformte Baum:

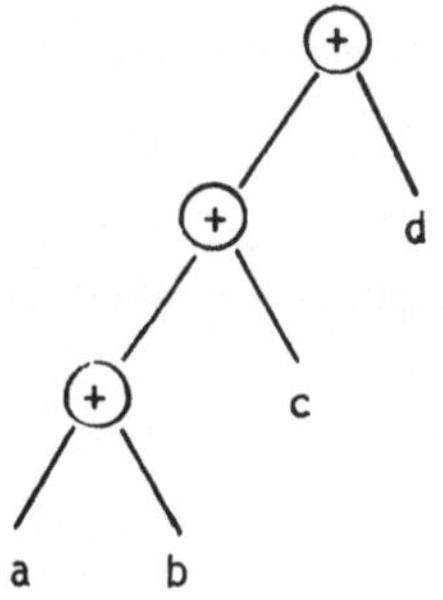

Die Ausführung dieser Transformationen sind demnach nicht maschinenunabhängig zu sehen, was sie für einen Einsatz in Compilerteilen, die möglichst maschinenunabhängig sein sollen, recht fragwürdig macht.

Die innerhalb eines Basisblockes gewählte Darstellungsform ist ein Graph. Wir wollen uns noch anschauen, auf welche Weise es gelingt, beim Aufbau des Syntaxbaumes diesen in einen Graphen zu verwandeln, in dem gleiche Unterbäume nur einmal vorhanden sind. Wir werden dabei als Darstellung eines Knotens ein Tripel benutzen, nämlich den Operator und zwei Operanden, die wiederum Tripel, also Unterbäume sein können. Wir werden weiterhin bei der Abarbeitung des Ausdrucks einen Operandenstack und einen Operatorenstack führen.

Ein Tripel wird jeweils erzeugt, wenn zwei Operanden im Operandenstack stehen und die Priorität des nächsten Operators kleiner ist als die des auf dem Operatorstack stehenden Operators (siehe Erzeugung einer Postfixsprache). Die beiden Operanden werden durch die Nummer des erzeugten Tripels ersetzt und der Operator wird vom Stack entfernt. Bei der Erzeugung des Tripels wird geprüft, ob es schon einmal erzeugt worden ist. In diesem Fall wird dessen Tripelnummer auf den Operandenstack geschrieben und kein neues Tripel erzeugt.

Zur Vorbereitung der Codeerzeugung aus dem Graphen wird für jedes Tripel festgestellt, wie oft es von anderen als Operand benutzt wird. Dies geschieht indem ein Zähler (reference count) beim Erzeugen eines Tripels auf 0 gesetzt wird. Bei jeder Nutzung dieses Tripels als Operand eines anderen wird dieser Zähler um 1 erhöht.

Beispiel:

a + b * c + (a + c * b) * (b * c)

Operandenstack	Operatorstack	Tripel	reference count
a	+		
a b	+ *		
a b c	+ *	(1): *, b, c	~~0~~ ~~1~~ 2
a (1)	+	(2): +, a, (1)	~~0~~ ~~1~~ 2
(2)	+		
(2) a	+ (		
(2) a c	+ (+		
(2) a c b	+ (+ *		
(2) a (1)	+ (+		
(2) (2)	+ ~~( )~~		
(2) (2)	+ * (		
(2) (2) b	+ * (*		
(2) (2) b c	+ * (*		
(2) (2) (1)	+ * ~~( )~~	(3): *, (2), (1)	~~0~~ 1
(2) (3)	+	(4): +, (2), (3)	0
(4)			

d.h. anstelle des Baumes

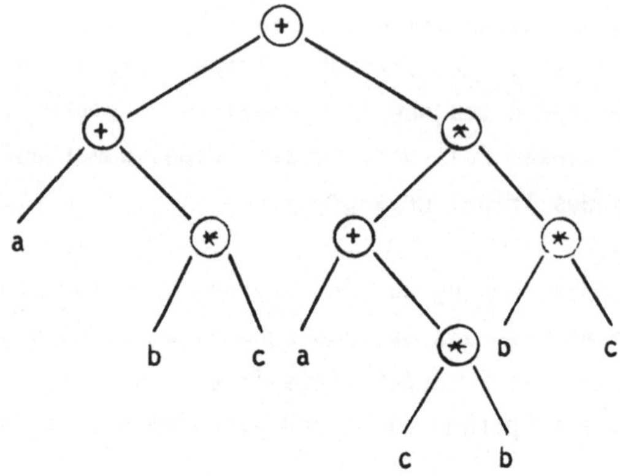

wird folgender Graph erzeugt (die Ziffern bezeichnen die entsprechenden Tripel):

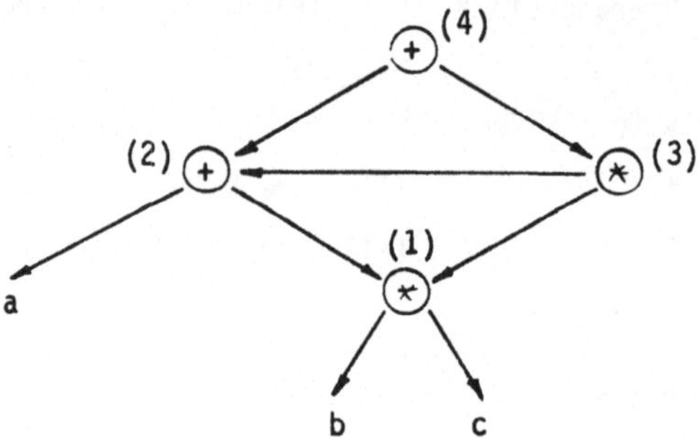

Zur Codeerzeugung ist es sinnvoll, erst die Tripel an die Codeerzeugung zu übergeben, die am häufigsten benutzt werden und vor allem in einer Reihenfolge, die einen optimalen Code ermöglichen. Grundlage dabei ist der reference count, der die Häufigkeit der Benutzung angibt.

7.3.2. Globale Optimierungen

Globale Optimierungen werden durch Betrachtungen des Kontrollflusses in einem Programm ermöglicht. Das Programm kann als gerichteter Graph dargestellt werden, der Zyklen enthalten kann. Die Knoten des Graphen stellen die im vorigen Abschnitt beschriebenen Basisblöcke dar.

Wichtige Gebiete zur Durchführung globaler Optimierung sind Schleifen oder auch das gesamte Programm.

7.3.2.1. Schleifenoptimierung

Ziel der Schleifenoptimierung ist die Entfernung konstanter Ausdrücke aus Gebieten, die häufig durchlaufen werden (frequency reduction). Das Problem ist, festzustellen, ob ein Ausdruck innerhalb einer Schleife konstant ist.

Beispiel:

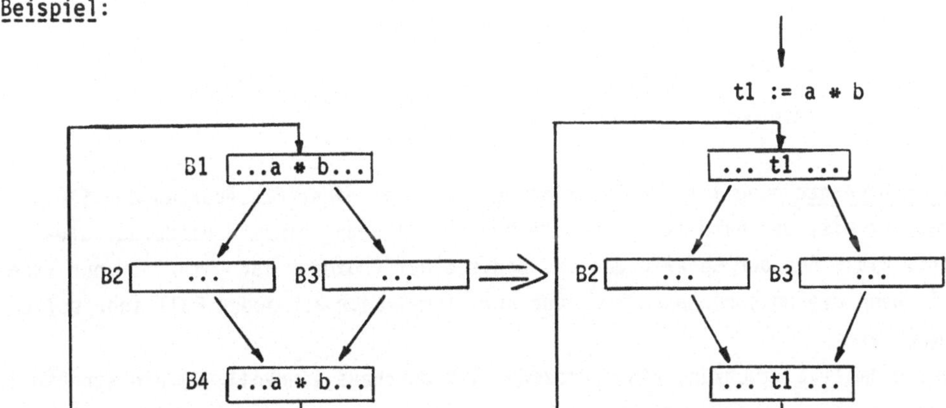

Innerhalb dieser Schleife wird der Ausdruck a * b benutzt. Wenn sichergestellt wäre, daß sich die Operanden in diesem Ausdruck nicht verändern, könnte die Berechnung von a * b vor die Schleife gezogen werden. Voraussetzung ist, daß der Compiler erkennt, daß in keinem Block innerhalb der Schleife ein Operand des Ausdrucks geändert wird.

Diese Ausdrücke entstehen häufig auch implizit, wenn die Schleifenvariable zur Indizierung von Feldelementen benutzt wird.

7.3.2.2. Optimierung der Prozedurbehandlung

Gute Optimierungsmöglichkeiten ergeben sich aus der Betrachtung des dynamischen Verhaltens einer Prozedur. Leider ist aber nur in wenigen Sprachen die Möglichkeit gegeben, schon bei der Übersetzung Aussagen über dieses Verhalten zu erlangen. Die Aussagen beziehen sich z.B. auf die Häufigkeit des Durchlaufs von bestimmten Programmteilen oder auch auf die Art der Verwendung von Parametern.

Wesentliche daraus folgende Optimierungsmöglichkeiten sind

- inline-Codeerzeugung
- Optimierung der Parameterübergabe

Inline-Codeerzeugung ist die Generierung des Codes einer Prozedur an der Stelle ihres Aufrufs, was natürlich den Code zur Durchführung eines Prozeduraufrufes spart. Diese Art der Generierung des Codes einer Prozedur ist natürlich nur sinnvoll, wenn die entsprechende Prozedur nur einmal oder auf jeden Fall sehr selten benutzt wird.

Diese einmalige Benutzung einer Prozedur ist durchaus sinnvoll, da die strukturierte Programmierung die Benennung einzelner auch nicht zu wiederholender Aktionen verlangt und dies in den meisten Programmiersprachen nur mit Hilfe des Prozedurkonzepts verwirklicht werden kann. In diesem Fall sollte ein guter Compiler in der Lage sein, einen Verlust an Effizienz durch eine geschickte Codeerzeugung zu verhindern. Erst wenn dies gewährleistet ist, wird man den Benutzer überzeugen können, daß ihm die Verbalisierung Gewinn bringt.

Die Betrachtung der Verwendung von formalen Parametern kann zweierlei Ergebnisse haben:

1. die Erkennung von unter Umständen nicht erwünschten Nebeneffekten auf globale Variablen
2. die Erkennung von Möglichkeiten einer optimalen Parameterübergabe

Der erste Punkt kann natürlich keine Optimierung nach sich ziehen. Sie bedeutet lediglich die Möglichkeit einer Meldung an den Benutzer, um diesem mögliche Fehler beim Programmentwurf zu signalisieren.

Optimale Parameterübergabe hängt immer auch von der Zielmaschine ab. Deshalb sollten die bei der Parameteranalyse gewonnenen Informationen dem Coder zur Verfügung gestellt werden, der sie dann bei der Realisierung der Parameterübergabe berücksichtigen kann.

Möglichkeiten zur Optimierung der Parameterübergabe ergeben sich

- durch die Vermeidung unnötiger Kopieroperationen, was vor allem bei der Übergabe großer Objekte von Bedeutung ist
- durch die Übergabe von Parametern in Registern, wodurch das Anlegen einer aktuellen Parameterliste und das dann notwendige Kopieren dieser Liste in den Datenraum der gerufenen Prozedur entfallen kann.

Bei der Betrachtung des dynamischen Verhaltens eines Programms ergeben sich nur wenig Möglichkeiten zur Durchführung von Transformationen am Quellprogramm. Sinn dieser Betrachtungen ist vielmehr, Informationen zur Verfügung zu stellen, die sich aus dem globalen Kontroll- und Datenfluß ergeben und die der Coder bei einer sequentiellen Abarbeitung des linearisierten Baumes nicht oder nur schwer erhalten kann.

7.4. Peep-hole-Optimierung

Die sogenannte peep-hole-Optimierung befaßt sich mit der Optimierung des vom Compiler erzeugten Codes, indem mehrere aufeinander folgende Instruktionen (peep-hole: Guckloch) daraufhin untersucht werden, ob unnötige Instruktionen dabei sind. Wesentliche Erfolge sind dabei durch die Vermeidung von aufeinander folgenden LOAD-STORE Befehlen mit gleichen Operanden oder die Benutzung spezieller Instruktionen zu erzielen.

Es erscheint allerdings fraglich, ob eine kompetent durchgeführte Codeerzeugung nicht die gleichen oder bessere Resultate liefert. Sinnvoll ist peep-hole-Optimierung auf jeden Fall bei den sogenannten offenen Sprachen, bei denen der Benutzer die Möglichkeit hat, Instruktionen des Zielcodes im Quellprogramm zu verwenden (CDL-macros).

8. Codeerzeugung

Aufgabe der Codeerzeugung ist, aus der internen Zwischensprache, die als Ergebnis der Analyse entsteht, ein dem Quellprogramm äquivalentes ausführbares Programm (Objektprogramm) zu erzeugen.

Beim Entwurf der Codegenerierungsphase eines Compilers ergeben sich zwei Probleme. Zum einen sollen bei der Codegenerierung die Resourcen des Zielrechners möglichst optimal genutzt werden (maschinennah); zum anderen soll die Portabilität des Compilers auch in dieser Phase weitgehend erhalten bleiben.

Die Schnittstelle zum Analyseteil des Compilers ist maschinenunabhängig, die zur Zielmaschine nimmt natürlich stark Bezug auf die Eigenschaften der Zielmaschine. Im folgenden Kapitel soll allerdings weniger auf die Ausnutzung von Maschineneigenschaften eingegangen werden, vielmehr sollen Konzepte erläutert werden, die es erlauben, für viele Maschinen guten Code zu erzeugen, ohne spezielle Eigenschaften auszunutzen.

Vielfach ergibt sich aus der Struktur eines Compilers die Möglichkeit, die Codeerzeugungsphase als einen separaten Pass zu betrachten. Dieser kann dann für jede Zielmaschine neu geschrieben werden, wodurch auch spezielle Maschineneigenschaften ausgenutzt werden können. Die generelle Struktur dieses Passes sollte dabei so angelegt sein, daß die Übertragung ohne eine Veränderung dieser Struktur erfolgen kann.

8.1. Arten des Objekt-Codes

Folgende Arten des Objekt-Codes sind möglich:

- ein absolut adressiertes Maschinenprogramm
- ein relativ zu einer freien Basis adressiertes Maschinenprogramm
- ein Assemblerprogramm
- ein Programm in einer Zwischensprache, die eine abstrakte Maschine realisiert

Die erste Möglichkeit führt zu sehr effizienter Ausführung, hat aber den Nachteil, daß getrennt kompilierte Unterprogramme nicht dazugeladen werden können. Sie ist geeignet für kleine Programme (Load-and-go-Compiler).

Die zweite Möglichkeit, die Erzeugung von verschieblichem (relocatable) Code, d.h. Code, der relativ zu einer freien Basis adressiert wird, ermöglicht die Zusammenstellung mehrerer Programme zu einem Programm, load module genannt. Diese Zusammenstellung erfolgt durch einen Binder (linker). Seine Arbeit besteht im wesentlichen darin, daß externe Referenzen aufgelöst werden. Das load module wird dann dem Lader (loader) übergeben, der es in ein absolut adressiertes ausführbares Maschinenprogramm übersetzt. Binder und Lader sind häufig in einem Programm kombiniert. Diese Methode der Codeerzeugung wird am häufigsten angewandt.

Die Erzeugung von Assemblercode ist sehr zeitaufwendig, da zur Überführung eines Assemblerprogramms in ein Maschinenprogramm ein vollständiger Lauf des Assemblers notwendig ist. Dieser kann je nach Umfang des Assemblers genauso zeitaufwendig wie ein Compilerlauf selbst sein. Die Methode der Assemblercodeerzeugung ist für den Compilerschreiber nicht aufwendig und eignet sich gut zu Test- und Demonstrationszwecken.

Die Erzeugung von Assemblersprache bietet den Vorteil, daß alle Möglichkeiten des Assemblers benutzt werden können. Ein Beispiel dafür ist die Benutzung spezieller Anweisungen an den Assembler oder, falls vorhanden, die Benutzung von Makroaufrufen.

Alle drei oben aufgezeigten Möglichkeiten haben den Nachteil (?) einer großen Maschinennähe. Wenn der Codegenerierungsteil fest in dem Compiler verschmolzen ist, ist die Übertragung des Compilers auf andere Maschinen nur schwer möglich. Um die Übertragung zu ermöglichen, muß es möglich sein, den Codegenerator im Compiler als ein Paket zu ersetzen. Man läßt daher einen Compiler nicht in Code für eine konkrete Maschine übersetzen, sondern benutzt als Objektsprache für den Compiler die Instruktionen für eine abstrakte Maschine. Zur Übertragung des Compilers auf eine konkrete Maschine ist es dann nur mehr nötig, die Instruktionen der abstrakten Maschine z.B. durch Makroexpansion oder Interpretation auf der konkreten Maschine zu realisieren.

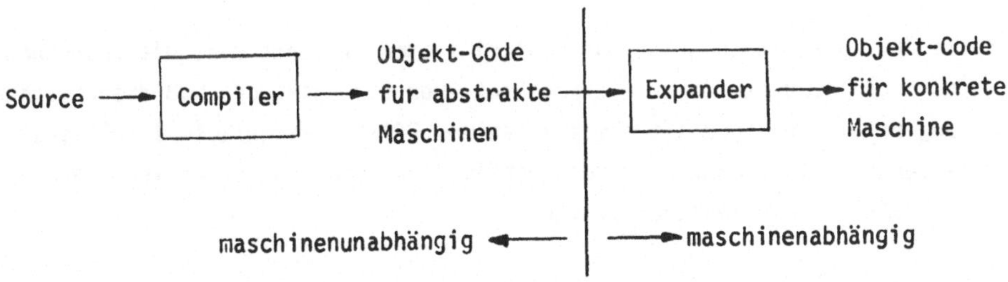

Die Zerlegung der Codeerzeugungsphase in einen maschinenabhängigen und einen maschinenunabhängigen Teil entspricht einerseits der Realisierung der Quellsprachensemantik und andererseits der Realisierung bestimmter Primitivoperationen auf der Zielmaschine.

Die Verwendung eines Zwischencodes bei der Codegenerierung bietet auch die Möglichkeit, diesen Zwischencode auf der Zielmaschine zu interpretieren. Dabei ist es denkbar, daß eine andere auf der Maschine lauffähige Sprache als Zielsprache benutzt wird.

Für den im Praktikum benutzten Compiler existiert eine abstrakte Maschine, deren Befehlssatz durch CDL2-Routinen realisiert wird (gekennzeichnet durch den Vorsatz Macro). Diese Routinen erzeugen Assemblersprache durch den Aufruf von CDL2 Routinen (gekennzeichnet durch den Vorsatz Code). Diese Arbeitsweise der Expandierung der abstrakten Maschine bietet den Vorteil einer gedanklichen Zerlegung der Codegenerierungsphase.

8.2. Verfahren bei der Codeerzeugung

Die Erzeugung eines guten Objektcodes ist stark von der Struktur der Zwischensprache beeinflußt, die der Codeerzeugungsphase als Eingabe zur Verfügung steht und von den Informationen, die aus den vorhergehenden Pässen zur Verfügung stehen. Wir werden versuchen, Code direkt aus einer Baumsprache und aus einer Quadrupelsprache zu erzeugen. Vorher werden wir anhand der Adressierung von Objekten zeigen, wie Informationen aus vorhergehenden Compilerpässen eine sinnvolle Codeerzeugung ermöglichen.

Die Basis der Codeerzeugung ist das Laufzeitsystem, welches u.a. die Zuordnung von Adressen an benutzte Objekte ermöglicht. Der erzeugte Code muß die Speicherverwaltung realisieren und ist somit in seinem Effekt festgelegt. Intelligente Codegenerierung heißt Vermeidung von überflüssigem Code und nicht Veränderung von Teilen der Quell- oder Zwischensprache.

8.2.1. Definition der Zielmaschine

Unsere Zielmaschine besitzt einen frei adressierbaren Speicher und eine Anzahl von n frei verfügbaren Registern R_1 bis R_n. Diese Register können benannt werden; diese Benennungen sind in den Befehlen durch Großbuchstaben gekennzeichnet.
(Beispiel: ACC für die Benennung eines Rechenregisters,
CURDSA für die Bezeichnung eines Registers, das die Basisadresse einer DSA enthält.)

Die Befehle sind Zweiadressbefehle, wobei als Adresse ein Register oder eine Speicherzelle in Frage kommt. Zugriff auf ein Register erfolgt durch die Bezeichnung dieses Registers, Zugriff auf eine Speicherzelle erfolgt durch einen Klammerausdruck der Form (base, distance), wobei base ein Register ist und distance die entsprechende relative Adresse darstellt.

Artihmetische Operationen erfolgen immer zwischen einerseits einem Register und andererseits einer Speicherzelle oder einem Register. Das Ergebnis steht im erstgenannten Register.

Einige Befehle sind:

	Befehl	Semantik
MOVE	adr1 , adr2	inhalt(adr1) := inhalt(adr2)
MOVEADR	adr1 , adr2	inhalt(adr1) := adr2
ADD	REG , adr1	inhalt(REG) := inhalt(REG) + inhalt(adr1)
MULT	REG , adr1	inhalt(REG) := inhalt(REG) * inhalt(adr1)

8.2.2. Adressierung und Zugriff auf Objekte

Das Speicherverwaltungsmodell (siehe 6.) beeinflußt die Art der Adressierung von Objekten. Das betrachtete Speicherverwaltungsmodell für algolähnliche Sprachen sieht einen Datenraum für jede Prozedur vor, in dem alle lokalen Objekte enthalten sind. Die Adressierung aller Objekte (lokal und global) erfolgt immer über die Basisadresse des entsprechenden Datenraums und über den Abstand des Objektes zu dieser Basis (distance).

Die Basis wiederum kann dem Displayvektor des gerade aktiven Datenraums entnommen werden, wenn die Schachtelungstiefe der Deklaration des entsprechenden Objekts (nesting) bekannt ist.

Die Adressierung eines Objektes ergibt also folgenden Code:

```
MOVE  ENVDSA, (CURDSA, nesting)
MOVE  ACC, (ENVDSA, distance)
```

Effekt: das adressierte Objekt steht im Register ACC zur Verfügung

CURDSA = Register, welches die Basisadresse des aktiven Datenraums enthält

ENVDSA = Register, welches die Basisadresse des Datenraums enthält, in dem sich das zu adressierende Objekt befindet

Für lokale Datenobjekte ist der Inhalt von ENVDSA und CURDSA der gleiche. Die Adressierung erfolgt damit einfacher durch

```
MOVE  ACC, (CURDSA, distance).
```

Die Information, ob es sich um ein lokales Datenobjekt handelt, ist durch die Kenntnis des nesting eines Objekts verfügbar.

Dieses einfache Beispiel einer kompetenten Codeerzeugung zeigt, wie bei einer sinnvollen Ausnutzung von eventuell sogar schon vorhandenen Informationen viel Zeit und Platz gespart werden. Eine kompetente Codeerzeugung besteht nicht oder nur zum geringsten Teil in der Ausnutzung von speziellen Tricks, sondern in einer konsequenten Ausnutzung der zur Verfügung stehenden Informationen zur optimalen Nutzung der Resourcen.

Ein weiteres Beispiel für eine nicht sehr intelligente Codeerzeugung zeigt auch das Praktikum bei der Abarbeitung eines identifier application - Knoten (siehe Zwischensprache). Die Information, ob der Wert oder die Adresse des Identifier verlangt ist, wird nicht benutzt. Dies führt dazu, daß immer die Adresse des Identifier auf den Rechenstack (oder in ein Register) geschrieben und dort - als Folge einer Anpassungsoperation - in den entsprechenden Wert umgewandelt wird. Dies ist sehr umständlich, da für die Umwandlung auch noch ein Register benötigt wird (MINI):

```
MOVEADR   (CURDSA, stackadr) , (ENVDSA, distance)
MOVE       ACC , (CURDSA, stackadr)
MOVE      (CURDSA, stackadr) , (ACC, 0)
```

Diese drei Befehle können durch einen ersetzt werden:

```
MOVE      (CURDSA, stackadr) , (ENVDSA, distance)
```

Schauen wir uns noch den Unterschied zwischen einem so ähnlich vom MINI Compiler erzeugten Code und einem "mäßig" intelligent erzeugten Code an:

Beispiel

a := b + a   (a und b sind lokale Größen)

MINI Code

```
MOVE      ENVDSA, (CURDSA, nesting)               }
MOVEADR   (CURDSA, stackadr) , (ENVDSA, distance) } id application
MOVE      ENVDSA, (CURDSA, nesting)               }
MOVEADR   (CURDSA, stackadr) , (ENVDSA, distance) } id application
MOVE      ACC, (CURDSA, stackadr)                 }
MOVE      (CURDSA, stackadr) , (ACC, 0)           } deref
MOVE      ENVDSA, (CURDSA, nesting)               }
MOVEADR   (CURDSA, stackadr) , (ENVDSA, distance) } id application
MOVE      ACC, (CURDSA, stackadr)                 }
MOVE      (CURDSA, stackadr) , (ACC, 0)           } deref
```

```
MOVE      ACC, (CURDSA, stackadr)                   }
ADD       ACC, (CURDSA, stackadr)                   }  dyadic operator +
MOVE      (CURDSA, stackadr), ACC                   }
MOVE      ACC, (CURDSA, stackadr)                   }  assignation
MOVE      (ACC, 0) , (CURDSA, stackadr)             }
```

mäßig intelligent erzeugter Code

```
MOVEADR   (CURDSA, stackadr) , (CURDSA, distance)   }  id application
MOVE      (CURDSA, stackadr) , (CURDSA, distance)   }  id application
                                                       + deref
MOVE      (CURDSA, stackadr) , (CURDSA, distance)   }  id application
                                                       + deref
MOVE      ACC, (CURDSA, stackadr)                   }
ADD       ACC, (CURDSA, stackadr)                   }  dyadic operator +
MOVE      (CURDSA, stackadr), ACC                   }
MOVE      ACC, (CURDSA, stackadr)                   }  assignation
MOVE      (ACC, 0) , (CURDSA, stackadr)             }
```

8.2.3. Codegenerierung für arithmetische Ausdrücke

Im Folgenden sollen einige Verfahren zur Codegenerierung beispielhaft für arithmetische Ausdrücke aufgezeigt werden. Arithmetische Ausdrücke eignen sich besonders gut, weil an ihnen die Verfahren leicht aufgezeigt werden können und auch am ehesten verständlich erscheinen. Der Grund dafür liegt darin, daß innerhalb eines Ausdrucks die für eine gute Codegenerierung benötigten Informationen leicht erhältlich sind und der Ausdruck nur in einem sehr beschränktem Kontext betrachtet werden muß. Dies bedeutet aber nicht, daß die Verfahren nicht auch auf andere Konstrukte anwendbar sind.

8.2.3.1. Tabellengesteuerte Codeerzeugung

Eingabe für den Codegenerator ist der Syntaxbaum des Programms. Beim Durchlaufen des Baumes wird an Hand von Übersetzungstabellen festgestellt, welche Aktionen durchgeführt werden sollen bzw. welcher Code erzeugt werden soll.

Die Übersetzungstabellen werden so angelegt, daß sie auf Grund der Kenntnis der Art der Unterknoten eine gute Codeerzeugung ermöglichen. Der zu generierende Code unterscheidet sich also je nach Beschaffenheit der Unterbäume.

Die Aktionen, die bei der Abarbeitung eines Baumes durchgeführt werden sind:

comp (node)	führt die Übersetzung des mit node bezeichneten Knotens durch
generate (code)	generiert den mit code bezeichneten code

Die Bezeichnung stacktop steht für das oberste Element des working stack; die Variablen werden im Beispiel symbolisch, d.h. durch ihren Namen bezeichnet.

Die Übersetzungstabellen können für die Abarbeitung der Operatorknoten und des Assignationsknotens folgendes Aussehen haben:

Tabelle für ⊖ bzw. ⊘ (⌝ SUB → DIV)

rechter Zweig →

linker Zweig ↓

	Variable	Unterbaum
Variable	generate (MOVE ACC, (node.left)) generate (SUB ACC, (node.right))	comp (node.right) generate (MOVE stacktop, ACC) generate (MOVE ACC, (node.left)) generate (SUB ACC, stacktop)
Unter-baum	comp (node.left) generate (SUB ACC, (node.right))	comp (node.right) generate (MOVE stacktop, ACC) comp (node.left) generate (SUB ACC, stacktop)

Tabelle für ⊕ bzw. ⊛ (⌝ ADD → MULT)

rechter Zweig →

linker Zweig ↓

	Variable	Unterbaum
Variable	generate (MOVE ACC, (node.left)) generate (ADD ACC, (node.right))	comp (node.right) generate (ADD ACC, (node.left))
Unter-baum	comp (node.left) generate (ADD ACC, (node.right))	comp (node.left) generate (MOVE stacktop, ACC) comp (node.right) generate (ADD ACC, stacktop)

Tabelle für Assignation (:=)

source ⟶

dest ↓

	Variable	Unterbaum
Variable	generate (MOVE (node.dest), (node.source))	comp (node.source) generate (MOVE (node.dest), ACC)
Unter-baum	comp (node.dest) generate (MOVE (ACC,0), (node.source))	comp (node.source) generate (MOVE stacktop, ACC) comp (node.dest) generate (MOVE (ACC,0), stacktop)

Beispiel:

Codeerzeugung für den arithmetischen Ausdruck

h := a * ((c + b * a) - (c * d))

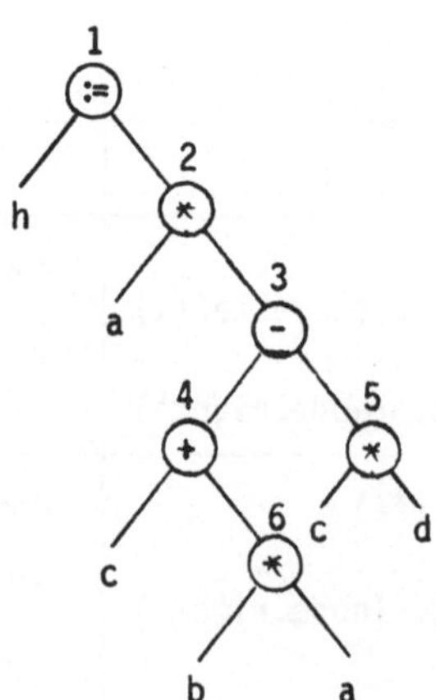

Die Baumknoten sind durchnumeriert, da in den folgenden Aktionen auf diese Numerierung Bezug genommen werden muß.

Nummer des bearbeiteten Knoten	Aktion	erzeugter Code
	comp (1)	
1	comp (2)	
2	comp (3)	
3	comp (5)	
5	generate	MOVE ACC, (c)
	generate	MULT ACC, (d)
3	generate	MOVE stacktop, ACC
	comp (4)	
4	comp (6)	
6	generate	MOVE ACC, (b)
	generate	MULT ACC, (a)
4	generate	ADD ACC, (c)
3	generate	SUB ACC, stacktop
2	generate	MULT ACC, (a)
1	generate	MOVE (h), ACC

Im Beispiel beginnt die Abarbeitung mit dem Befehl comp (1). Die Abarbeitung dieses Assignationsknotens besteht in der Abarbeitung des rechten Unterbaums und der anschließenden Ausführung der Assignation, usw.

8.2.3.2. Codeerzeugung mit Hilfe von Objektdeskriptoren

Bei der Übersetzung eines Programms werden für jedes Objekt seine Attribute in einer Tabelle abgelegt. Die Einträge für ein Objekt bilden einen Deskriptor. Diese Einträge waren bisher z.B. seine Länge, die Schachtelungstiefe seiner Deklaration (nesting) und auch seine Adresse innerhalb eines Datenraums. Wir werden jetzt diese Deskriptoren um einen Eintrag erweitern, der angibt, ob und in welchem Register sich ein Objekt befindet. Wir werden weiterhin auch Deskriptoren für Zwischenergebnisse anlegen, die Informationen darüber enthalten, wo sich Objekte befinden. Außerdem benötigen wir Deskriptoren, die über die Inhalte der verfügbaren Register Aussagen enthalten.

Für die folgende Beschreibung werden wir die Deskriptoren mit symbolischen Namen versehen. In der Implementierung werden die Deskriptoren durch token (Tabellenzeiger) angesprochen.

Die Deskriptoren werden bei der Deklaration eines Objektes oder bei der Entstehung eines Zwischenergebnisses angelegt. Für die verfügbaren Register existieren sie bei Beginn des Übersetzungsprozesses. Sie haben folgende Einträge:

a) für deklarierte Objekte

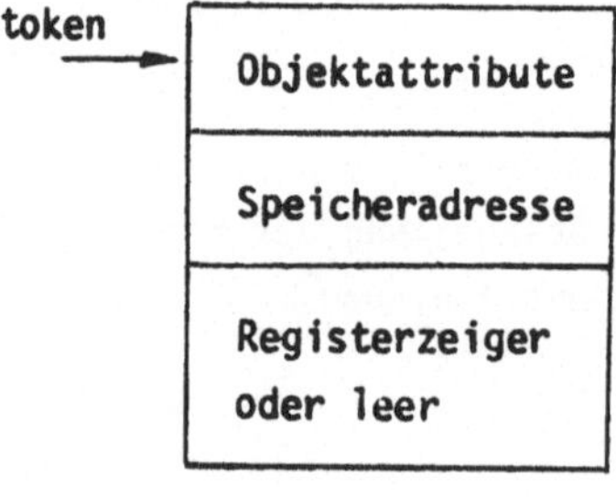

b) für Zwischenergebnisse

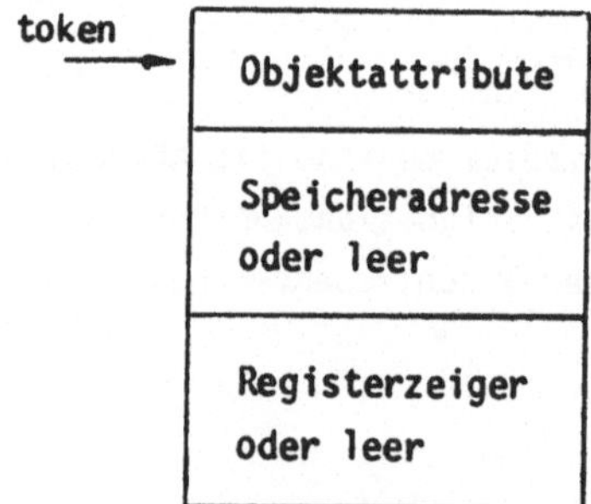

c) für Register

Wir werden das Verfahren an zwei Beispielen für die Codeerzeugung aus einem Baum und für die Codeerzeugung aus Quadrupeln betrachten.

Bei der Erzeugung aus einem Baum besteht die Abarbeitung eines Knotens aus der Abarbeitung der Unterknoten, der Erzeugung des dem Baumoperator entsprechenden Codes und der Zurücklieferung des Deskriptors (token) des Resultats.

Beispiel:

<u>int</u> a, b, c;
a := b + a * c;

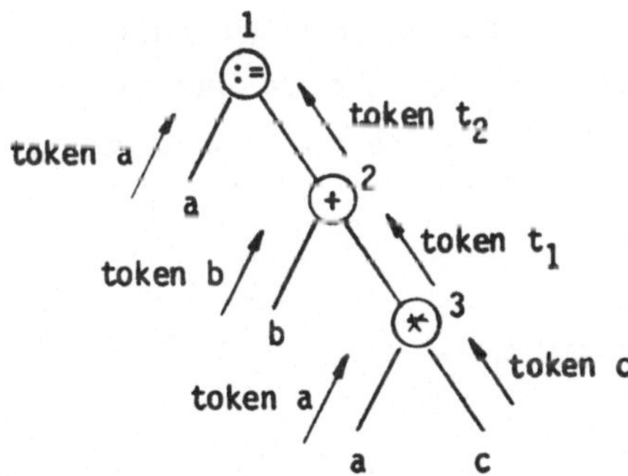

Deskriptoren:

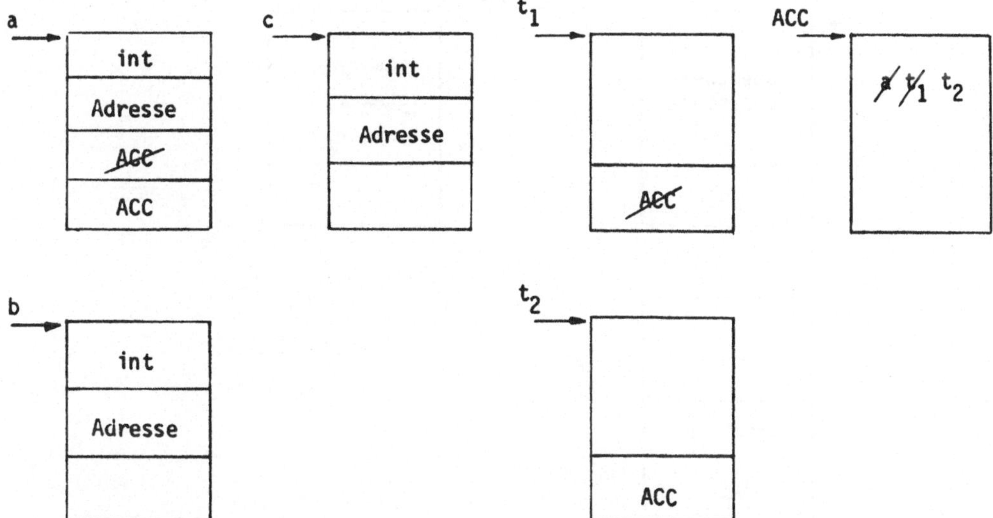

<u>erzeugter Code</u>:

```
Knoten 3:    MOVE  ACC, (a)
             MULT  ACC, (c)

Knoten 2:    ADD   ACC, (b)

Knoten 1:    MOVE  (a), ACC
```

Die Codeerzeugung für Knoten 3 erscheint einsichtig. Bei Knoten 2 zeigen sich die Vorteile des Verfahrens. Zur Codeerzeugung stehen beide den Operanden entsprechenden Deskriptoren zur Verfügung und es kann daraufhin geprüft werden, ob einer der beiden Operanden in einem Register zur Verfügung steht (dabei wird natürlich die Kommutativität des Operators + genutzt). Ist der Operator nicht kommutativ, ist folgender Code notwendig:

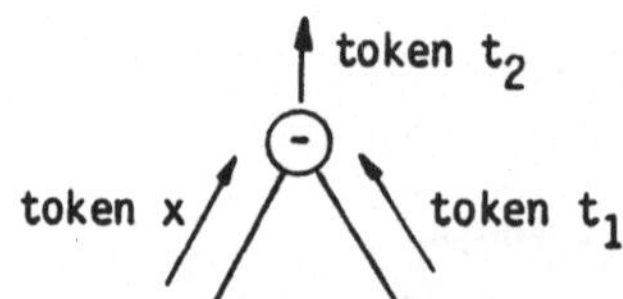

Deskriptoren:

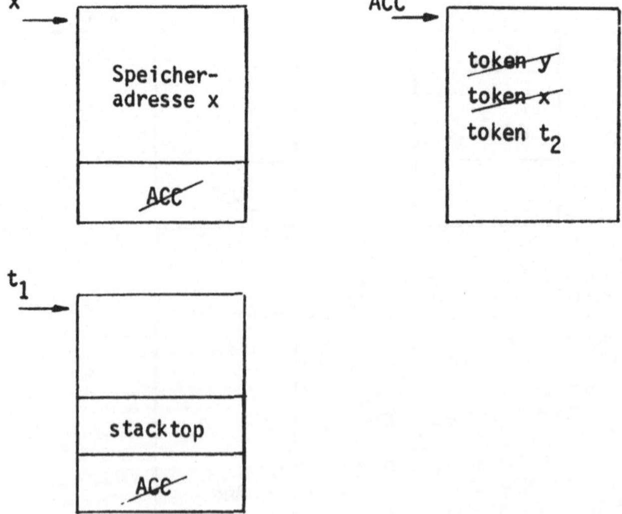

<u>erzeugter Code</u>:

```
MOVE  stacktop, ACC
MOVE  ACC, (x)
SUB   ACC, stacktop
```

Der Unterschied zu den vorherigen Verfahren zeigt sich insbesondere bei der Adressierung der Objekte. Bezieht man den Kontext eines Baumknotens nicht in die Codeerzeugung ein, so ist man gezwungen, alle Objekte zur weiteren Verarbeitung immer auf den working stack zu packen und alle Operationen auf dem stack durchzuführen. Dies führt zu uneffizientem Code sowohl im Speicherbedarf als auch in der Ausführungszeit. Der Code für einen Knoten wird bei diesem Verfahren erst erzeugt, wenn die Resultate der Unterbäume in Form von Deskriptoren zur Verfügung steht.

Schauen wir uns noch an, wie die Codeerzeugung für unser altes Beispiel aussieht:

<u>Beispiel</u>:

$$h := a * ((c + b * a) - (c * d))$$

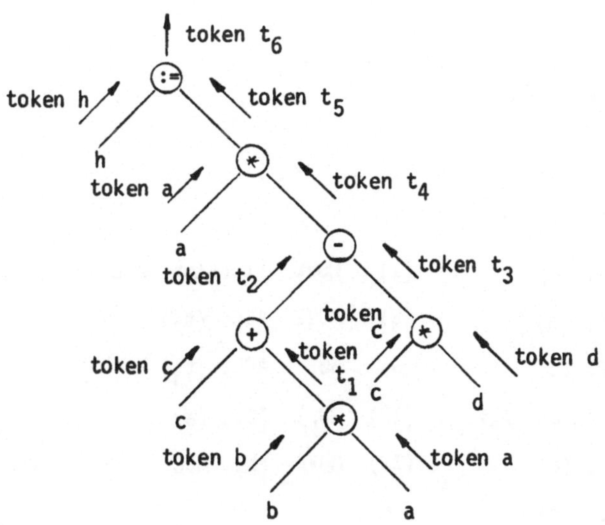

Deskriptoren:

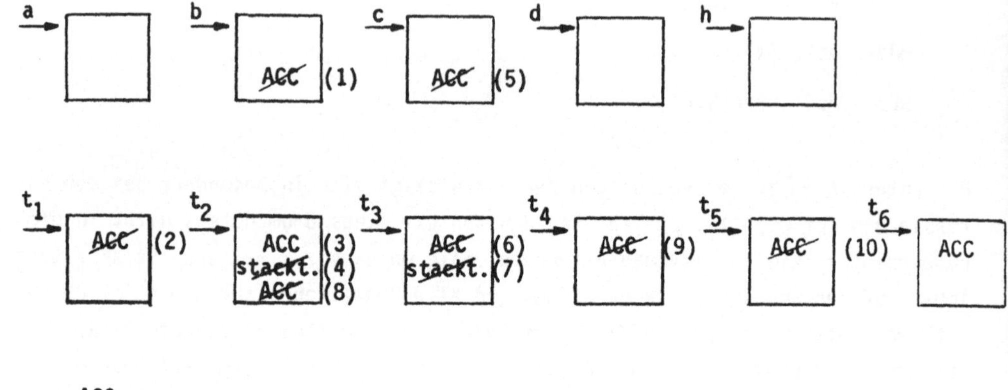

ACC →

token b	(1)
token t_1	(2)
token t_2	(3)
token c	(5)
token t_3	(6)
token t_2	(8)
token t_4	(9)
token t_5	(10)

erzeugter Code:

```
(1)  MOVE  ACC, (b)             (7)  MOVE  stacktop, ACC
(2)  MULT  ACC, (a)             (8)  MOVE  ACC, (t2)
(3)  ADD   ACC, (c)             (9)  SUB   ACC, (t3)
(4)  MOVE  stacktop, ACC        (10) MULT  ACC, (a)
(5)  MOVE  ACC, (c)             (11) MOVE  (h), ACC
(6)  MULT  ACC, (d)
```

Wird bei der Abarbeitung des ⊖ Knotens der rechte Unterbaum zuerst abgearbeitet, kann der Transport des Zwischenergebnisses t_2 auf den Stack unterbleiben, da dieses Ergebnis nach der Abarbeitung des linken Unterbaumes im ACC zur Verfügung steht und somit die Subtraktion direkt durchgeführt werden kann.

erzeugter Code:

```
(1)   MOVE  ACC, (c)
(2)   MULT  ACC, (d)
(3)   MOVE  stacktop, ACC
(4)   MOVE  ACC, (b)
(5)   MULT  ACC, (a)
(6)   ADD   ACC, (c)
(7)   SUB   ACC, (t3)                      # t3 ≙ stacktop #
(8)   MULT  ACC, (a)
(9)   MOVE  (h), ACC
```

Das Verfahren erzielt noch bessere Ergebnisse, wenn die Zielmaschine mehrere Register zur Verfügung stellt. In unserem Beispiel könnte damit auch die Zwischenspeicherung von t_3 vermieden werden. Die Verwaltung von mehreren Registern erfolgt auch über Deskriptoren.

erzeugter Code:

```
(1)   MOVE  ACC1, (b)
(2)   MULT  ACC1, (a)
(3)   ADD   ACC1, (c)
(4)   MOVE  ACC2, (c)
(5)   MULT  ACC2, (d)
(6)   SUB   ACC1, ACC2
(7)   MULT  ACC1, (a)
(8)   MOVE  (h), ACC1
```

Bei der Codeerzeugung aus Quadrupeln entspricht jedes Quadrupel einer entsprechenden Codesequenz. Die Quadrupel stellen eine lineare Abbildung des Benutzerprogramms dar. Sie können aus einem Baum, aber auch direkt aus dem Quelltext entstanden sein. Bei der linearen Abarbeitung eines Quadrupels sind nur wenig Kontextinformationen eines Quadrupels vorhanden, was die Codeerzeugung etwas schwieriger macht.

Um nötiges Laden und Speichern von Objekten zu vermeiden, werden auch bei dieser Methode Deskriptoren für die Objekte und Register verwendet, aus denen die Adresse eines Objektes entnommen werden kann.

Als Beispiel betrachten wir auch wieder den Ausdruck:

$$h := a * ((c + b * a) - (c * d))$$

Quadrupel	Code	
$*$, b, a, t_1	(1)	MOVE ACC, (b)
	(2)	MULT ACC, (a)
+, t_1, c, t_2	(3)	ADD ACC, (c)
$*$, c, d, t_3	(4)	MOVE (stacktop), ACC
	(5)	MOVE ACC, (c)
	(6)	MULT ACC, (d)
-, t_2, t_3, t_4	(7)	MOVE (stacktop), ACC
	(8)	MOVE ACC, (t_2)
	(9)	SUB ACC, (t_3)
$*$, a, t_4, t_5	(10)	MULT ACC, (a)
:=, t_5, h	(11)	MOVE (h), ACC

Deskriptor für:

ACC	~~t_1~~ ~~t_2~~ ~~c~~ ~~t_3~~ ~~t_2~~ ~~t_4~~ t_5
t_1	~~ACC~~
t_2	~~ACC~~ stacktop
t_3	~~ACC~~ stacktop
t_4	~~ACC~~
t_5	ACC

Die Menge der erzeugten Befehle bei der Erzeugung aus Quadrupeln ist im allgemeinen größer als bei der Erzeugung aus einer Baumsprache. Der Grund liegt darin, daß die Quadrupel linear durchlaufen werden, während bei einem Baum je nach Operator der zur weiteren Verarbeitung günstigere Zweig des Baumes als erstes abgearbeitet werden kann.

Anhang A: Die Sprachen MINI und MAXI

A.1. Vorbemerkung

Die Sprachen MINI und MAXI sind Untersprachen von ALGOL68. Ein Compiler für die Sprache MINI wird im Praktikum vorgegeben. Die Hauptaufgabe des Praktikums ist die Erweiterung dieses Compilers, sodaß Programme der Sprache MAXI übersetzt werden können.

Als Objekte sind Variablen und Konstanten vom Mode '*int*' bzw. '*bool*', eindimensionale Reihen mit einfachen Elementen und Prozeduren zugelassen. Als Anpassungsoperationen sind dereferencing, deproceduring und voiding in MAXI enthalten. Über die Sprache MINI hinaus stehen die Steuerkonstrukte call und slice zur Verfügung. Für blockstrukturierte Identifizierung gibt es Konstrukte, mit denen die Gültigkeit von Definitionen abgegrenzt wird. Um die Semantik rekursiver Prozeduraufrufe beschreiben zu können, werden die Begriffe Umgebung und Datenraum eingeführt (vgl. routine text). Ein Datenraum enthält (zur Laufzeit) die Werte aller Größen, die in einer Routine deklariert sind. Eine Umgebung enthält die Werte aller Größen, die zu einem bestimmten Zeitpunkt der Programmausführung zugänglich sind.

A.2. Beschreibung der Sprachen MINI und MAXI

Die Sprachen MINI und MAXI werden durch eine kontextfreie Grammatik beschrieben. Zu einigen Regeln werden Beispiele gezeigt, die mit den Zeichen □ eingeschlossen sind. Die Kontextbedingungen und die Semantik der einzelnen Konstrukte werden wenn nötig verbal angegeben.
Die zusätzlichen Regeln zur Beschreibung von MAXI sind durch einen Längsstrich gekennzeichnet.

A.2.1. Program

a) program:
   closed clause.

Beispiele:

```
□'begin' 'skip' 'end'□

□'begin' # Dieses Programm liest eine Zahl und druckt ihre Fakultät #
     'proc' fak = ('int' n) 'int':
             'if' n < 2
             'then' 1
             'else' n * fak (n-1)
             'fi';
     'int' n;
     read (n);
     print (fak (n))
  'end'□
```

Kontextbedingungen:

Die closed clause muß an den Mode *'void'* anpaßbar sein. Die Prozeduren *read* (mit dem Mode *'proc' ('ref' 'int') 'void'*), *print* *'proc' ('int') 'void'*) und *newline* (*'proc' ('int') 'void'*) werden als vordeklariert angenommen.

Semantik:

Eine neue Umgebung, bestehend aus der leeren Umgebung und einem neuen Datenraum, wird aktiv gemacht. Die closed clause wird ausgeführt.

A.2.2. Clauses

Die clauses dienen zur Strukturierung von Programmen.

A. 2.2.1. Closed Clause

a) closed clause:
   begin token, serial clause, end token;
   open token, serial clause, close token.

b) closed clause without declarations:
   begin token, serial clause without declarations, end token;
   open token, serial clause without declarations, close token.

Beispiele:

□*'begin' 'int' i; read(i); print(i); i 'end'*□

□*(a + b)*□

Kontextbedingungen:

Die closed clause besitzt den gleichen Mode wie die serial clause (im ersten Beispiel *'ref' 'int'*; im zweiten Beispiel *'int'*).

A.2.2.2. Serial Clause

a) serial clause:
   series.

b) serial clause without declarations:
    series without declarations.

c) series:
    unit, go on token, series;
    declaration, go on token, series;
    label definition, series without declarations;
    unit.

d) series without declarations:
    unit, go on token, series without declarations;
    label definition, series without declarations;
    unit.

e) series without declarations and labels:
    unit, go on token,
        series without declarations and labels;
    unit.

f) label definition:
    label identifier definition, colon token.

Beispiele:

□'*int*' *i*; *read* (*i*); '*bool*' b; b := '*true*'□ (zu a))

□*newline* (*10*); *read* (*i*); b := '*ture*'□ (zu b))

Kontextbedingungen:

a) Eine serial clause kann Deklarationen für Objekte und Labeldefinitionen enthalten. Der Gültigkeitsbereich dieser Definitionen ist die serial clause.

b) Eine serial clause without declarations kann Labeldefinitionen enthalten. Der Gültigkeitsbereich dieser Definitionen ist die serial clause without declarations.

a) und b)

Jede serial clause bzw. serial clause without declarations bildet ein Range. Ein Range ist ein Gültigkeitsbereich für Objekt- bzw. Labeldefinitionen. Die Definition eines Objektes bzw. Labels gilt für das kleinste Range, welches die Definition umfaßt. In einem Range darf ein Identifier nur einmal definiert werden, d.h. in einer label definition oder identifier definition auftreten. Wird in einem Range ein Identifier definiert, der in einem umfassenden Range bereits definiert worden ist, so gilt die äußere Definition nicht in dem inneren Range.

c), d) und e)

Alle units einer series (series without declarations, series without declarations and labels) mit Ausnahme des letzten unit, müssen an den Mode '*void*' anpaßbar sein. Die series besitzt den gleichen Mode wie das letzte unit.

f) Die Definition eines Labels kann vor oder hinter seiner ersten Applikation stehen.

A.2.2.3. Loop Clause

a) loop clause:
   while part, do part.

b) while part:
   while token, enquiry clause.

c) do part:
do token, serial clause without declarations, od token.

d) enquiry clause:
series without declarations and labels.

Beispiele:

□'*while*' '*true*' '*do*' '*skip*' '*od*'□

□'*while*' *0* < *i* '*do*' *read* (*i*); *print* (*i*) '*od*'□

Kontextbedingungen:

a) Eine loop clause besitzt immer den Mode '*void*'.

c) Die serial clause without declarations muß an den Mode '*void*' anpaßbar sein.

d) Die series without declarations and labels muß an den Mode '*bool*' anpaßbar sein.

Semantik:

Bei einer loop clause wird zuerst der while part abgearbeitet. Wenn die enquiry clause den Wert '*true*' liefert, wird der do part abgearbeitet und anschließend wieder beim while part angefangen. Wenn die enquiry clause den Wert '*false*' abliefert, wird die Abarbeitung der loop clause beendet.

A.2.2.4. Conditional Clause

a) conditional clause:
   if token, enquiry clause,
      then part, else part, fi token.

b) then part:
   then token, serial clause without declarations.

c) else part:
   else token, serial clause without declarations.

Beispiele:

□'*if*' *a* < *b* '*then*' *a* '*else*' *b* '*fi*'□

□'*if*' *top* := *top* + 1; *top* < *maxtop*
 '*then*' *print* (-999); '*goto*' *stop* '*fi*'□

Kontextbedingungen:

a) Falls der else part leer ist, ist der Mode der conditional clause '*void*'. Andernfalls müssen then part und else part an denselben Mode anpaßbar sein, und dieser Mode ist der Mode der conditional clause.

b) Der Mode des then part ist der seiner serial clause without declarations.

c) Der Mode des else part ist der seiner serial clause without declarations.

Semantik:

Die enquiry clause wird abgearbeitet. Falls sie den Wert '*true*' liefert, wird der then part abgearbeitet. Andernfalls wird, falls vorhanden, der else part abgearbeitet. Das Ergebnis der conditional clause ist das des then part bzw. das des else part.

A.2.3. Declarations und Declarer

A.2.3.1. Declarations

a) declaration:
variable declaration;
routine declaration.

b) variable declaration:
variable declarer, variable definition.

c) variable definition:
identifier definition.

d) routine declaration:
procedure token, identifier definition,
is defined as token, routine text.

e) routine text:
result declarer, colon token, routine body;
open token, parameter declaration,
close token, result declarer,
routine token, routine body.

f) parameter declaration:
parameter delcarer, parameter definition.

g) parameter defintion:
identifier definition.

h) routine body:
closed clause.

Beispiele:

□'*int*' *i* □

□(/1:N/) '*int*' *row*□

□'*proc*' *square* = ('*int*' *i*) '*int*' : (*i* * *i*)□

Kontextbedingungen:

b) Der Identifier der variable definition erhält den Mode '*ref*' '*m*' , wobei '*m*' der Mode des variable declarer ist.

d) Der Identifier erhält den Mode des routine text.

e) Ein routine text bildet ein Range. Der Mode des routine text ist in der ersten Alternative '*proc*' '*r*' , wobei '*r*' der Mode des result declarer ist, in der zweiten Alternative '*proc*' ('*p*') '*r*' , wobei '*p*' der Mode des parameter declarer und '*r*' der des result declarer ist. Der Mode des routine body muß an den des result declarer anpaßbar sein.

f) Der Identifier der parameter definition erhält den Mode des parameter declarer.

Sematik:

b) Falls der variable declarer ein simple declarer ist, wird im Datenraum der aktiven Umgebung Platz für ein Objekt vom Mode des simple declarer geschaffen. Falls der variable declarer ein row declarer ist, wird im Datenraum der aktiven Umgebung eine Reihe mit den Grenzen lower bound und upper bound erzeugt. Die Adresse des Platzes bzw. der Reihe wird mit dem Identifier assoziiert.

d) Die von dem routine text gelieferte Routine wird mit dem Identifier assoziiert.

e) Ein routine text liefert eine Routine. Sie besteht aus dem routine text und der gerade aktiven Umgebung (die die globalen Größen des routine text enthält).

Eine Umgebung besteht aus einem Datenraum und einer Umgebung, oder sie ist leer (d.h. eine Umgebung ist ein Keller von Datenräumen). Datenräume werden beim Aufruf von Prozeduren erzeugt und beim Verlassen wieder freigegeben. Datenräume enthalten die Werte von deklarierten Objekten. Die Umgebung, die zu einem bestimmten Zeitpunkt den neuesten Datenraum enthält, heißt aktiv. In der aktiven Umgebung befinden sich alle Objekte, auf die zur Zeit zugegriffen werden kann.

Eine Routine kann, ggf. mit einem Parameter, aufgerufen werden (vgl. call und deproceduring): Aus ihrer Umgebung und einem neuen Datenraum wird eine neue Umgebung erzeugt und aktiv gemacht. (Im allgemeinen ist die Umgebung der gerufenen Routine verschieden von der gerade aktiven Umgebung.) Falls der routine text eine parameter declaration enthält, so wird diese mit dem gegebenen Parameter ausgeführt. Der routine body wird ausgeführt. Danach wird die vor dem Aufruf aktive Umgebung wieder aktiv gemacht. Das Ergebnis eines Aufrufs ist das des routine body.

f) Die Ausführung einer parameter declaration mit einem gegebenen unit als aktuellem Parameter besteht darin, daß der von dem unit gelieferte Wert mit dem Identifier der parameter definition assoziiert wird.

A.2.3.2. Declarer

a) variable declarer:
    simple declarer;
  | row declarer.

b) simple declarer:
  integral token;
  boolean token.

c) row declarer:
  sub token, rower, bus token,
    simple declarer.

d) rower:
  lower bound, up to token, upper bound.

e) lower bound:
  unit.

f) upper bound:
  unit.

g) result declarer:
  void declarer;
  simple declarer;
  procedure declarer.

h) void declarer:
  void token.

i) procedure declarer:
  procedure token, formal plan.

j) formal plan:
  result declarer;
  open token, parameter declarer,
    close token, result declarer.

k) | parameter declarer:
  simple declarer;
  reference declarer;
  procedure declarer.

l) | reference declarer:
  ref token, simple declarer.

Beispiele:

□'*int*'□ □'*bool*'□

□(/1:*n*/) '*int*'□

□'*proc*' ('*int*') '*void*'□

□'*proc*' ('*proc*' '*int*') '*proc*' '*int*'□

Kontextbedingungen:

b) Ein integral token spezifiziert den Mode '*int*' , ein boolean token den Mode '*bool*'.

c) Der Mode des row declarer ist [ ] '*m*' , wobei '*m*' der Mode des simple declarer ist.

e) und f)
Das unit muß an den Mode '*int*' anpaßbar sein.

h) Der Mode eines void declarer ist '*void*'.

i) Der Mode eines procedure declarer ist '*proc*' '*r*' oder '*proc*' ('*p*') '*r*' , wobei '*p*' der Mode des parameter declarer, falls vorhanden, und '*r*' der Mode des result declarer des formal plan ist.

l) Der Mode eines reference declarer ist '*ref*' '*m*' , wobei '*m*' der Mode des simple declarer ist.

A.2.4. Units

a) unit:
   assignation;
   skip;
   jump;
   formula.

b) primary:
   slice;
   call;
   denoter;
   identifier application;
   closed clause without declarations;
   conditional clause;
   loop clause.

Beispiele:

□*i* := *j* := 1□ □'*skip*'□ □*i* < 0□ □'*goto*' *hell*□

□*print* (*i*)□ □'*true*'□ □*i*□ □*vector* (/*i*/)□

□'*while*' '*true*' '*do*' '*skip*' '*od*'□

□'*if*' *you like ice cream* '*then*' *ice* '*else*' *cheese* '*fi*'□

Kontextbedingungen:

a) Das Unit besitzt den gleichen Mode wie die Assignation, das Skip, der Jump oder die Formula.

b) Das Primary besitzt den gleichen Mode wie das Slice, der Call, der Denoter, die Identifier Application, die closed clause without declarations, die conditional clause oder die loop clause.

A.2.4.1. Assignation

a) assignation:
destination, becomes token, source.

b) destination:
formula.

c) source:
unit.

Beispiele:

□*i* := *j* := *10*□ □*j* := *1*□

Kontextbedingungen:

a) Die Assignation besitzt den gleichen Mode wie die Destination. Die Destination muß an den Mode '*ref*' '*int*' ('*ref*' '*bool*') und entsprechend die Source an den Mode '*int*' ('*bool*') anpaßbar sein.

Semantik:

a) Die destination und die Source werden abgearbeitet. Der Wert der source wird anschließend an den Platz geschrieben, auf den die destination zeigt.

A.2.4.2. Skip

a) skip:
skip token.

Beispiel:

□'*skip*'□

Kontextbedingungen:

a) Das Skip besitzt den Mode '*void*'.

Semantik:

a) Das Skip dient als Dummy-Statement. Bei der Abarbeitung wird nichts getan.

A.2.4.3. Jump

a) | jump:
goto token, label identifier application.

Beispiel:

□'*goto*' *stop*□

Kontextbedingungen:

Ein jump hat den Mode '*void*'.

Semantik:

Die Ausführung des Programms wird an der durch den label identifier markierten Stelle fortgesetzt. Die bei der label definition aktive Umgebung wird aktiv gemacht.

A.2.4.4. Formula

Für die Beschreibung von Formeln wird für MINI und MAXI eine unterschiedliche Syntax benutzt. Dies ist notwendig, da in MINI nur sehr primitive arithmetische Ausdrücke erlaubt sind.

MINI:

a) formula:
    monadic operand, dyadic operator, monadic operand;
    monadic operand.

b) monadic operand:
    monadic formula;
    primary.

c) monadic formula:
    monadic operator, monadic operand.

d) dyadic operator:
    equal token;
    less than token;
    plus token;
    minus token.

e) monadic operator:
    plus token;
    minus token;
    not token.

MAXI:

a) | formula:
    priority 1 formula.

```
b)  priority 1 formula:
       priority 1 formula, priority 1 operator,
          priority 2 formula;
       priority 2 formula.

c)  priority 2 formula:
       priority 2 formula, priority 2 operator,
          priority 3 formula;
       priority 3 formula.

d)  priority 3 formula:
       priority 3 formula, priority 3 operator,
          priority 4 formula;
       priority 4 formula.

e)  priority 4 formula:
       priority 4 formula, priority 4 operator,
          priority 5 formula;
       priority 5 formula.

f)  priority 5 formula:
       priority 5 formula, priority 5 operator,
          priority 6 formula;
       priority 6 formula.

g)  priority 6 formula:
       priority 6 formula, priority 6 operator,
          monadic formula;
       monadic formula.

h)  monadic formula:
       monadic operator, monadic formula;
       primary.

i)  priority 1 operator:
       or token.
```

j) priority 2 operator:
   and token.

k) priority 3 operator:
   equal token;
   unequal token.

l) priority 4 operator:
   less than token;
   less equal token;
   greater equal token;
   greater than token.

m) priority 5 operator:
   plus token;
   minus token.

n) priority 6 operator:
   times token;
   over token.

o) monadic operator:
   plus token;
   minus token;
   not token.

Beispiele:

□ *a* + *1* □ □¬'*true*'□

□ - *1* □

Kontextbedingungen:

Entsprechend den Konventionen der Analysis müssen die Operanden der formulas an den Mode '*int*' oder den Mode '*bool*' anpaßbar sein. Die Operatoren "=" und "¬=" arbeiten mit zwei '*int*'- oder mit zwei '*bool*'-Operanden. Der Mode einer formula ist '*int*' oder '*bool*'.

Semantik:

Entsprechend den Konventionen der Analysis.

A.2.4.5. Call

a) call:
primary, open token, actual parameter,
close token.

b) actual parameter:
unit.

Beispiel:

□*print* (*1*)□ □*p* (*q*)□

Kontextbedingungen:

Der Mode des primary muß an den Mode '*proc*' ('*p*') '*r*' anpaßbar sein. Der actual parameter muß dann an den Mode '*p*' anpaßbar sein. Der call hat den Mode '*r*'.

Semantik:

Das primary und der actual parameter werden abgearbeitet. Die vom primary gelieferte Routine wird mit dem actual paramter aufgerufen.

A.2.4.6. Slice

a) | slice:
    primary, sub token, subscript, bus token.

b) | subscript:
    unit.

Beispiele:

□A (/*i*/)□

□'*if*' c '*then*' *row1* '*else*' *row2* '*fi*' (/*i* := *i* + 1/)□

Kontextbedingungen:

a) Das primary muß an den Mode [ ] '*m*' ('*ref*' [ ] '*m*') anpaßbar sein. Der Mode des slice ist dann '*m*' ('*ref*' '*m*').

b) Das subscript muß an den Mode '*int*' anpaßbar sein.

Semantik:

a) Das primary und das subscript werden abgearbeitet. Der Wert des slice ist das durch das subscript ausgewählte Element der Reihe bzw. dessen Adresse.

A.2.5. Definition und Application

Identifier können definiert und appliziert werden.

A.2.5.1. Identifier Definition

a) identifier definition:
   tag token.

b) label identifier definition:
   tag token.

Beispiel:

□*i*□ □*i kleiner als null*□

A.2.5.2. Identifier Application

a) identifier application:
   tag token.

b) label identifier application:
   tag token.

Beispiel:

□*i*□ □*i kleiner als null*□

Kontextbedingungen:

a) Die identifier application muß sich im Gültigkeitsbereich einer variable declaration befinden. Der Mode der identifier application ist derjenige, der bei der Deklaration des identifier festgelegt wurde.

b) Die label identifier application muß sich im Gültigkeitsbereich einer label definition befinden.

Semantik:

a) Der Wert einer identifier application ist der Wert, der mit dem identifier in der gerade aktiven Umgebung assoziiert worden ist. (Falls in der aktiven Umgebung mit dem identifier kein Wert assoziiert worden ist, ist der Effekt der identifier application undefiniert.)

A.2.6. Denoter

a) denoter:
   pragment sequence option, denotation.

b) denotation:
   integral denotation;
   boolean denotation.

c) integral denotation:
   digit cypher sequence.

d) boolean denotation:
   true symbol;
   false symbol.

e) digit cypher sequence:
Eine Folge von Ziffern, evtl. mit Layout versehen #.

Beispiele:

□ # *Das ist eine eins* # *1*□ □'*true*'□ (*zu a*))

□ *1230911*□ □'*false*'□ (*zu b*))

Kontextbedingungen:

b) Die Denotation besitzt den Mode '*int*' ('*bool*') wenn es sich um eine Integral (Boolean) Denotation handelt.

A.2.7. Token und Symbole

a) NOTION token
pragment sequence option, NOTION symbol.

b) tag symbol:
Ein Buchstabe, gefolgt von Null oder mehr Buchstaben oder Ziffern, evtl. mit Layout versehen #.

Die Schreibweise der Symbole wird tabellarisch dargestellt. Layout innerhalb dieser Symbole ist nicht erlaubt.

begin symbol	□'*begin*'□
end symbol	□'*end*'□
open symbol	□(□
close symbol	□)□

sub symbol	□ [□
bus symbol	□] □
colon symbol	□:□
up to symbol	□:□
go to symbol	□'*goto*'□
if symbol	□'*if*'□
then symbol	□'*then*'□
else symbol	□'*else*'□
fi symbol	□'*fi*'□
go on symbol	□;□
while symbol	□'*while*'□
do symbol	□'*do*'□
od symbol	□'*od*'□
is defined as symbol	□=□
integral symbol	□'*int*'□
boolean symbol	□'*bool*'□
procedure symbol	□'*proc*'□
reference symbol	□'*ref*'□
void symbol	□'*void*'□
becomes symbol	□:=□
skip symbol	□'*skip*'□
or symbol	□'*or*'□
and symbol	□'*and*'□
equal symbol	□=□
unequal symbol	□≠□
less than symbol	□<□
less equal symbol	□<=□
greater equal symbol	□>=□
greater than symbol	□>□
plus symbol	□+□
minus symbol	□-□
times symbol	□*□
over symbol	□%□
not symbol	□¬□

true symbol	□'*true*'□
false symbol	□'*false*'□
comment symbol	□ # □
pragmat symbol	□'*pr*'□

A.2.8. Comment und Pragmat

a) pragment sequence option:
   pragment sequence;

b) pragment sequence:
   pragment;
   pragment, pragment sequence.

c) pragment:
   comment;
   pragmat.

d) comment:
   comment symbol, comment item sequence option,
      comment symbol.

e) comment item sequence option:
   #Null oder mehr Zeichen, die innerhalb eines Kommentars zugelassen
    sind #.

f) pragmat:
   pragmat symbol, pragmat item sequence option,
      pragmat symbol.

g) pragmat item sequence option:
   #Null oder mehr Zeichen, die innerhalb eines Pragmats zugelassen
    sind #.

Beispiele:

□ *#Das ist ein Kommentar#* □

□'*pr*' *trace symbols* '*pr*'□

Kontextbedingungen:

Kommentare und Pragmate haben keine Bedeutung. Sie helfen nur dem Programmierer ein Programm zu dokumentieren (Kommentare) oder veranlassen den Obersetzer bestimmte Aktionen durchzuführen (Pragmate, zum Beispiel Unterdrückung eines Listings usw.).

A.2.9. Anpassungen

Wenn ein unit oder ein primary nicht den Mode hat, der vom Kontext verlangt wird, so kann sein Mode durch eine Folge von Anpassungen an den verlangten angepaßt werden. Folgende Anpassungen sind möglich:

a) dereferencing: Obergang vom Mode '*ref*' '*m*' zum Mode '*m*'.

b) deproceduring: Obergang vom Mode '*proc*' '*m*' zum Mode '*m*'.

c) voidening: Obergang von irgendeinem Mode zum Mode '*void*'.

Semantik:

a) Es wird übergegangen von einer Adresse zu dem Objekt, auf das sie sich bezieht.

b) Die Routine wird aufgerufen.

c) Das gegebene Objekt wird vergessen.

Anhang B: Der MINI-Compiler

B.1. Pass-Struktur

Der MINI-Compiler übersetzt Programme der Sprache MINI in eine der IBM/370 angepaßte Assemblersprache. Der Compiler ist in CDL2 geschrieben. Die Übersetzung erfolgt in zwei Pässen.

Der erste Pass analysiert das Programm lexikalisch und baut einen Syntaxbaum dazu auf. Die lexikalische Analyse erkennt die Programmsymbole, trägt sie in eine Repräsentationstabelle ein und liefert der Syntaxanalyse Zeiger auf diese Einträge. Durch die syntaktische Analyse wird die Struktur des Programms erkannt und ein Baum aufgebaut, der diese Struktur darstellt. Der Baum und die Repräsentationstabelle werden an den zweiten Pass übergeben.

Der zweite Pass analysiert das Programm semantisch, indem er den Baum traversiert und erzeugt dabei die Instruktionen der Zielsprache. Bei der semantischen Analyse werden Objekte identifiziert, Kontextbedingungen geprüft und nötige Anpassungsoperationen festgestellt. Die Zielspracheninstruktionen werden in zwei Stufen erzeugt. Auf der oberen Stufe werden maschinenunabhängige abstrakte Makros erzeugt. Diese sind durch Routinen realisiert, die den Speicher verwalten, Objekten Adressen zuordnen und Instruktionen der Zielsprache erzeugen. Diese Instruktionen (die untere Stufe) sind durch IBM/370-Assemblermakros realisiert.

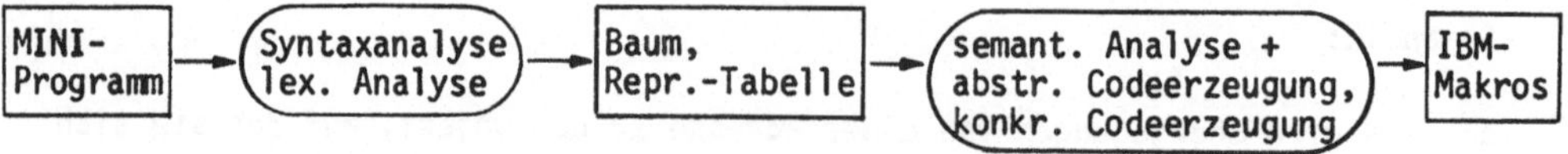

B.2. Schichtenstruktur

Die beiden Pässe des MINI-Compilers bestehen jeweils aus drei Schichten.

Die unterste Schicht, *primitive actions and tables*, ist für beide Pässe gleich. Sie stellt Grundoperationen (auf Zahlen und Zeichen) und Ein- und Ausgaberoutinen zur Verfügung und definiert einige Tabellen mit ihren Verwaltungsalgorithmen.

Im ersten Pass enthält die zweite Schicht, *administration*, die Routinen für die lexikalische Analyse, außerdem definiert sie Routinen für Tabellenzugriffe, zur Baumerzeugung und für Fehlermeldungen.

Die oberste Schicht des ersten Passes, *syntax analysis*, enthält die Routinen für die Syntaxanalyse.

Im zweiten Pass enthält die zweite Schicht, *administration*, die Routinen für Speicherverwaltung und Codeerzeugung, außerdem definiert sie Routinen für Tabellenzugriffe und für Fehlermeldungen.

Die oberste Schicht des zweiten Passes, *picking*, enthält Routinen zur Traversierung und Linearisierung des Syntaxbaumes.

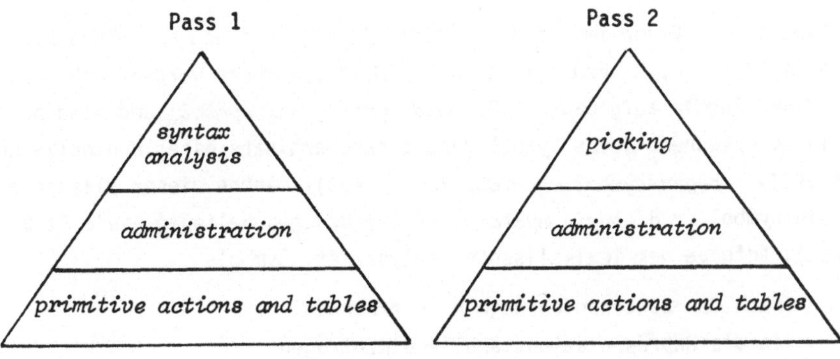

B.3. Der erste Pass: Analyse

Der erste Pass analysiert das Programm lexikalisch und syntaktisch und baut einen Syntaxbaum auf, der dem Programm äquivalent ist. In der obersten Schicht des Passes befindet sich die syntaktische Analyse. Sie ruft zur Aufbereitung von Symbolen die Routinen der lexikalischen Analyse und zum Knüpfen von Baumknoten die Baumerzeugungsroutinen auf.

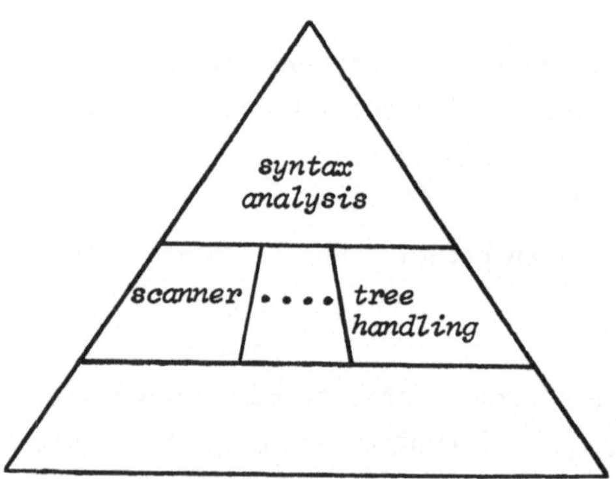

B.3.1. Lexikalische Analyse

Die Symbole des Programms (z.B. *'BEGIN' KARTEI*) bestehen aus einzelnen Zeichen (*', B, E, G, I, N, '* bzw. *K, A, R, T, E, I*). Symbole werden nach wenigen verschiedenen Regeln aufgebaut (z.B. *bold symbol, tag symbol*) und sind nach diesen Regeln zu erkennen. Jedes Symbol gehört darüberhinaus einer syntaktischen Klasse an (*'BEGIN': begin symbol, KARTEI: tag symbol*). Manche dieser Klassen enthalten nur ein Symbol (z.B. *begin symbol*), manche dagegen beliebig viele (z.B. *tag symbol*). Aufgabe der lexikalischen Analyse ist, Symbole

- nach den bestehenden Regeln zu erkennen,
- in die Repräsentationstabelle einzutragen,
- in eine syntaktische Klasse einzuordnen und
- der Syntaxanalyse zur Verfügung zu stellen.

B.3.1.1. Der Scanner

Die Programmsymbole werden in der Section *scanner* auf drei Ebenen verarbeitet, die durch je eine Routine realisiert sind. Auf der obersten Ebene (*read token*) werden Kommentare und Pragmate behandelt, auf der zweiten (*read symbol*) werden Repräsentationstabelleneinträge verwaltet, und auf der untersten Ebene (*scan symbol image*) werden Symbole erkannt und in Klassen eingeordnet.

Es gibt folgende Regeln, nach denen Symbole zu erkennen sind:

tag symbol	(*kartei*)
bold tag symbol	(*begin*)
integral denotation	(*23*)
special tad symbol	(Operator: -)
reserved special symbol	(*:=*, *;*)
end of file symbol	

Für jede Regel gibt es eine Erkennungsroutine, deren Name aus dem Präfix *try scan* und dem Namen der Regel besteht.

Beim Anlegen der Repräsentationstabelle müssen gleiche Symbole auf denselben Eintrag abgebildet werden. Dazu wird ein Symbol bei der Erkennung zunächst neu eingetragen; auschließend wird festgestellt, ob ein gleicher Eintrag schon vorhanden ist, und ggf. wird dieser Eintrag weiterverwendet und der neue gelöscht (vgl. *read symbol* und A.3.1.2.). Zur Beschleunigung der Suche wird die Hashtabelle verwendet.

Kommentare werden von der Routine *read token* überlesen, Pragmate (mit denen der Benutzer die Compilation steuern kann) werden interpretiert, indem die entsprechenden Variablen gesetzt werden.

Die syntaktische Klasse eines Symbols (in der lexikalischen Analyse als *kind* bezeichnet) kann in gewissen Fällen (z.B. *tag symbol*) aus der erzeugenden Regel abgeleitet werden, in anderen Fällen (*bold tag symbols* und *reserved special symbols*), wo Symbole verschiedener Klassen von einer Regel erzeugt werden, werden die Symbole schon vor Beginn der Compilation eingetragen und mit ihren

Klassenattributen versehen. Dies geschieht bei der Initialisierung der lexikalischen Analyse (Section *symbols and pragmats*) durch Aufrufe von *load symbol*. Die Symbole werden von einer besonderen Datei gelesen und bekommen die Klasse zugewiesen, die beim Aufruf als Parameter angegeben ist.

B.3.1.2. Die Repräsentationstabelle

Die Repräsentationstabelle enthält für jedes Symbol die Repräsentation und seine Attrubute. Die Einträge haben folgenden Aufbau:

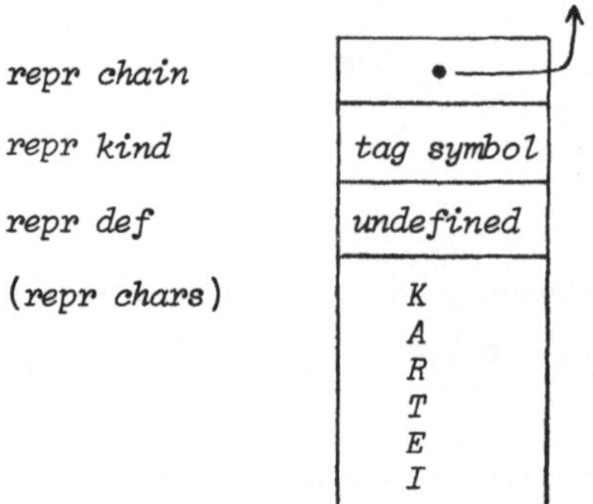

Das Feld *repr chain* wird benutzt, um Symbole mit gleichem Hashwert zu verketten (s. B.3.1.3.). Das Feld *repr kind* enthält die syntaktische Klasse des Symbols. Das Feld *repr def* wird im zweiten Pass zur Identifizierung benutzt. In *repr chars* befinden sich die Zeichen des Symbols.

Für die Repräsentationstabelle in der Section *repr handling* sind folgende Operationen definiert:

open repr
append to repr + > char
close repr and enter + found repr >
classify repr + > kind

Ein Repräsentationstabelleneintrag wird folgendermaßen erzeugt: Mit *open repr* wird ein neuer Eintrag eröffnet, in den durch wiederholte Aufrufe von *append to repr* Zeichen eingetragen werden. Mit *close repr and enter* wird der Eintrag abgeschlossen; wenn ein gleicher Eintrag bereits vorhanden ist, so wird ein Zeiger auf diesen abgeliefert, sonst der Zeiger auf den gerade erzeugten Eintrag. Mit *classify repr* wird einem Symbol eine Klasse zugeordnet.

B.3.1.3. Die Hash-Tabelle

Die Hash-Tabelle dient zur Beschleunigung der Suche eines Repräsentationstabelleneintrags. Mit Hilfe der Hashfunktion *hash from repr* (Section *hash table*) fraktioniert man die Menge aller möglichen Symbole und bildet sie auf Einträge der Hashtabelle ab. Jeder Eintrag enthält eine verkettete Liste von Symbolen, die denselben Hashwert haben. Es braucht also nur diese (meist leere) Liste durchsucht zu werden und nicht mehr die ganze Repräsentationstabelle. Eine ausführlichere Beschreibung des Verfahrens befindet sich in Kapitel 2.

B.3.1.4. Die Schnittstelle zwischen lexikalischer und syntaktischer Analyse

In Variablen des Scanners werden für das laufende Symbol folgende Informationen geführt:

seine Repräsentation	(*repr*)
seine syntaktische Klasse	(*kind*)
die Position	(*pos*)

Die Syntaxanalyse kann darauf mit folgenden Routinen zugreifen:

this pos + pos >	Position holen
this token is + > *symbol*	Test
this token was + > *symbol*	Test + weiterlesen
skip this token	weiterlesen

tag + repr >	
integral denoter + repr >	Test,
boolean denoter + repr >	Zuweisung,
dyadic operator + repr >	weiterlesen
monadic operator + repr >	
assign erroneous name + name >	Dummy Repr. zuweisen

B.3.2. Syntaxanalyse

Die Syntaxanalyse hat die Aufgabe, die Struktur des Programms zu erkennen und festzuhalten. Der Syntaxanalysator versucht, die Symbole des Programms, die ihnen vom Scanner geliefert werden, nach den Regeln der Sprache zu erkennen. Aus den verwendeten Regeln ergibt sich die Struktur des Programms. Diese wird parallel zur Erkennung in einem Syntaxbaum festgehalten, indem jedesmal nach der Anwendung einer Regel der entsprechende Baumknoten geknüpft wird.

B.3.2.1. Sprachregeln und Erkennungsroutinen

Die Syntaxanalyseroutinen in CDL2 sind den Sprachregeln sehr ähnlich. In zwei Punkten unterscheiden sie sich jedoch wesentlich voneinander.

1. Die Routinen sind parametrisiert und enthalten Aufrufe von Baumerzeugungsroutinen. Die Parameter sind Unterbäume oder Einträge, die in einem Knoten zu vermerken sind.

2. Manche Grammatikregeln sind nicht unmittelbar zur Analyse geeignet und sind deshalb umstrukturiert worden. Bei linksrekursiven Regeln, d.h. solchen, die sich selbst als erstes Glied enthalten (z.B. *primary : call : primary ...*), würde sich der Compiler in unendliche Rekursion begeben. Man stellt daher die Rekursion durch Iteration dar. Bei Regeln mit gleich anfangenden Alternativen (z.B. *unit : destination ...; formula*) brauchte der Compiler einen Vorgriff,

um eine Anzahl von Symbolen, um sich für eine der Alternativen zu entscheiden. Man faktorisiert daher den gemeinsamen Teil aus.

Die Symbole werden mit Hilfe der Routinen aus der Schnittstelle von lexikalischer und syntaktischer Analyse gelesen. Handelt es sich um spezifische Symbole (z.B. *begin symbol*), so werden *this token is* und *this token was* verwendet, handelt es sich um (syntaktische) Klassen von Symbolen (z.B. *tag symbol*). so werden die den Klassen entsprechenden Routinen (z.B. *tag*) verwendet.

B.3.2.2. Die Baumsprache

Für jedes Sprachkonstrukt gibt es einen Baumknotentyp (ausgenommen einige Konstrukte, die nur andere zusammenfassen, z.B. *unit*). Jeder Knoten besteht aus einer Codierung für seinen Typ, einer Positionsangabe (Zeile und Spalte), und einer Reihe von Einträgen, die Zeiger auf Unterbäume, Tabellenzeiger oder Codierungen sein können. Es gibt für MINI folgende Knoten:

```
program node
  line | column
  -> program (Baumzeiger)
```

```
series node
  line | column
  -> left (Baumzeiger)
  -> right (Baumzeiger)
```

```
loop clause node
  line | column
  -> while part (Baumzeiger)
  -> do part (Baumzeiger)
```

```
variable declaration node
  line | column
  -> name (Reprzeiger)
  mode
  -> token (Tokenzeiger)
```

```
assignation node
  line | column
  -> destination (Baumzeiger)
  -> source (Baumzeiger)
```

```
call node
  line | column
  -> primary (Baumzeiger)
  -> actual parameter (Baumzeiger)
```

```
skip node
  line | column
```

```
dyadic formula node
  line | column
  -> operator (Reprzeiger)
  -> left (Baumzeiger)
  -> right (Baumzeiger)
```

```
monadic formula node
  line | column
  -> operator (Reprzeiger)
  -> right (Baumzeiger)
```

```
denoter node
  line | column
  -> value (Reprzeiger)
  mode
```

ident application node *line* ∣ *column* -> *name (Reprzeiger)*

erroneous node *line* ∣ *column*

Beispiel: Für das Programm

begin while true do skip od end

wird folgender Baum erzeugt:

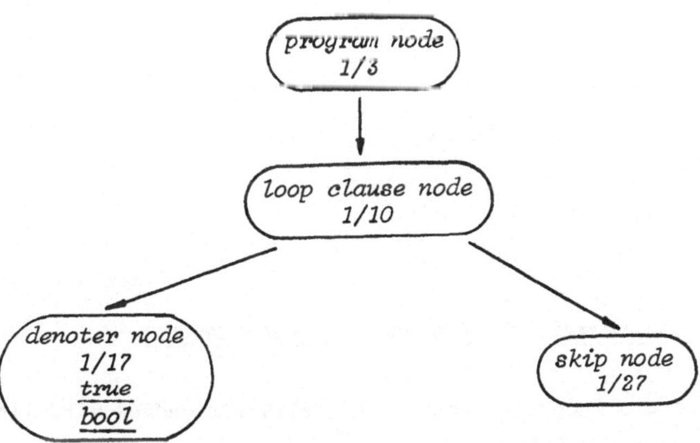

Zum Knüpfen der Baumknoten stehen in der Section *tree handling* für jeden Knotentyp eine Regel zur Verfügung; die Regelnamen bestehen aus dem Präfix *tie* und dem Knotennamen.

B.3.3. Die Schnittstelle zwischen dem ersten und dem zweiten Pass

Folgende Objekte werden - in der angegebenen Reihenfolge - an den zweiten Pass übergeben:

Flags: *punching flag*
trace execution flag
symbolic register names
messages should be typed

Tabellen: *repr table*
tree table

Repräsentationstabellenzeiger:
read tag
print tag
newline tag

Zeiger auf die Wurzel des Syntaxbaumes:
root

B.4. Der zweite Pass: semantische Analyse und Codeerzeugung

Im zweiten Pass wird das Programm semantisch analysiert und es wird linearer Code erzeugt. Dazu wird der Syntaxbaum traversiert und bei jedem Knoten werden entsprechende Analyse- und Codeerzeugungsroutinen gerufen. Für jeden Knotentyp gibt es in der Section *picking* eine Traversierungsroutine; ihre Namen bestehen aus dem Präfix *try translate* und dem Knotennamen.

B.4.1. Semantische Analyse

Gewisse Teile der Analyse können nicht im ersten Pass vorgenommen werden, weil dort die benötigte Information nicht vollständig zur Verfügung steht. Dieses Problem entsteht zwar erst bei der Übersetzung von MAXI, wo Labels und Prozeduren behandelt werden müssen, aber da es starke Auswirkungen auf die Compilerorganisation hat, ist es schon bei der Organisation des MINI-Compilers berücksichtigt worden.

Der im zweiten Pass durchzuführende Teil der Analyse besteht aus der Identifizierung von deklarierten Objekten und aus der Bestimmung von Anpassungsoperationen.

B.4.1.1. Identifizierung

Aufgabe der Identifizierung ist, für deklarierte Objekte zu jeder Anwendung eines Objekts die zugehörige Definition zu finden und damit die Attribute des Objekts zugänglich zu machen. Objekte werden über die Repräsentationstabelle identifiziert. Wenn ein Objekt deklariert wird, wird in seinem Eintrag in der Repräsentationstabelle ein Verweis auf den Deklarationsknoten untergebracht (*define variable* in *macros*). Wenn das Objekt an einer anderen Stelle angewendet wird, kann man über seinen Repräsentationstabelleneintrag auf die Deklarationsinformation zugreifen (*apply identifier* in *macros*).

B.4.1.2. Anpassung

Die Sprache MINI erlaubt, daß das Ergebnis eines Konstrukts implizit angepaßt wird und damit den Mode erhält, den der Kontext verlangt. Also muß der Compiler für jeden Unterbaum ggf. eine Anpassung bestimmen. Die Baumdarstellung des Programms ermöglicht ein sehr komfortables Verfahren: Wenn man die Unterbäume eines Knotens bearbeiten läßt, so gibt man für diese den gewünschten Mode oder zumindest eine Klasse, in die er fallen soll, in einem Parameter (*demanded mode*) vor.

Die Routine, die den Unterbaum bearbeitet, paßt ihr Ergebnis (*offered mode*) mit Hilfe der Regel *coerce* (Section *mode handling*) an den verlangten Mode an. Handelt es sich dabei um eine Modeklasse (z.B. *any ref mode*), so wird der Parameter durch einen konkreten Mode überschrieben, der in diese Klasse fällt (z.B. *ref int mode*). Die möglichen Kombinationen von Modes bzw. Modeklassen und die korrespondierenden Anpassungsoperationen sind in der folgenden Tabelle dargestellt:

dem mode: / *off mode:*	*any proc*	*any ref*	*int*	*bool*	*int or bool*	*void*
proc ref int void	+	-	-	-	-	-
proc int void	+	-	-	-	-	-
ref int	-	+	*deref*	-	*deref*	*voiden*
ref bool	-	+	-	*deref*	*deref*	*voiden*
int	-	-	+	-	+	*voiden*
bool	-	-	-	+	+	*voiden*
void	-	-	-	-	-	+
erroneous	-	-	-	-	-	-

- : Die Modes sind nicht anpaßbar (Fehlermeldung!)

\+ : Die Modes passen (ohne Anpassung)

deref : Anpassung durch derefenzieren

voiden : Anpassung durch voidening

B.4.2. Codeerzeugung

Die Codeerzeugung des MINI-Compilers erfolgt in 2 Schritten. Aus dem Baum wird eine Folge abstrakter Makros erzeugt; dies ist eine linearisierte, aber nicht verfeinerte Darstellung des Baumes. Innerhalb der abstrakten Makros wird der Speicher verwaltet, Objekte adressiert und Codesequenzen der Zielsprache (IBM-Makros) erzeugt.

Die abstrakten Makros werden bei der Traversierung des Baumes als Aufrufe von Routinen abgesetzt, wobei jedes abstrakte Makro sofort in eine Folge von IBM-Makros expandiert wird.

B.4.2.1. Laufzeitorganisation

Um konkreten Code erzeugen zu können, muß der Compiler bereits vormodellieren, was zur Laufzeit geschieht, d.h. er muß zur Compilezeit verwalten, wie zur Laufzeit der Speicher und die Register belegt sein werden.

Für MINI kann jedem Objekt bei der Übersetzung eine feste Adresse zugeordnet werden. Die Adressen werden in einem Bereich vergeben, den die Maschine bei der Programmausführung zur Verfügung stellt. Dieser Bereich wird folgendermaßen aufgeteilt:

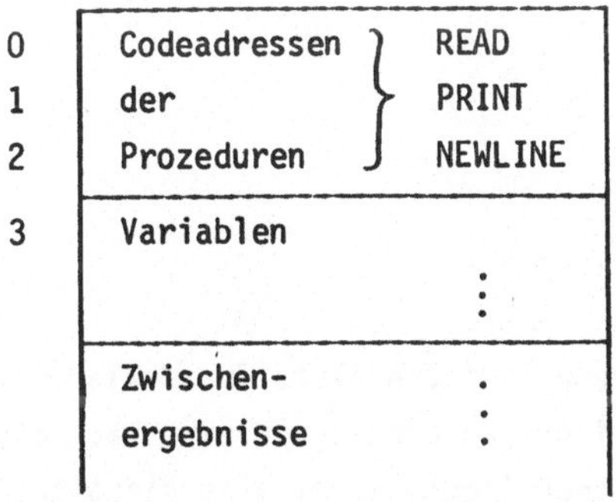

0	Codeadressen	READ
1	der	PRINT
2	Prozeduren	NEWLINE
3	Variablen	
		⋮
	Zwischen- ergebnisse	⋮

Jeder Variablen wird ein eigener fester Platz zugeordnet. Zwischenergebnisse können, da sie nur kurzfristig existieren, überlagert werden. Für sie wird bei der Übersetzung ein Stack modelliert, der erst bei der Ausführung auf der Maschine existiert.

Einige globale Größen des Laufzeitsystems werden in Registern gehalten. Folgende Register stehen zur Verfügung:

Registername	Registernummer	Verwendung/Inhalt
CURDSA	2	Anfangsadresse des Datenbereichs
STACKTOP	3	Erste Adresse hinter dem Datenbereich
NEWDSA	4	Zur Verwendung in MAXI
ENVDSA	5	Zur Verwendung in MAXI
PROCADR	6	Beim Prozeduraufruf: Codeadresse der Prozedur
RETADR	7	Beim Prozeduraufruf: Rückkehradresse
ACPADR	8	Beim Prozeduraufruf: Adresse der Parameter
ACC	9	Rechenregister
RESADR	14	Zur Verwendung in MAXI

B.4.2.2. Speicherverwaltung

Die Speicherverwaltung verwaltet den Platz für deklarierte Objekte und Zwischenergebnisse. Dazu wird bei der Codeerzeugung ein Stack modelliert, der zur Laufzeit tatsächlich im Speicher liegt, wobei allerdings das Stackverhalten allein durch die Adressierung erreicht wird. Der Stack wird in der Section *macros* mit folgenden Routinen realisiert:

initialize current dsa top
increase current dsa top
decrease current dsa top

Sie modellieren die Erzeugung eines leeren Stack, das Einkellern und das Auskellern eines Objektes.

Während bei Zwischenergebnissen die gelieferte Adresse sofort verwendet werden kann, muß sie bei deklarierten Objekten aufbewahrt werden. Dazu wird in der Tokentabelle mit *create token* (Section *token table*) ein Eintrag erzeugt, der die Adresse des Objekts und seine Ausdehnung enthält, und im Deklarationsknoten für das Objekt wird ein Verweis auf den Eintrag untergebracht. Nachdem in die Repräsentationstabelle ein Verweis auf den Deklarationsknoten eingetragen worden ist, kann man bei der Anwendung eines Identifiers mit Hilfe seiner Repräsentation an seine Adresse gelangen. Für einen deklarierten Identifier entsteht z.B. folgende Struktur:

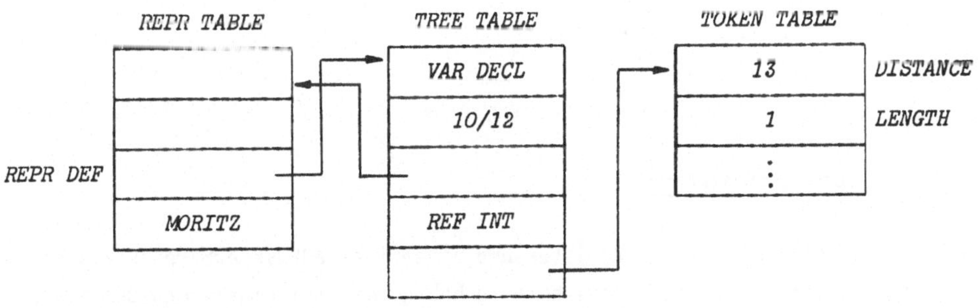

B.4.2.3. Die abstrakten Makros

Die Routinen zur Realisierung der abstrakten Makros befinden sich in der Section *macros*. Ihre Namen bestehen aus dem Präfix *macro* und dem Makronamen. Folgende Makros werden für MINI verwendet:

program start
program leave
variable declaration
loop clause start
loop clause decision
loop clause end
skip
assignation
call
dyadic operation
monadic operation
denoter
identifier application
error
dereference
voiden

B.4.2.4. Die Zielmaschine

Die Zielmaschine hat einige Register und einen frei adressierbaren Wortspeicher. Ein Register, *ACC*, ist besonders hervorgehoben: bei arithmetischen Operationen wird ein Operand aus diesem Register genommen und das Ergebnis dorthin geschrieben. Die übrigen Register sind im Prinzip frei verwendbar, sind aber durch das Laufzeitsystem für bestimmte Zwecke reserviert (vgl. den Abschnitt "Laufzeitorganisation")

B.4.2.5. Die IBM-Makros

Die Instruktionen der Zielsprache bestehen aus einem Instruktionsnamen, gefolgt von Parametern, deren Anzahl und Typ von den Instruktionsnamen abhängen.

Folgende Parametertypen können auftreten:

REG - register, z.B. *CURDSA* oder *4*

POSNUM - positive number, eine positive ganze Zahl

ADR - address, Speicheradressen haben das Format (*REG reg, POSNUM offset*). Damit wird die Speicherzelle <*reg*> + *offset* adressiert. Wenn z.B. *CURDSA* die Adresse 1000 enthält, adressiert (*CURDSA,3*) die Speicherzelle 1003

LOC - location: wahlweise *REG* oder *ADR*, d.h. ein Register oder eine Speicheradresse

LAB - label: eine Folge aus einem Buchstaben und maximal 7 alphanumerische Zeichen, z.B. *L777*

CON - constant: eine ganze Zahl, z.B. *23*, oder *'TRUE'* oder *'FALSE'*

TEXT - eine in Apostrophs eingeschlossene Zeichenkette, z.B. *'Das ist ein Text'*

In der folgenden Beschreibung wird die Form einer Instruktion folgendermaßen spezifiziert:

INSTR *TYP1 name1, TYP2 name2, ...*

Das bedeutet, daß die Instruktion *INSTR* einen Parameter vom Typ *TYP1* hat, auf dem mit *name1* Bezug genommen wird, etc.
Der Name eines Parameters gibt i.a. auch einen Hinweis auf seine Funktion.

Folgende Instruktionen stehen zur Verfügung:

- Kommentar:

  * irgendein Text

  Kommentare haben keine Bedeutung bei der Programmausführung. Kommentare beginnen in Spalte 1, während die anderen Instruktionen in Spalte 10 beginnen.

- Programmeintritt:

  ENTPROG

  Nach Ausführung dieses Befehls enthält das Register *CURDSA* (2) einen Zeiger auf einen (genügend großen) freien Speicherbereich, und das Register *STACKTOP* (3) zeigt auf den ersten Platz hinter diesem Bereich.

- Programmaustritt:

  LEAVPROG

  Es wird zum Betriebssystem zurückgesprungen.

- Programmabbruch:

  EXIT

  Die Programmausführung wird abgebrochen und an das Betriebssystem ein Fehlercode abgeliefert.

- Marken:

  LABEL *LAB label*

  Mit der Marke *label* wird die Adresse dieser Codestelle assoziiert.

- Unbedingter Sprung:

  JUMP *LAB target*

  Es wird zur Marke *target* gesprungen.

- Indirekter unbedingter Sprung:

  JUMPIND *LOC target*

  Es wird nach der in *target* enthaltenen Adresse gesprungen.

- Bedingter Sprung:

  JUMPFALS *LOC condition, LAB target*

  Es wird der Wert, der in *condition* abgespeichert ist, geprüft. Wenn er *'FALSE'* ist, wird zur Marke *target* gesprungen.

- Prozeduraufruf:

CALL *LOC codeadr, REG retadr*

Es wird die in *codeadr* enthaltene Adresse angesprungen. Die Rückkehradresse wird in *retadr* abgespeichert.

- Dyadische Operationen:

DYOP *POSNUM opcode, LOC opnd2*

Es wird mit den im Register *ACC* (9) und in *opnd2* enthaltenen Werten eine Operation durchgeführt. Das Ergebnis dieser Operation steht anschliessend im Register *ACC* (9).
Der Operationscode *opcode* gibt an, um welche Operation es sich handeln soll:

opcode	Operation	
1	bool eq bool	ACC := opnd2 = ACC
2	int eq int	ACC := opnd2 = ACC
3	int lt int	ACC := opnd2 < ACC
4	int plus int	ACC := opnd2 + ACC
5	int minus int	ACC := opnd2 - ACC
6	bool or bool	ACC := opnd2 'OR' ACC
7	bool and bool	ACC := opnd2 'AND' ACC
8	bool ne bool	ACC := opnd2 /= ACC
9	int ne int	ACC := opnd2 /= ACC
10	int le int	ACC := opnd2 <= ACC
11	int gt int	ACC := opnd2 > ACC
12	int ge int	ACC := opnd2 >= ACC
13	int mult int	ACC := opnd2 * ACC
14	int div int	ACC := opnd2 % ACC

- Monadische Operationen:

MONOP *POSNUM opcode*

Es wird mit dem im Register *ACC* (9) befindlichen Wert eine Operation durchgeführt. Das Ergebnis der Operation steht anschließend wieder im Register *ACC* (9).

Der Operationscode *opcode* gibt die Art der Operation an:

opcode	Operation	
20	plus int	ACC := + ACC
21	minus int	ACC := - ACC
22	not bool	ACC := ¬ ACC

- Adreßrechnung:

ADRPLINT LOC offset {address plus int}

Die in *ACC* (Reg. 9) enthaltene Adresse wird um so viele Worte erhöht, wie der integer-Wert in *offset* angibt.

INTPLADR LOC address {int plus address}

Die in *address* enthaltene Adresse wird um so viele Worte erhöht, wie der in *ACC* (Reg. 9) enthaltene Wert angibt. Die neue Adresse wird in *ACC* hinterlassen.

ADRMIINT LOC offset {address minus int}

Die in *ACC* (Reg. 9) enthaltene Adresse wird um so viele Worte erniedrigt, wie der integer-Wert in *offset* angibt.

INTMIADR LOC address {int minus address}

Die in *address* enthaltene Adresse wird um so viele Worte erniedrigt, wie der in *ACC* (Reg. 9) enthaltene Wert angibt. Die neue Adresse wird in *ACC* hinterlassen.

- Kopieren von Speicherzellen:

MOVE LOC dest, LOC source, POSNUM length

Der Wert, der in *source* enthalten ist (die Ausdehnung dieses Werts wird durch *length* angegeben), wird nach *dest* kopiert.

- Kopieren von Adressen:

MOVEADR LOC dest, ADR source

Die Adresse von *source* wird nach *dest* geschrieben.

- Kopieren von Codeadressen:

  MOVELAB LOC dest, LAB label

  Die Codeadresse von *label* wird nach *dest* geschrieben.

- Kopieren von externen Adressen:

  MOVEEXAD LOC dest, LAB extadr

  Die externe Adresse *extadr* wird nach *dest* geschrieben.

- Kopieren von Konstanten:

  MOVECON LOC dest, CON const

  Die Konstante *const* wird nach *dest* geschrieben.

- Kopieren von erst später bekannten Konstanten:

  MOVELIT LOC dest, LAB constant

  Die (noch zu definierende) Konstante *constant* wird nach *dest* geschrieben.

- Definition von Konstanten:

  LITERAL LAB constant, CON value

  Die Konstante namens *constant* wird durch den Wert *value* definiert.

- Textausgabe auf dem Terminal:

  TYPE TEXT text

  Der Text *text* wird auf dem Terminal ausgegeben.

Für jede der Instruktionen gibt es in der Section *code generation* eine Routine, die diese Instruktion ausgibt.
Die Namen der Routinen bestehen aus dem Präfix *code* und dem Namen der Instruktion.

Anhang C: Übungen

Dieser Abschnitt enthält die Aufgaben, die gelöst werden müssen, um aus dem vorgegebenen MINI-Compiler einen Compiler für die Sprache MAXI zu machen. Zur Durchführung des Praktikums ist es erforderlich, den Compiler für MINI in irgendeiner geeigneten Sprache zu erstellen, oder den Compiler als CDL2-Programm von den Autoren anzufordern. Die Autoren sind bereit, Interessenten jede mögliche Hilfe zu gewähren.

Ziel des Übersetzerbau-Praktikums ist:

1. die Vermittlung der Technik des Baus von Übersetzern
2. die Vermittlung der Fähigkeit, große Softwarepakete in Gruppenarbeit zu konzipieren und zu realisieren.

Daher ist folgender Arbeitsplan vorgesehen:

1. Semester:

- Erklärung eines Beispielcompilers für die Sprache MINI
- Darstellung der Funktion der einzelnen Bestandteile
- Änderung dieses Compilers in allen Bestandteilen durch neue syntaktische Elemente.

2. Semester:

- Erstellung eines Compilers für die Sprache MAXI.

  Der MAXI-Compiler soll durch Erweiterung des MINI-Compilers entwickelt werden. Innerhalb der Arbeitsgruppen werden die einzelnen Aufgaben an Untergruppen verteilt. Dabei ist besonders auf die dann entstehenden Schnittstellen zwischen den einzelnen Arbeitsgebieten zu achten.

  Das Austesten der einzelnen Stufen ist unerläßlich für den Erfolg des Gesamtkonzeptes. Dafür wird eine Satz von Testprogrammen zur Verfügung gestellt werden.

1. Semester

1. Übung

Es soll ein Programm in MINI geschrieben werden, das feststellt, ob eine eingegebene Zahl eine Primzahl ist oder nicht. Die Ausgabe ist 0 oder 1, je nachdem, ob eine Primzahl vorliegt oder nicht. Da in MINI keine Division enthalten ist, muß diese durch eine Reihe von Subtraktionen simuliert werden. Dabei kann gleichzeitig der bei der Division entstehende ganzzahlige Rest berechnet werden.

Dieses Programm soll mit dem MINI-Compiler zum Laufen gebracht werden. Weiterhin sollen die vom Compiler erzeugten Tabellen mit Hilfe der entsprechenden Pragmate ausgegeben und mit dem Quellprogramm verglichen werden.

-----

2. Übung (zusammen mit Übung 1, 1 Woche)

Die Sprache MINI soll um die dyadischen Operatoren *, %, /=, <=, >, >=, 'and' und 'or' erweitert werden.

Dazu sind Änderungen beim Vorladen der Tabellen und bei der Codeerzeugung vorzunehmen.

Zum Testen der durchgeführten Änderungen ist das Programm zur Primzahlprüfung umzuschreiben.

-----

3. Übung (2 Wochen)

Die Syntax von MINI wird so geändert, daß auch Formeln wie in ALGOL60 verarbeitet werden können.

Die Regeln der Sprachbeschreibung von MINI aus dem Abschnitt "Formula" werden dazu durch entsprechende Regeln aus der Sprachbeschreibung von MAXI ersetzt (A.2.4.4.).

Weiterhin werden die Regeln für primary (A.2.4.) und closed clause (A.2.2.1.) folgendermaßen erweitert:

primary:
call;
denoter;
identifier application;
closed clause without declarations and labels;
loop clause.

In den Abschnitt closed clause wird folgende Regel eingeführt:

closed clause without declarations and labels:
open token, series without declarations and labels, close token;
begin token, series without declarations and labels, end token.

-----

4. Übung (2 Wochen)

Die Sprache MINI soll um conditional clauses erweitert werden. Dazu wird die Regel für primary (A.2.4. units) erweitert und Regeln für conditional clauses (A.2.2.4.) werden neu eingeführt (vgl. MAXI-Sprachbeschreibung).

A.2.4. Units

a) unit:
   assignation;
   skip;
   formula.

b) primary:
   call;
   denoter;
   identifier application;
   closed clause without declarations and labels;
   conditional clause;
   loop clause.

-----

5. Übung (3 Wochen)

Die Sprache MINI soll um Labels und Sprünge und um blockstrukturierte Identifizierung von Labels erweitert werden. Dadurch ergeben sich Änderungen bzw. Erweiterungen der Syntax von MINI in den Abschnitten:

closed clause (A.2.2.1.), serial clause (A.2.2.2.), units (A.2.4.), jump (A.2.4.3.), identifier definition (A.2.5.1.) und identifier application (A.2.5.2.).

Die Änderungen sind der Sprachbeschreibung von MAXI zu entnehmen.

Die Regel für primary wird folgendermaßen geändert:

primary:
   call;
   denoter;
   identifier application;
   closed clause without declarations;
   conditional clause;
   loop clause.

Hinweise:

- Damit der Compiler bei der Syntaxanalyse rechtzeitig zwischen label definition und unit unterscheiden kann (gemeinsames Präfix: tag token), soll ein Mechanismus zum Vorgriff (look-ahead) um ein weiteres Zeichen implementiert werden.

- Für blockstrukturierte Identifizierung sind die Deklarationen jedes Blockes im Baum zu verketten, so daß sie bei Eintritt in den Block aktiv gemacht und beim Austritt wieder gelöscht werden können.

-----

6. Übung (1 Woche)

Zur Vorbereitung der Implementierung von MAXI sollen Baumknoten zur Darstellung von Modes entwickelt werden. Die Baumdarstellung soll es ermöglichen, Modes in einer dem Benutzer geläufigen Form auszugeben und außerdem auf einfache Art Anpaßbarkeit und ggf. benötigte Anpassungsoperationen festzustellen.

Für gewisse Konstrukte (z.B. destination) wird in MINI der Mode durch den Kontext nicht exakt festgelegt, sondern es wird nur eine Modeklasse (z.B. any ref mode) vorgeschrieben, die durch die Komponenten des Konstrukts konkretisiert wird (z.B. ref int). Für MAXI sind, soweit nötig, neue Modeklassen festzulegen. Um bei der Anpassung eine weitgehend einheitliche Behandlung von Modes und Modeklassen zu ermöglichen, sollen auch Modeklassen als Baumknoten dargestellt werden.

-----

7. Übung (2 Wochen)

Die Behandlung von Prozeduren und Reihen ist in den 1.Pass des Compilers einzubauen. Für das ProgrammmMode ist der erzeugte Syntaxbaum auszudrucken. Die konkrete Syntax für Reihen und Prozeduren ist der Sprachbeschreibung von MAXI zu entnehmen.

-----

8. Übung (2 Wochen)

Die Analyse der MAXI-Programme soll vervollständigt werden durhc die Feststellung der benötigten Anpassungsoperationen im 2.Pass. Probleme der Codeerzeugung sollen dabei zunächst außer acht gelassen werden. Damit aber die Ergebnisse der Analyse und die Struktur des erzeugten Programms sichtbar werden, sollen abstrakte Makros erzeugt werden.

Folgende abstrakte Makros sind an geeigneten Stellen abzusetzen:

routine declaration
routine entry
parameter declaration
deliver routine result
routine exit
call
deprocedure
row declaration
slice

Für die Makros soll zunächst kein Code erzeugt, sondern nur ein Kommentar ausgegeben werden (analog zu den bereits vorhandenen Makros).

-----

2. Semester

In den weiteren Übungen soll, stufenweise aufbauend, die Codeerzeugung für Prozeduren in MAXI behandelt werden. Es werden zunächst starke Einschränkungen bezüglich der Art von Prozeduren und ihrer Parameter bestehen, sodaß die Implementierung leicht sein wird. Die Beschränkungen werden nach und nach fallen, wobei jedesmal ein neuer Aspekt der Implementierung von Prozeduren berücksichtigt sein wird.

9. Übung (1 Woche)

Entwirf Codesequenzen zur Ausfüllung der in Übung 8 genannten Makros zur Behandlung von Prozeduren.

Für Prozeduren gelten gegenüber der MAXI-Beschreibung folgende Einschränkungen:

- Prozeduren dürfen sich nicht rekursiv aufrufen.
- Innerhalb einer Prozedur darf nicht auf außerhalb deklarierte Objekte zugegriffen werden (Ausnahme: Standardprozeduren).
- Parameter dürfen nur vom Mode <u>int</u> oder <u>bool</u> sein (d.h. ref- oder proc-Parameter sind verboten).

Mit dieser Übung werden Prozeduren etwa in dem Umfang behandelt, wie man es für FORTRAN braucht.

-----

10. Übung (3 Wochen)

Die Behandlung von Prozeduren gemäß Übung 9 ist in den Compiler einzubauen.

-----

11. Übung (1 Woche)

1. Modifiziere die in Übung 9 entworfenen Codesequenzen derart, daß rekursive Prozeduren korrekt ausgeführt werden.

   Die folgenden Einschränkungen gegenüber Prozeduren in MAXI bleiben bestehen:

   - Verbot globaler Referenzen (Sonderbehandlung für den rekursiven Aufruf).
   - Einschränkung der Parameter-Modes auf int, bool und ref int, ref bool.

2. Entwirf ein kleines Testset zum Überprüfen der dynamischen Speicherverwaltung, bestehend aus

   - einem MIDI-Programm mit einer einfachen rekursiven Prozedur
   - einem MIDI-Programm mit ineinander geschachtelten rekursiven Prozeduren
   - einem MIDI-Programm mit endloser Rekursion zur Überprüfung des Stack-Overflow-Tests.

-----

12. Übung (2 Wochen)

Die Behandlung rekursiver Prozeduren ist in den Compiler einzubauen und zu testen.

-----

13. Übung (2 Wochen)

Es ist die Behandlung globaler Zugriffe in den Compiler einzubauen. Dabei soll auch die Herstellung der korrekten Umgebung bei globalen Sprüngen beachtet werden.

Die Sprache MAXI ist jetzt nur noch hinsichtlich der zulässigen Objekte eingeschränkt: Reihen sind verboten, und Prozeduren können keine proc-Parameter oder -Resultate haben.

-----

14. Übung (2 Wochen)

Realisiere die Behandlung von Prozeduren als Parameter und Resultate von Prozeduren.

Damit wird die dynamische Datenraumverwaltung in MAXI fertiggestellt. Es fehlt noch die Realisierung dynamischer Daten, der Reihen.

-----

15. Übung (2 Wochen)

Der MAXI-Compiler ist durch Einbau von Reihen zu vervollständigen.

Damit ist der MAXI-Compiler fertiggestellt.

Anhang D: Einführung in die Implementierungssprache CDL2

D.1. CDL2 als Systemimplementierungssprache

CDL2 ist eine Programmiersprache, die sich zur Entwicklung großer, häufig benutzter Programmsysteme eignet. Den Anforderungen, die sich daraus ergeben, wird CDL2 auf zwei Arten gerecht:

- Die Sprache enthält ein zweistufiges Modularisierungskonzept zur hierarchischen und funktionalen Zerlegung eines Programms mit kontrollierter Kommunikation zwischen den Moduln. Die begriffliche Zerlegung eines Problems ist somit auch im Programm sichtbar und der Implementierer wird veranlaßt schon beim Entwurf eine Problemgliederung vorzunehmen. Dem Compiler wird es ermöglicht, die Einhaltung der Zerlegung zu überprüfen.

- Um die Programme den Erfordernissen eines Problems entsprechend und trotzdem einfach formulieren zu können, sind auch die Sprachelemente von CDL2 sehr einfach. Insbesondere sind Primitivoperationen mit Hilfe von Makros in einer unterliegenden Sprache zu formulieren. Datenabstraktion ist nur algorithmisch möglich. Durch diese Beschränkungen hat der Programmierer weitgehende Kontrolle über die von ihm benutzte Maschine und kann so den hohen Effizienzansprüchen an häufig benutzte Programme genügen.

Die Erstellung von CDL2 Programmen erfolgt auf globaler Ebene (Zusammenstellung von Moduln und Schnittstellenbeschreibung) sowohl bottom-up als auch top-down; auf lokaler Ebene (Realisierung der Moduln) nur top-down.

Die vorliegende Beschreibung kann nur einen groben Überblick über die Konzepte der Sprache geben und erhebt deshalb nicht den Anspruch der Vollständigkeit. Sie ist sicher auch keine Einführung in die Programmiermethodik bei der Benutzung von CDL2. Genauere Beschreibungen befinden sich in [Db] (formal) und [Dc] (informell).

Als erstes werden die Modularisierungskonstrukte (Programmierung im Großen) für CDL2-Programme beschrieben. Danach werden die Konstruktionselemente für Algorithmen und Daten (Programmierung im Kleinen) erläutert.

Die angegebenen Beispiele stammen aus dem Compiler für die Sprache MINI, die speziell für das begleitende Praktikum entwickelt und implementiert wurde.

D.2. Programmierung im Großen

D.2.1. Modularisierungkonzepte

CDL2 unterstützt die Aufteilung eines Programms in verschiedene Ebenen der Abstraktion. Die dadurch entstehenden Schichten (*layer*) bilden jeweils eine abstrakte Maschine. Diese abstrakte Maschine definiert eine Schnittstelle, die aus den Algorithmen und Konstanten besteht, die in der darüber liegenden Schicht zur Problemlösung verwendet werden können. Die einzelnen Ebenen sind hierarchisch geordnet, wobei der Grad der Abstraktion (d.h. die Entfernung von Detailkenntnissen) von Schicht zu Schicht zunimmt. Dies kann folgendermaßen dargestellt werden:

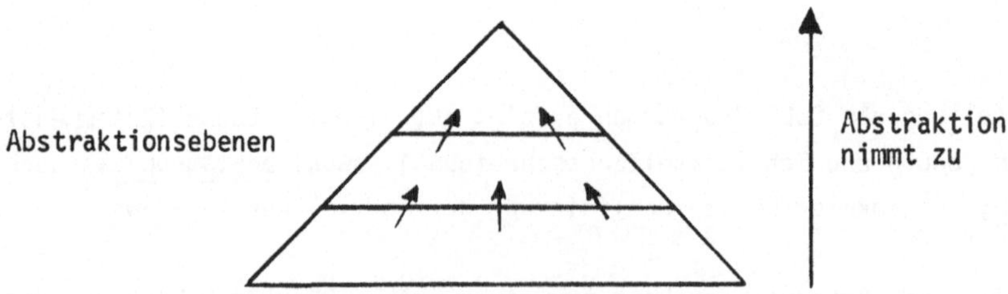

Die Pfeile geben an, in welcher Richtung Objekte zur Verfügung gestellt werden.

Innerhalb einer jeden Schicht erfolgt eine weitere Aufgliederung in funktionale Abschnitte (*sections*). Die Kommunikation zwischen den Abschnitten einer Schicht erfolgt wieder über Schnittstellen, die Algorithmen und Konstanten enthalten. Innerhalb einer Schicht können alle Abschnitte miteinander kommunizieren.

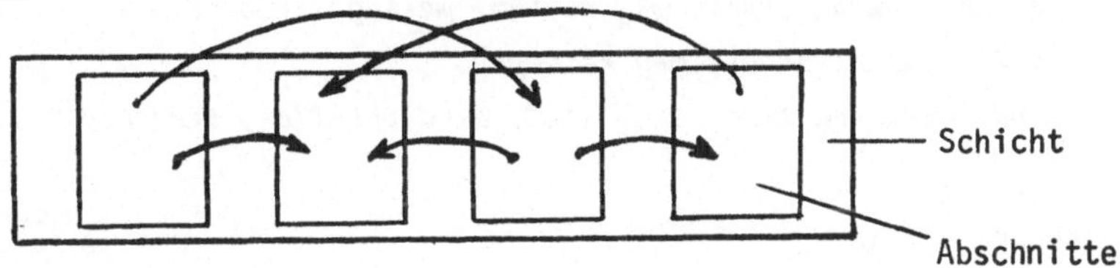

Die Pfeile geben wiederum an, in welcher Richtung Objekte zur Verfügung gestellt werden.

D.2.2. Schnittstellen

Schnittstellen in CDL2-Programmen werden zwischen Abschnitten (*sections*) einer Schicht (*layer*) und zwischen Abschnitten verschiedener Schichten spezifiziert. In jedem Abschnitt muß angegeben werden, welche Objekte in Abschnitte der darüber liegenden Schicht gegeben werden (Abstraktion), welche Objekte für andere Abschnitte derselben Schicht zur Verfügung gestellt werden (Extension) und welche Objekte aus anderen Abschnitten derselben und der darunter liegenden Schicht benutzt werden (Invokation). Es dürfen nur Algorithmen und Konstanten benutzt bzw. zur Verfügung gestellt werden.

Beispiel

```
'layer' administration.
   :
   'section' errors.
      'abstr' syntax error, msg no sym, message skipped.
      'ext' lexical error, msg no repr.
      'inv' send new line, send text, send position, send repr, .... .
        :
   'endsec' errors.
```

Das obige Besipiel stammt aus dem 1.Pass des MINI Compilers. Es beschreibt die Schnittstelle des Abschnitts *errors* in der Schicht *administration*. Durch die Schnittstelle werden Objekte nach außen zur Verfügung gestellt ('*abstr*' und '*ext*') und andere benutzt ('*inv*').

D.3. Programmierung im Kleinen

D.3.1. Algorithmen

CDL2 enthält zur Formulierung von Algorithmen Regeln und Makros. Regeln sind Algorithmen, die vollständig mit Sprachelementen von CDL2 formuliert werden; sie entsprechen den Prozeduren in anderen Programmiersprachen. Makros werden mit Hilfe von Elementen der Zielsprache (z.B. ALGOL60 oder ASSEMBLER) formuliert und dienen dazu, Primitivoperationen zu realisieren. Während Regeln wie Prozeduren übersetzt werden, werden Makros an der Stelle ihres Aufrufs expandiert.

Wegen der Möglichkeit, Operationen aus einer unterliegenden Sprache zu benutzen, wird CDL2 als eine offene Sprache bezeichnet.

Algorithmen werden in CDL2 durch ihren Typ unterschieden. Dieser Typ charakterisiert das Ergebnis des Algorithmus und die Auswirkung seiner Ausführung auf seine Umgebung.

Alle Algorithmen können mit Affixen versehen werden, die die Parameter und lokalen Größen eines Algorithmus darstellen.

D.3.1.1. Der Typ eines Algorithmus

Die Ausführung eines Algorithmus in CDL2 kann gelingen (sein Resultat ist '*true*') oder scheitern (sein Resultat ist '*false*'). Algorithmen werden danach unterschieden, ob sie immer gelingen (müssen) oder auch scheitern können. Weiterhin werden Algorithmen danach unterschieden, ob ihre Ausführung eine Wirkung auf globale Größen (Effekt) hat oder nicht. Ein Algorithmus mit Effekt muß im Falle des Gelingens eine Wirkung auf die Umgebung ausüben, darf dies im Falle des Scheiterns aber nicht (Defekt).

Es ergibt sich folgende Einteilung:

Typ	Ergebnis	globale Wirkung
'*predicate*'	Gelingen	verlangt
	Scheitern	verboten
'*test*'	Gelingen	verboten
	Scheitern	verboten
'*action*'	Gelingen	verlangt
'*function*'	Gelingen	verboten

Beispiele

layer : administration
section : scanner

'predicate' this token was ...
'test' is erroneous name ...
'action' skip this token ...
'function' this pos ...

Das erste *'predicate'* prüft ein Symbol der Eingabe und liest beim Gelingen das nächste Symbol ein (Effekt). Der folgende *'test'* überprüft die Korrektheit eines Namens und hat dabei keine Auswirkung auf die Umgebung. Die *'action' skip this token* überliest ein Symbol, kann also nicht scheitern und hat einen Effekt, während die *'function' this pos* nur die gerade aktuelle Position an einen Ausgabeparameter zuweist, daher also keinen Effekt hat.

D.3.1.2. Die Affixe eines Algorithmus

Die Affixe eines Algorithmus sind seine Parameter und lokalen Größen. Die Affixe stehen im Algorithmenkopf hinter dem Namen des Algorithmus, gekennzeichnet durch + (Parameter), - (lokale Größe) oder * (Textparameter).

Mit einer weiteren Kennzeichnung > wird zwischen Eingabeparametern (inherited), Ausgabeparametern (derived) und Ein/Ausgabeparametern (transient) unterschieden. Die Kennzeichnung erfolgt dabei durch ein führendes > (Eingabe) oder ein nachgestelltes > (Ausgabe) oder beides (Ein/Ausgabe).

Substitutionsaffixe (mit * gekennzeichnet) werden benutzt, um an Algorithmen Texte zu übergeben. Diese Texte müssen an aktueller Parameterposition denotiert oder durch formale Parameter ersetzt werden.

Alle Parameter im Aufruf eines Algorithmus werden nur durch + als solche gekennzeichnet.

Beispiele

layer : primitive actions and tables
section : arithmetic

'function' add + *a* > + > *b* + > *c* ...

Dieser Algorithmus addiert die Werte von *b* und *c* (Eingabeparameter) und weist das Ergebnis *a* (Ausgabeparameter) zu.

'function' incr + > *a* > ...

Dieser Algorithmus erhöht den Wert von *a* (Ein/Ausgabeparameter) um 1.

Ausgabe eines beliebigen Textes mit Substitutionsaffix:

layer : primitive actions and tables
section : messages

'action' send text * *text* ...

Verwendung von lokalen Größen:

layer : primitive actions and tables
section : repr handling

'action' enter repr + *found repr* > + > *offered repr* - *first repr* - *hash* ...

Es werden zwei lokale Größen, *first repr* und *hash*, benutzt und je ein Eingabe- und Ausgabeparameter.

Auf aktueller Parameterposition werden die Affixe mit + bezeichnet:

... add + index + repr + offset ...

D.3.1.3. Regeln

Eine Regel besteht aus einem Regelkopf, der den Namen und die der Regel zugeordneten Affixe enthält und einen Regelrumpf, der die Ausführung der Regel beschreibt. Regelkopf und Regelrumpf sind durch einen Doppelpunkt getrennt; der Rumpf wird mit einem Punkt abgeschlossen.

Der Rumpf einer Regel ist eine Gruppe. Jede Gruppe besteht aus einer oder mehreren Alternativen, die durch Semikolon getrennt werden. Die letzte Alternative einer Gruppe kann ein Steuerungsoperator, eine leere Alternative oder eine geschlossene Gruppe sein. Eine solche Alternative darf jedoch nicht zugleich die erste Alternative sein.

Alternativen bestehen aus einer Folge von Gliedern, die durch Komma getrennt werden. Ein Glied ist im allgemeinen ein Algorithmenaufruf; das letzte Glied einer Alternative kann jedoch auch ein Steuerungsoperator oder eine geschlossene Gruppe sein, wenn es nicht zugleich das erste Glied ist.

Geschlossene Gruppen sind in Klammern eingeschlossene Gruppen und können benannt sein. Der Name steht dann hinter der öffnenden Klammer, durch einen Doppelpunkt von der Gruppe getrennt.

Der Kontrollfluß in einer Regel und ihr Ergebnis wird vom Gelingen und Scheitern ('*true*' bzw. '*false*' als Ergebnis liefern) ihrer Komponenten bestimmt.

Eine Gruppe wird abgearbeitet, indem nacheinander alle ihre Alternativen abgearbeitet werden, bis eine der Alternativen gelingt ('*true*' als Ergebnis liefert). In diesem Fall ist die Gruppe gelungen. Scheitert auch die letzte Alternative (liefert '*false*'), so ist die Gruppe gescheitert.

Eine Alternative wird abgearbeitet, indem nacheinander ihre Glieder abgearbeitet werden, bis eines scheitert. Gelingen alle Glieder, so ist die Alternaitve gelungen; scheitert ein Glied, so ist die Alternative gescheitert. Die Abarbeitung einer leeren Alternative gelingt immer.

Das Ergebnis einer Regel ergibt sich aus der **Abarbeitung** der Gruppe, die ihren Rumpf bildet. Das Ergebnis muß dem im Regelkopf angegebenen Typ entsprechen.

Beispiele

a) layer : syntax analysis
sections : units

```
'predicate' monadic operand + branch > :
      monadic formula + branch;
      primary + branch.
```

Die Regel setzt sich aus zwei Alternativen zusammen, die beide nur ein Glied enthalten. Die Regel gelingt, wenn zumindest eine der beiden Alternativen gelingt; sie scheitert, wenn beide Alternativen scheitern.

b) layer : syntax analysis
section : clauses

```
'predicate' series + branch > - pos - branch2:
      this pos + pos,
            (unit + branch,
                  (this token was + go on symbol,
                        forced series + branch2, tie series node + branch
                        + pos + branch + branch2;
                  );
            declaration + branch, forced token was + go on symbol,
                  forced series + branch2, tie series node + branch
                  + pos + branch + branch2).
```

Die obige Regel besteht aus einer Gruppe, die nur eine Alternative enthält. Diese besteht aus dem Aufruf des Algorithmus *this pos*, gefolgt von einer geschlossenen Gruppe als letztem Glied. Diese wiederum besteht aus zwei Alternativen, in denen als erstes *unit* bzw. *declaration* aufgerufen wird. Das letzte Glied der ersten Alternative ist wieder eine geschlossene Gruppe, die aus zwei Alternativen besteht. Die zweite davon ist eine leere Alternative (zwischen ";" und ")").

Neben den beschriebenen Arten des Kontrollflusses (Sequenz und Auswahl) können andere mit Hilfe von Steuerungsoperatoren formuliert werden:

- der Wiederholungsoperator erlaubt es eine Gruppe zu wiederholen (*). Der Wiederholungsoperator kann sich dabei durch die Angabe eines Namens auf eine benannte Gruppe oder auf die ganze Regel beziehen. Bei fehlender Namensangabe bezieht er sich auf die innerste Gruppe die ihn umfaßt.

- die Beendigungsoperatoren ermöglichen es, eine Regel mit Gelingen (+) oder Scheitern (-) zu verlassen.

- der Abbruchoperator verursacht den Abbruch des Programms (?)

Beispiele

a) layer : administration
section : recognize characters

'action' skip sequence option + > char class:
try skip sequence + char class;
+.

Die Regel gelingt immer, da die zweite Alternative nur aus einem Glied, dem Beendigungsoperator + besteht.

Die Angabe des Gelingens durch + ist redundant, da die leere Alternative ebenfalls ein Gelingen herbeiführt. Sie dient nur zur Verdeutlichung der Struktur.

b) layer : syntax analysis
section : units

```
'predicate' primary + branch > - pos - branch2:
      this pos + pos,
            simple primary + branch,
                  (rest call + branch2,
                        tie call node + branch + pos + branch + branch2, *;
                  +).
```

In dieser Regel wird die durch Klammern eingeschlossene Gruppe so oft wiederholt, bis die mit *rest call* beginnende Alternative scheitert.

c) layer : administration
section : repr handling

```
'action' out packet chars + > channel - char:
      make + char count + chars per word,
            get left most char + char, shift chars to left,
                  (again:
                        eq + char + string term char;
                        outchar + channel + char,
                              (if char collector is empty;
                              get left most char + char, shift chars to left,
                              * again)).
```

Der Wiederholungsoperator in diesem Beispiel bewirkt, daß die Gruppe *again* wiederholt werden soll bis entweder der Algorithmus *eq* oder *if char collector is empty* gelingt.

d) layer : primitive actions and tables
section : repr table

```
'function' check valid repr index + > index:
      valid repr index + index;
      compiler error + "repr table" + "check valid repr index"
                     + "invalid repr index:" + index, ?.
```

Der Algorithmus prüft einen Index der Repräsentationstabelle auf Korrektheit. Ist er ungültig, so ist ein Compilerfehler aufgetreten, der zum Abbruch des Programms führt.

D.3.1.4. Makros

Makros bestehen aus einem Makrokopf und einem Makrorumpf, die durch ein Gleichheitszeichen (=) getrennt sind. Der Rumpf wird durch einen Punkt abgeschlossen. Der Makrokopf hat dieselbe Form wie ein Regelkopf. **Ein Makrorumpf besteht aus einer Folge von Elementen der Zielsprache und Affixbezeichnern. Die Elemente der Zielsprache sind in Stringquotes (") eingeschlossen und werden beim Aufruf direkt substituiert. Für die Affixbezeichner werden die aktuellen Affixe substituiert.**

Makros in CDL2 dienen dazu, Algorithmen, die in CDL2 selbst nicht formulierbar sind, in der Zielsprache zu beschreiben. Diese Zielsprache kann sowohl eine höhere Programmiersprache (ALGOL60, PASCAL etc.), als auch eine Assemblersprache sein.

Der Makromechanismus dient dazu, die Schnittstelle zum Betriebssystem zu realisieren und stellt die notwendige Primitivarithmetik zur Verfügung.

CDL2 kennt außer primitiven Daten nur die Reihung und stellt selbst dafür keine Zugriffsoperation zur Verfügung. Die Strukturierung von Daten erfolgt nur über die algorithmische Formulierung von Zugriffsprimitiven, die über den Makromechanismus aus der Zielsprache entliehen werden (semantische Erweiterung).

Dieser Mechnismus gestattet dem Benutzer, seine beliebig komplexen Datenstrukturen in einer äußerst problemadäquaten Art zu formulieren.

Beispiele

Die Beispiele stammen wiederum aus dem Praktikumscompiler. Als Zielsprache für CDL2 wurde ALGOL60 gewählt.

```
layer : primitive actions and tables
section : arithmetic

'function' make + a > + > b =
      a ":=" b.

'function' add + a > + > b + > c =
      a ":=" b "+" c.

'test' eq + > a + > b =
      a "=" b.
```

Die obigen Beispiele realisieren einen Teil der **Primitivarithmetik.**

layer : primitive actions and tables
section : input and output

'*action*' *inchar* + > *channel* + *char* > =
    "*inchar* ("*channel*", "*char*")".

'*action*' *out text* + > *channel* * *text* =
    "*out text* ("*channel*", "*text*")".

Die Beispiele stellen einen Teil der Makros dar, mit denen extern definierte Routinen zur Realisierung der Ein- und Ausgabe gerufen werden.

layer : primitive actions and tables
section : repr table

In diesem Abschnitt wird der Aufbau der Repräsentationstabelle durch Makros und Regeln realisiert, die den Zugriff darauf beschreiben. Die zugrundeliegende Struktur ist eine Reihung mit dem Namen *repr table*.

'*action*' *put into repr table* + > *index* + > *value* =
    repr table "(/ "*index*" /) := " *value*.

'*action*' *put into repr* + > *repr* + > *offset* + > *value* - *index*:
    add + *index* + *repr* + *offset*,
        check valid repr index + *index*,
            put into repr table + *index* + *value*.

Der zweite Algorithmus ist eine CDL2 Regel, die nach Überprüfung des Index den ersten Algorithmus (ein CDL2 Makro) benutzt, um einen Eintrag in der Repräsentationstabelle vorzunehmen.

D.3.2. Daten

In CDL2 gibt es als elementare Daten nur Variablen, Konstanten und Reihungen. Datenobjekte sind abgesehen von Affixen nur in dem Abschnitt sichtbar, in dem sie definiert sind. Ihre Lebensdauer ist gleich der des Programms. Nur Konstanten dürfen durch die Angabe des Bezeichners in der Schnittstelle nach außen zur Verfügung gestellt werden.

Beispiele

```
'const' standard int length = 12,
      reader = 1, printer = 10.

'const' comma char = 88,
      semicolon char = 84.
```

Mit einer Variablendefinition wird ein Objekt erzeugt, das als aktueller Affix verwendet werden kann und das mindestens eine Adresse darstellen kann. Die Interpretation, d.h. den Zugriff auf das Objekt, muß der Benutzer selbst definieren.

Beispiele

```
'var' repr top.

'var' this repr, char count.
```

Durch die Definition einer Reihung erhält der Benutzer einen linear angeordneten Speicherbereich fester Größe. Auf diesen kann er seine beliebig strukturierten Datenobjekte abbilden, indem er den Zugriff auf sie mit Hilfe von Makros beschreibt.

Reihungen dürfen nur in Makrorümpfen als aktuelle Affixe auftreten.

Beispiel

'const' hash lwb = 0, hash upb = 112.

'list' hash table (hash lwb : hash upb).

D.4. Steuerung von CDL2 Programmen

Ein CDL2 Programm besteht aus verschiedenen Schichten, die wiederum in Abschnitte zerlegt sind. Um aus dieser statischen Programmbeschreibung ein ausführbares Programm zu machen, werden zusätzliche Programmsteueranweisungen benötigt, die es ermöglichen, Programmteile zu initialisieren und eine Schlußbehandlung vorzunehmen und weiterhin anzugeben, von welchem Algorithmus die Ausführung des Programms ausgehen soll (Spezifikation einer Wurzel).

Es gibt folgende Programmsteueranweisungen:

- Initialisierungsanweisungen (*'prelude'*) erlauben die Initialisierung von Listen und globalen Variablen.

- Startanweisungen (*'root'*) spezifizieren den Hauptalgorithmus bzw. die Hauptalgorithmen des Programms.

- Beendigungsanweisungen (*'postlude'*) erlauben z.B. nach Programmende Algorithmen zur Ausgabe von Listen aufzurufen.

Programmsteueranweisungen können (bzw. müssen) sowohl für einen Abschnitt als auch für das gesamte Programm angegeben werden. Für einen Abschnitt befinden sie sich immer unmittelbar vor dem Ende des Abschnitts (*'endsec'*); für ein Programm müssen sie hinter der letzten Schicht (*'endlay'*) angegeben werden.

Programmsteueranweisungen für Abschnitte bestehen aus einem Schlüsselwort (s.o.), das die Art der Anweisung spezifiziert und dem Aufruf eines oder mehrerer Algorithmen, die in der jeweiligen Reihenfolge abgearbeitet werden. Die Algorithmen müssen vom Typ *'action'* oder *'function'* sein und dürfen natürlich Parameter enthalten.

Beispiel:

a) layer : administration
section : symbols and pragmats

'section' symbols and pragmats.
⋮
'prelude' initialize symbols and pragmats.
'postlude' finalize symbols and pragmats.
'endsec' symbols and pragmats.

b) layer : syntax analysis
section : program

'section' program.
⋮
'root' pass1.
'endsec' program.

Im ersten Beispiel wird festgelegt, welche Algorithmen die Initialisierung bzw. die Endebehandlung im Abschnitt *symbols and pragmats* vornehmen. Im zweiten Beispiel wird der Algorithmus *pass1* als Wurzel des Abschnitts *program* definiert. Er stellt somit die Wurzel des Programms dar.

Die Steuerung auf Programmebene legt fest, in welcher Reihenfolge die Steuerungsanweisungen der einzelnen Abschnitte auf Abschnittebene durchlaufen werden sollen.

Um also die Programmsteueranweisungen eines Abschnitts durchführen zu lassen, ist es notwendig auf Programmebene diese Abschnitte in die Programmsteuerung einzubeziehen. Dies geschieht jeweils durch die Angabe des Abschnitts in der entsprechenden Steueranweisung am Ende des Programms.

Für den ersten Pass des Praktikumscompilers werden folgende Programmsteuerungen vereinbart:

```
'prelude'
        input and output,
        hash table,
        repr table,
        repr handling,
        tree table,
        symbols and pragmats,
        errors,
        scanner.

'root' program.

'postlude'
        code generation flags,
        messages,
        repr table,
        tree table,
        symbols and pragmats,
        tree handling,
        errors.
```

Dadurch wird festgelegt, in welchen Abschnitten die dort definierten Initialisierungs- bzw. Beendigungsalgorithmen ausgeführt werden und mit welchem Algorithmus die Abarbeitung des Programms beginnt. Im obigen Beispiel beginnt die Abarbeitung im Abschnitt *program* mit der schon vorher vereinbarten Ausführung des Algorithmus *pass1*.

Literaturhinweise

Kapitel 1: Einleitung

Allgemeine Literaturhinweise

[1a] D. Gries;
"Compiler Construction for Digital Computers"
Wiley, New York, 1971

[1b] F.L. Bauer, J. Eickel (Ed.);
"Compiler Construction - An Advanced Course"
Lecture Notes in Computer Science 21,
Springer, Berlin-Heidelberg-New York, 1976

[1c] W. McKeeman, J. Horning, D. Wortman;
"A Compiler Generator"
Prentice Hall, Englewood Cliffs (N.J.); 1970

[1d] A.V. Aho, J.D. Ullman;
"The Theory of Parsing, Translation, and Compiling"
Vol. A + B, Prentice Hall, Englewood Cliffs (N.J.), 1972

[1e] A.V. Aho, J.D. Ullman;
"Principles of Compiler Design"
Addison Wesley, Reading, 1977

[1f] J.C. Cleaveland, R.C. Uzgalis;
"Grammars for Programming Languages"
Elsevier, New York, 1977

[1g] S.G. van der Meulen, P. Kühling;
"Programmieren in ALGOL68"
Vol. I + II, De Gruyter, Berlin-New York, 1976

[1h] H.J. Schneider;
"Compiler, Aufbau und Arbeitsweise"
De Gruyter, Berlin-New York, 1975

[1i] J.P. Dehottay, H. Feuerhahn, C.H.A. Koster, H.M. Stahl;
"Syntaktische Beschreibung von CDL2"
Forschungsprojekt CDL2, TU Berlin, 1976

Kapitel 2: Analyse

[2a] J. Hopcroft, J.D. Ullman;
"Formal Languages and their Relation to Automata"
Addison-Wesley, Reading, Mass., 1969

[2b] W.L. Johnson et al.;
"Automatic Generation of Efficient Lexical Processors using Finite State Techniques"
CACM 11/12, 1968

[2c] R. Morris;
"Scatter Storage Techniques"
CACM 11/1, 1968

[2d] H. Maurer;
"Theoretische Grundlagen der Programmiersprachen"
BI-Hochschultaschenbücher, 404/404a, Mannheim, 1969

[2e] D.E. Knuth;
"Top-Down syntax analysis"
Acta Informatica 1/2, 1971

[2f] A.V. Aho, S.C. Johnson;
"LR Parsing"
Computing Surveys 6/2, 1974

[2g] F.L. DeRemer;
"Simple LR(k) Grammars"
CACM 14/7, 1971

[2h] W.R. LaLonde, E.S. Lee, J.J. Horning;
"An LALR(k) Parser Generator"
Proc. of IFIP Congress 1971, North-Holland, Amsterdam, 1972

[2i] J. Feldman, D. Gries;
"Translator writing systems"
CACM 11/2, 1968

[2j] H.L. Morgan;
"Spelling Corrections in Systems Programs"
CACM 13/2, 1970

[2k] S.L. Graham, S.P. Rhodes;
"Practical Syntactic Error Recovery"
CACM 18/11, 1975

[2l] R.P. Leinius;
"Error Detection and Recovery for Syntax directed Compiler Systems"
Ph.D. Thesis, University of Wisconsin, Madison, 1970

[2m] L. Meertens, J. van Vliet;
"Repairing the Parenthesis Skeleton of ALGOL68 Programs"
Math. Centrum, IW 2/73, Amsterdam, 1973

Kapitel 4: Synthese

[4a] J.J. Horning;
"What the Compiler should tell the User"
in: Bauer, Eickel (Ed.); "Compiler Construction - An Advanced Course", Springer Verlag, 1976

Kapitel 5: Identifizierung

[5a] B. Wegbreit;
"Procedure Closure in EL1"
Comp. Journal 17/1, Februar 1974

[5b] D.G. Bobrow, B. Wegbreit;
"A Model and Stack Implementation of Multiple Environments"
CACM 16/10, Oktober 1973

[5c] M. Zosel;
"A Formal Grammar for the Representation of Modes and its Application to ALGOL68"
University of Washington, 1971

[5d] H. Wössner;
"On Identification of Operators in ALGOL68"
in: Peck, ALGOL68 Implementation, North Holland, 1971

[5e] W. Koch, Ch. Oeters;
"Balancing, Canonical Mode Representation and Separate Compilation in the Berlin ALGOL68 Implementation"
to appear in: Proc. of 5th Internat. Conf. on the Design and Implementation of Algorithmic Languages, Rennes, 1977

[5f] H. Boom;
"Note on Balancing in ALGOL68"
ALGOL Bulletin 36, 1973

Kapitel 6: Speicherverwaltung

[6a] B. Randell, D.J. Russel;
"ALGOL60 Implementation"
Academic Press, 1964

[6b] P. Branquart, J. Lewi;
"A scheme of storage allocation and garbage collection for ALGOL68"
in: J.E.L. Peck, ALGOL68 Implementation, North Holland, 1971

[6c] P.G. Hibbard, P. Knueven, B.W. Leverett;
"A stackless Runtime Implementation Scheme"
Proc. of the 4th Internat. Conf. on the Design and Implementation of Algorithmic Languages, New York University, 1976

[6d] E. Dijkstra;
"Co-operating Sequential Processes"
in: Genuys (Ed.); Programming Languages,
Academic Press, London, 1968

[6e] B. Wegbreit;
"A Generalized Compactifying Garbage Collector"
Comp. Journal, Band 15, Seite 204-208

Kapitel 7: Optimierung

[7a] W.M. Waite;
"Optimization"
in: Bauer, Eickel (Ed.); "Compiler Construction - An Advanced Course",
Springer Verlag, 1976

[7b] E.S. Lowry, C.W. Medlock;
"Object Code Optimization"
CACM 12/1, 1969

[7c] R. Rustin;
"Design and Optimization of Compilers"
5th Courant Computer Science Symposium, Prentice Hall, 1972

[7d] D.E. Knuth;
"An Empirical Study of FORTRAN Programs"
Software-Pracitce and Experience, Vol.1, 105-133, 1971

[7e] W.M. McKeeman;
"Peephole Optimization"
CACM 8/7, 1965

[7f] F.E. Allen;
"Control Flow Analysis"
Sigplan Notices 5/7, 1970

[7g] G.A. Kildall;
"A Unified Approach to Global Program Optimization"
ACM Symposium on Principles of Programming Languages, Boston, 1973

[7h] R.A. Freiburghouse;
"Register Allocation via Usage Counts"
CACM 17/11, 1974

Kapitel 8: Codeerzeugung

[8a] W.M. Waite;
"Code Generation"
in: Bauer, Eickel (Ed.); "Compiler Construction - An Advanced Course", Springer Verlag, 1976

[8b] T.J. Wilcox;
"Generating Machine for High-Level Programming Languages"
TR 71-103, Computer Science Department, Cornell University, 1971

Anhang A: Die Sprachen MINI und MAXI

[Aa] A. van Wijngaarden et. al.;
"Revised Report on the Algorithmic Language ALGOL68"
Springer Verlag, Berlin-Heidelberg, 1976

[Ab] S.G. van der Meulen, P. Kühling;
"Programmieren in ALGOL68"
Vol. I + II, De Gruyter, Berlin-New York, 1976

Anhang B: Der MINI-Compiler

[Ba] J.-P. Dehottay, H. Feuerhahn, C.H.A. Koster, H.-M. Stahl;
"Syntaktische Beschreibung von CDL2"
Forschungsprojekt CDL2, TU Berlin, 1976

[Bb] H. Kerutt;
"Programmieren in CDL2 - Einführung für ALGOL60-Kenner"
Forschungsprojekt CDL2, TU Berlin, 1977

Anhang D: Einführung in die Implementierungssprache CDL2

[Da] J.-P. Dehottay, H. Feuerhahn, C.H.A. Koster, H.-M. Stahl;
"Syntaktische Beschreibung von CDL2"
Forschungsprojekt CDL2, TU Berlin, 1976

[Db] H. Kerutt;
"Programmieren in CDL2"
Forschungsprojekt CDL2, TU Berlin, 1977

[Dc] C.H.A. Koster;
"Using the CDL Compiler Compiler"
in: Bauer, Eickel, (Ed.); "Compiler Construction - An Advanced Course", Springer Verlag, 1976

SACHWORTVERZEICHNIS

Programmiersprachen bei Vieweg